U0662805

"十三五"国家重点出版物出版规划项目
现代机械工程系列精品教材

机械原理课程设计

第 3 版

主　编　陆凤仪
副主编　张志鸿　李小江　杨向太　杨建伟
参　编　朱建儒　王春燕　岳一领
主　审　陶元芳

机械工业出版社

本书是在第 2 版的基础上，根据教育部《高等学校机械原理课程教学基本要求》，并总结多年的教学改革和教学实践经验修订而成的。本书这次修订新增了基于 ADAMS 的平面机构运动分析和力分析应用的内容。

本书共十章，内容包括机械原理课程设计概述、平面连杆机构的分析与设计、凸轮机构的分析与设计、齿轮机构的分析与设计、机械系统动力性能的分析与飞轮设计、机械运动方案与创新设计、机械原理课程设计示例、平面机构分析与设计系统（MAD）、机械原理课程设计题选和基于 ADAMS 的平面机构运动分析和力分析应用。

本书可作为高等院校机械类、近机类和非机类等各专业的机械原理课程设计的教材，也可供有关工程技术人员参考。

图书在版编目（CIP）数据

机械原理课程设计/陆凤仪主编 . —3 版 . —北京：机械工业出版社，2020.7（2024.12 重印）

"十三五"国家重点出版物出版规划项目　现代机械工程系列精品教材

ISBN 978-7-111- 66145-0

Ⅰ.①机…　Ⅱ.①陆…　Ⅲ.①机械原理-课程设计-高等学校—教材　Ⅳ.①TH111-41

中国版本图书馆 CIP 数据核字（2020）第 130575 号

机械工业出版社（北京市百万庄大街 22 号　邮政编码 100037）
策划编辑：刘小慧　责任编辑：刘小慧　王勇哲　徐鲁融
责任校对：陈立辉　封面设计：张　静
责任印制：张　博
三河市宏达印刷有限公司印刷
2024 年 12 月第 3 版第 9 次印刷
184mm×260mm · 11.25 印张 · 276 千字
标准书号：ISBN 978-7-111-66145-0
定价：29.80 元

电话服务　　　　　　　　网络服务
客服电话：010-88361066　机 工 官 网：www.cmpbook.com
　　　　　010-88379833　机 工 官 博：weibo.com/cmp1952
　　　　　010-68326294　金 书 网：www.golden-book.com
封底无防伪标均为盗版　机工教育服务网：www.cmpedu.com

第3版前言

<<<<<<<<

本书是在第2版的基础上，根据教育部《高等学校机械原理课程教学基本要求》，并结合多年的教学改革和教学实践经验修订而成的。在修订过程中力求体现普通高等院校培养高级应用型工程技术人才的特点，精选内容、启发思考、利于教学、便于实现，新增了基于ADAMS的平面机构运动分析和力分析应用实例，既能满足《高等学校机械原理课程教学基本要求》中提倡的采用解析法，培养学生创新能力的要求，又能提供分析手段的多样化选择，有助于学生在规定的课程设计时间内顺利完成设计。此外，对部分章节的内容、插图和例题等进行了适当调整、增删及更换。

本书由陆凤仪任主编，张志鸿、李小江、杨向太、杨建伟任副主编，陶元芳任主审。本书的第一章、第六章由陆凤仪编写，第二章由杨向太、陆凤仪、岳一领编写，第三章、第七章的第三节由杨向太编写，第四章、第五章、第七章的第一节、第九章的第八、九节由杨建伟编写，第七章的第二节、第九章的第四至七节由朱建儒编写，第九章的第一、二节由王春燕编写，第九章的第三节由岳一领编写，第九章的第十节、第十章由张志鸿编写，第八章由同济大学李小江编写。陆凤仪负责全书修订的组织和最后定稿。

本书的责任编辑对本书的修订给予了大力支持和热情关注，在此表示衷心的感谢。

尽管全体编者都尽心尽力，但由于编者水平有限，书中难免存在不足之处，恳请读者批评指正。

关于自主研发的"平面机构分析与设计系统"软件，有需要的读者可与同济大学李小江教授联系（lxjiang@ tong. edu. cn）。

编　者

第2版前言

〈〈〈〈〈〈〈

本书是在第1版的基础上，根据《高等学校机械原理课程教学基本要求》，结合多年的教学改革和教学实践经验修订而成的。在修订过程中，力求体现普通高等院校培养高级应用型工程技术人才的特点，精选内容、启发思考、利于教学；从工程实际出发，加强了机构设计和机械运动方案设计的内容，适量增加了机构创新设计的内容；增加了自主研制的平面机构分析与设计系统软件介绍和应用实例，能够满足新的教学基本要求中提倡采用解析法培养学生创新能力的要求，有助于学生在规定的课程设计时间内顺利完成设计；对部分章节的内容、插图和例题进行了调整、增删及更换。

本书由太原科技大学陆凤仪任主编，同济大学李小江、太原科技大学杨向太、北京建筑工程学院杨建伟任副主编。本书的第一章、第六章由陆凤仪编写，第二章由杨向太、陆凤仪、岳一领编写，第三章和第七章的第三节由杨向太编写，第四章、第五章、第七章的第一节、第九章的第八、九节由杨建伟编写，第七章的第二节、第九章的第四至七节由朱建儒编写，第九章的第一、二节由王春燕编写，第九章的第三节由岳一领编写，第九章的第十节由张志鸿编写，第八章由李小江编写。陆凤仪负责全书修订的组织和最后定稿。

本书由太原科技大学陶元芳教授担任主审，他对书稿进行了认真细致的审阅，并提出了宝贵的意见和建议，在此表示衷心的感谢。

尽管全体编者都尽心尽力，但由于编者水平所限，书中的缺点和错误在所难免，恳请读者批评指正。

编　者

本书是根据《高等学校机械原理课程教学基本要求》，为配合学生进行课程设计而编写的。

本书在编写过程中总结了多年的教学经验，精选内容，启发思考，利于教学；从工程实际出发，为培养学生的机械设计能力和创新能力，加强了机构设计和机械运动方案设计的内容，适量增加了机构创新设计的内容；通过机械原理课程设计实例，较详细地介绍了设计方法和步骤，便于学生自学，有利于学生高质量地独立完成设计；还提供了不同类型的设计题目可供选用。

本书在课程设计方法上，从教学实际出发，考虑到各院校的不同条件，既介绍了图解法，又介绍了解析法，给读者以选择的余地。随着机械原理学科的发展以及计算机的普及，运用解析法与计算机解决工程实际问题得到很大发展，并趋于主导地位。因此在编写时，增强了用解析法设计机构的内容，并给出了必要的程序。这样，不论是以解析法或是以图解法为主进行课程设计，本书都是适用的。

本书一方面是《机械原理》的配套教材，简明扼要，便于使用；另一方面，也可作为简明机械原理设计指南，供有关工程技术人员参考。

本书由陆凤仪任主编，杨向太、杨建伟任副主编。本书的第一章、第七章由陆凤仪编写，第二章、第三章、第六章、第八章的第三节由杨向太编写，第四章、第五章、第八章的第一节、第九章的第八、九节由杨建伟编写，第八章的第二节、第九章的第四至七节由朱建儒编写，第九章的第一、二节由王春燕编写，第九章的第三节由岳一领编写，第九章的第十节由张志鸿编写。

本书由太原重型机械学院教务处处长陶元芳教授担任主审，他对书稿进行了认真细致的审阅，并提出了宝贵的意见和建议，在此表示衷心的感谢。

本书的编写得到了太原重型机械学院有关领导的大力支持和热切关注，太原重型机械学院副院长李永堂教授为本书写了序，在此也表示衷心的感谢。

尽管全体编者都尽心尽力，但由于编者水平有限，加之成书时间短促，书中的缺点和错误在所难免，恳请读者批评指正。

编　者

目 录

<<<<<<<

第一章

机械原理课程设计概述

第一节　机械原理课程设计的目标和任务

一、课程设计的目的

机械原理课程是培养学生具有进行机械系统运动方案设计初步能力的技术基础课，课程设计则是机械原理课程重要的实践环节。本课程设计的基本目标有如下几点：

1）通过课程设计，综合运用机械原理课程的理论和实践知识，分析和解决与本课程有关的实际问题，并使所学知识进一步巩固、加深。

2）使学生得到拟定运动方案的训练，并具有对机械的初步选型与组合以及确定传动方案的能力，培养学生开发和创新机械产品的能力。

3）使学生对运动学和动力学的分析与设计形成较完整的概念。

4）进一步提高学生运算、绘图、表达、运用计算机和查阅有关资料的能力。

二、课程设计的任务

机械原理课程设计的任务一般可分成以下几部分：

1）根据机械的工作要求，进行机构的选型与组合。

2）设计该机械系统的几种运动方案，并对各运动方案进行对比和选择，以确定最终的运动方案。

3）对选定方案中的机构（凸轮机构、连杆机构、齿轮机构、其他常用机构、组合机构等）进行设计和分析。

4）拟定、绘制机构运动循环图。

5）设计飞轮；进行机械动力分析与设计。

第二节　机械原理课程设计的内容和方法

一、课程设计的内容

为了培养学生开发和创新机械产品的能力，根据高等学校最新的《机械原理课程教学基本要求》，本课程内容应包括以下三个方面：

1）机械方案的设计与选择。

2）机构运动的分析与设计。

3）机械动力的分析与设计。

课程设计的题目可由教师根据本校的具体情况及不同专业的需要选定，但为了保证课程设计的基本内容，以及一定程度的综合性和完整性，课程设计的选题应注意以下几个方面：

1）一般应包括三种基本机构——凸轮机构、连杆机构和齿轮机构的分析与综合。

2）应具有对多个执行机构的运动配合关系，包括运动循环图的分析与设计。

3）应进行运动方案的选择与比较。

二、课程设计的方法

机械原理课程设计的方法大致可分为图解法和解析法两种。图解法是运用基本理论中的基本关系式，用作图求解的方法求出结果，这种方法具有几何概念清晰直观、定性简单、可用来检验解析计算的正确性等特点。解析法是通过建立数学模型、编制框图和运行计算机程序，并借助于计算机运算求出结果，这种方法具有计算精度高、避免大量重复的人工劳动、可迅速得到结果、便于确定机构在整个运动循环内各位置的未知量等特点。同时，利用计算机的绘图功能可以绘制机构运动线图，进而为机构的选型和尺寸综合提供重要资料。

图解法和解析法各有优点，可互为补充。工程实际中要求工程技术人员熟练地掌握这两种方法，因此在本课程设计中提倡采用两种方法进行分析或设计。

三、课程设计的教学进度

课程设计的教学进度安排见表1-1，表中的内容和时间安排仅供参考（适用于1周或1.5周）。

表1-1　教学进度安排

序　号	内　　容	时　间/天	
1	布置题目、讨论方案	1	1
2	确定方案	0.5	1
3	平面机构的运动分析	0.5	1
4	平面机构的动态静力分析	1	1.5
5	齿轮机构设计	0.5	0.5
6	凸轮机构设计	0.5	0.5
7	其他机构设计		1
8	飞轮设计	1	1
9	整理设计说明书	1	1.5
共计		6	9

第三节 机械原理课程设计的总结和要求

一、编写课程设计说明书

课程设计说明书是技术说明书中的一种，是整个设计计算的整理和总结，同时也是审核设计的技术文件之一。学生毕业后要面对实际的技术工作，编写技术说明书是科技工作者必须掌握的基本技能之一，因此，学生在校学习期间应接受这方面的训练。

1. 课程设计说明书内容

课程设计说明书的内容要针对不同设计题目而定，其内容大致包括：

1）目录，包括标题、页次。

2）设计题目，包括设计条件、要求等。

3）机构运动简图，或者设计方案的拟定和比较。

4）制订的机械系统的运动循环图。

5）对选定机构的运动、动力分析与设计。

6）完成设计所用方法及原理的简要说明。

7）必要的计算公式及所调用的子程序。

8）自编的主程序、子程序及编程框图。

9）对结果的分析讨论。

10）参考资料，包括资料编号、主要作者、书名、版本、出版地、出版者、出版年份。举例如下：

［1］孙桓，陈作模. 机械原理［M］. 8版. 北京：高等教育出版社，2013.

［2］曲继方. 机械原理课程设计［M］. 北京：机械工业出版社，1989.

2. 课程设计说明书的要求

1）课程设计说明书必须用蓝色、黑色钢笔或圆珠笔书写，不得用铅笔或其他颜色笔。要求书写工整、文字简练、步骤清楚。

2）计算内容要列出公式、代入数值、写出结果、标明单位，中间运算应省略。

3）说明书中应编写必要的大、小标题，应注明所用公式和数据的来源（参考资料的编号和页次）。

4）说明书用 B5 纸书写，并装订成册。封面格式和书写格式如图 1-1 所示。

二、图样整理

图样是课程设计的又一组成部分，是设计的成果之一。设计图样要达到课题规定的要求，对设计图样的质量要求为：作图准确、布图匀称、图面整洁、标注齐全。图样上的中文用仿宋体、数字和外文字母用斜体字母书写，图纸规格、线条、尺寸标注等均应符合制图国家标准的规定。标题栏的格式如图 1-2 所示。

三、准备答辩

答辩是课程设计的最后一个重要环节，通过准备和答辩，可以总结设计方法、步骤，巩

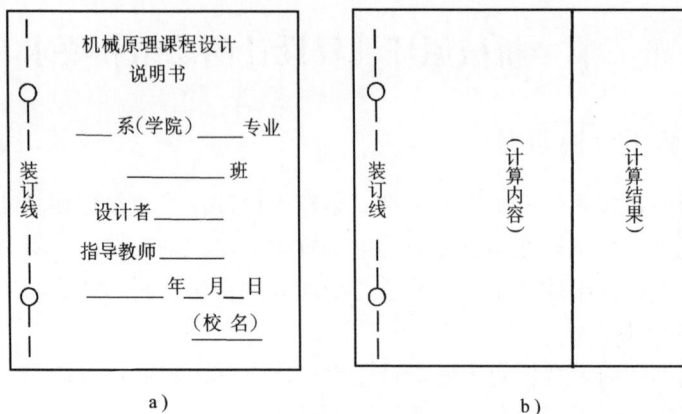

图 1-1

图 1-2

固分析和解决工程实际问题的能力。答辩也是对课程设计中各个问题的理解深度、广度及基本理论的掌握程度进行检查和评定成绩的重要方式，对整个设计质量的提高大有好处。

四、成绩的评定

课程设计的成绩单独计分。课程设计成绩的评定，应以设计说明书、图样和答辩情况为根据，参考设计过程中的表现，由指导教师按五级记分制（优、良、中、及格、不及格）进行评定。

第二章

平面连杆机构的分析与设计

第一节　平面连杆机构设计的基本知识

平面连杆机构是由许多刚性构件（多为杆状构件）用低副连接而成的，所以又称为平面低副机构。连杆机构传动的优点是：低副连接使得构件的接触为面接触，并且经常是圆柱面或平面，传动压力小，便于润滑，磨损轻，且结构简单易于制造，同时又能实现可靠的几何封闭；杆状构件可用于传递远距离的运动和动力，而且杆上丰富的高次曲线可满足不同的轨迹要求；通过机架倒置、运动副和杆件形状尺寸的变化等，可获得各种类型的常用连杆机构。而连杆机构的主要缺点有：构件和运动副的数目较多，运动累积误差大，低副连接增加自锁的可能性，也使传动的机械效率降低；难以精确地实现所要求的运动规律；工作中，连杆所做的平面一般运动使机构平衡困难，不宜用做高速传动。设计中应尽可能发扬其长处，抑制其缺点。

一、常用四杆机构的用途、运动和动力特性

1. 曲柄摇杆机构

（1）用途　曲柄摇杆机构一般用于实现运动形式的改变，包括：由曲柄的整周转动变为摇杆的往复摆动，反之亦然；曲柄匀角速度转动，输出具有急回特性的摇杆摆动；依据连杆上各点不同形状的高次曲线，实现预期的轨迹要求；当摇杆作为原动件时，机构止点的利用。

（2）运动和动力特性　曲柄匀角速度转动时，摇杆变速摆动，工作中经常应用摇杆的这种急回特性，它靠行程速比系数 k 来衡量

$$k = \frac{180° + \theta}{180° - \theta} \qquad (2\text{-}1)$$

式中　θ——极位夹角，其值与机构四根杆的长度有关。

在机构设计时，不仅要求机构能实现预期的运动，而且还要使传递的动力尽可能发挥有效作用。图 2-1 所示的曲柄摇杆机构中，曲柄 AB 为原动件，摇杆 CD 为

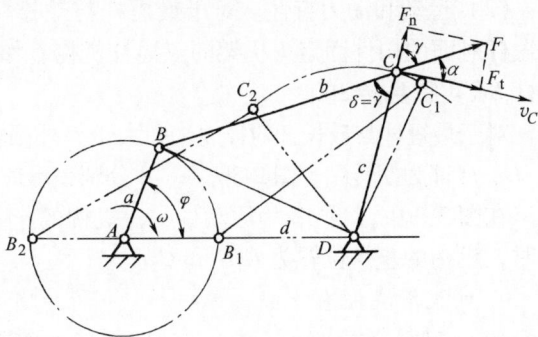

图　2-1

从动件。设计中必须保证在 CD 杆的摆动过程中，机构的最小传动角 $\gamma_{\min}$ 不小于许用值（一般为 40° 或 50°）。其最小传动角 $\gamma_{\min}$ 出现的位置可用如下方法求得：当 $\angle BCD \leqslant 90°$ 时，$\gamma = \angle BCD$；当 $\angle BCD > 90°$ 时，$\gamma = 180° - \angle BCD$。因此，最小传动角将出现在如下两个位置之一：

1）曲柄 AB 转到与机架 AD 重叠共线位置 AB_1 时，$\angle BCD$ 最小，其值为

$$\angle B_1 C_1 D = \arccos \frac{b^2 + c^2 - (d-a)^2}{2bc} \tag{2-2}$$

2）曲柄 AB 转到与机架 AD 拉直共线位置 AB_2 时，$\angle BCD$ 最大，其值为

$$\angle B_2 C_2 D = \arccos \frac{b^2 + c^2 - (d+a)^2}{2bc} \tag{2-3}$$

若 $\angle B_2 C_2 D$ 为锐角，则 $\gamma_{\min} = \angle B_1 C_1 D$；若 $\angle B_2 C_2 D$ 为钝角，则 $\gamma_{\min}$ 为 $\angle B_1 C_1 D$ 与 $180° - \angle B_2 C_2 D$ 中的小者。

当摇杆为原动件时，应注意机构中存在连杆与曲柄拉直和重叠共线的两个止点位置。

2. 双曲柄机构

（1）用途　如图 2-2 所示，当主动曲柄 AB 做匀角速度转动时，从动曲柄 CD 做变速转动，这样的输出可以获得较大的加速度。

（2）运动和动力特性　当主动曲柄转动一周时，从动曲柄也转动一周，所以其平均传动比 $n_3/n_1 = 1$；可是两个曲柄的瞬时传动比 $i_{31} = \omega_3/\omega_1 \neq$ 常数。任一曲柄为原动件，这种机构均无止点，其最小传动角的求法与曲柄摇杆机构相同。

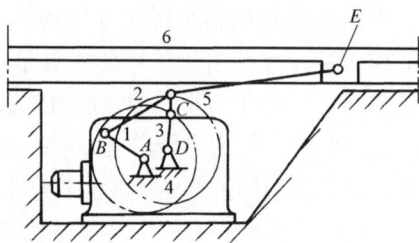

图 2-2

在双曲柄机构中有一特例，即平行四边形机构，其主要特点是连杆做平动（$\omega = 0$），两曲柄的瞬时传动比 $i_{31} = \omega_3/\omega_1 =$ 常数。在一周回转运动中，四根杆有两个共线位置，必须利用构件的惯性，靠安装飞轮或增加辅助构件等方法来保证机构具有确定的运动方向。

3. 双摇杆机构

（1）用途　由于两个摇杆只能做摆动，所以双摇杆机构常用作操纵机构（如车辆前轮的转向机构）或与其他机构联用。具体应用中，可以实现摆角放大及连杆的 360°、180°、90° 翻转等。

（2）运动和动力特性　对于最短杆与最长杆的长度之和小于另外两杆长度之和，且将最短杆对面的构件固定为机架的双摇杆机构，如图 2-3a 所示，其中转动副 B 和 C 为周转副，连杆 BC 可以翻转 360°。

对于最短杆与最长杆的长度之和大于另外两杆长度之和的双摇杆机构，其四个转动副 A、B、C、D 都为摆转副。图 2-3b、c、d 分别表示最长杆为摇杆、机架、连杆时机构的运动范围。

在图 2-3 中，当 AB 为原动件时，机构的止点位置出现在 AB_1 和 AB_2 处；当 CD 为原动件时，机构的止点位置为 $C_1 D$ 和 $C_2 D$。

4. 曲柄滑块机构

（1）用途　该机构可将曲柄的圆周运动变为滑块的往复移动，或者将滑块的移动变为曲柄的转动。对于偏置的曲柄滑块机构，曲柄做匀角速度转动时，滑块有急回作用。

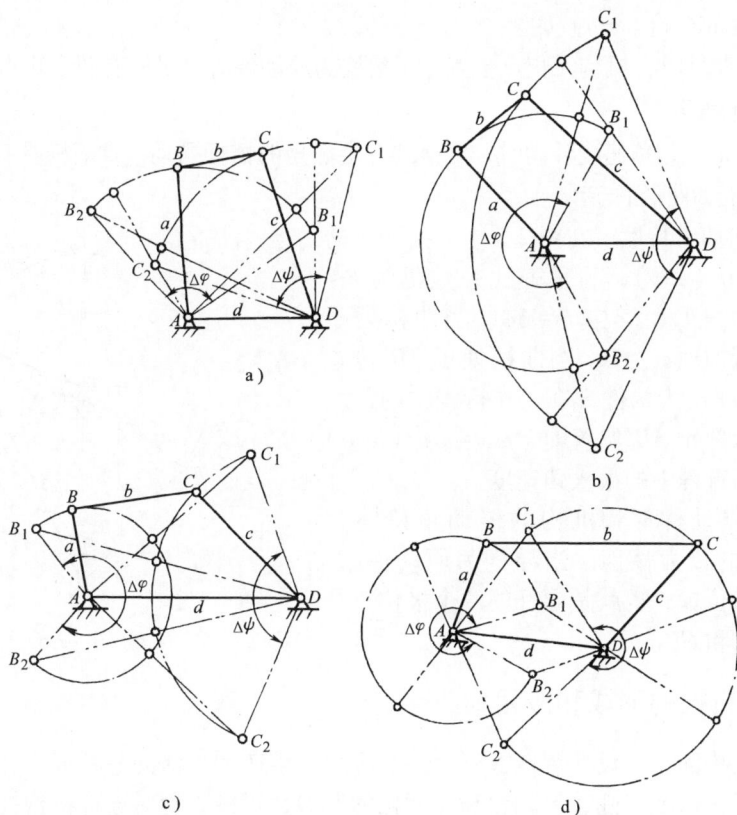

图　2-3

（2）运动和动力特性　如图 2-4 所示，对心曲柄滑块机构的滑块行程 $s = 2a$，而偏置曲柄滑块机构的滑块行程为

$$s = \sqrt{(a+b)^2 - e^2} - \sqrt{(b-a)^2 - e^2} > 2a \tag{2-4}$$

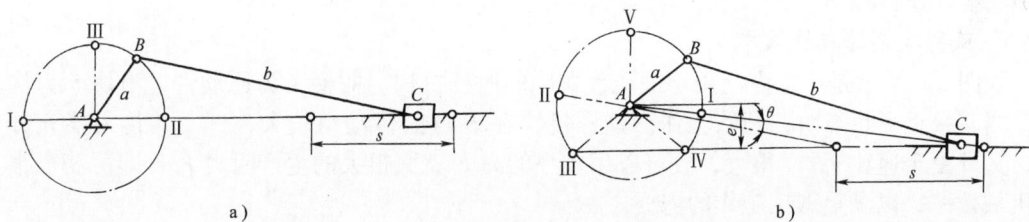

图　2-4

偏置曲柄滑块机构的急回特性用行程速比系数 K 表示，仍用式（2-1）计算。如图 2-4b 所示，极位夹角 θ 可由下式计算

$$\theta = \arccos \frac{e}{a+b} - \arccos \frac{e}{b-a} \tag{2-5}$$

当 a 或 e 增加时，θ 角增大，急回作用增强；当 b 增大时，θ 减小。对心曲柄滑块机构的最小传动角 $\gamma_{min} = \arccos\,(a/b)$（图 2-4a 位置Ⅲ），$\gamma_{max} = 90°$。偏置曲柄滑块机构的最小传动角 $\gamma_{min} = \arccos[(a+e)/b]$（图 2-4b 位置Ⅴ），当 $e < a$ 时，$\gamma_{max} = 90°$（图 2-4b 位置Ⅲ和Ⅳ），

当 $e>a$ 时，$\gamma_{\min}=\arccos[(e-a)/b]$。

当曲柄为原动件时，机构无止点位置；当滑块为原动件时，机构有两个止点位置Ⅰ和Ⅱ。

5. 摆动导杆机构

（1）用途　曲柄匀角速度转动时，可得到一定摆角的摇杆摆动，且摇杆具有急回特性；也可将摇杆的摆动变为曲柄的转动。

（2）运动和动力特性　在图2-5中，摇杆3的摆角 $\Delta\psi=2\arcsin(a/b)$，行程速比系数仍为 $k=(180°+\theta)/(180°-\theta)$，其中 $\theta=\Delta\psi$。当曲柄处于 AB_1 和 AB_2 位置时，$\omega_3=0$；当曲柄处于 AB' 位置时，$\omega_3=\omega_1a/(b+a)$ 为构件3在工作行程中的最大角速度；当曲柄处于 AB'' 位置时，$\omega_3=\omega_1a/(b-a)$ 为构件3在空回行程中的最大角速度。

当曲柄为原动件时，机构的传动角始终为 $90°$，具有良好的传力性能。当导杆为原动件时，机构有两个止点位置，也就是导杆的两个极位——图2-5中的 CB_1 和 CB_2。

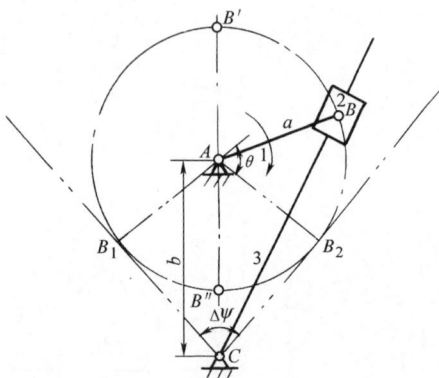

图　2-5

二、多杆机构的形成和应用

四杆机构结构简单，设计制造方便，广泛应用于生产和生活的各种场合，并能得到令人满意的使用效果。可是，随着自动化和智能化的发展，机械工程对连杆机构提出多方面的要求，有时采用四杆机构可能难以满足，即使能勉强达到性能要求，机构传递运动的质量也是很低的。这时就不得不借助于多杆机构，多杆机构是对四杆机构采用不同形式的变换、组合而形成的。应用多杆机构可以满足以下一些要求：

1. 扩大行程

用四杆机构实现大的行程时，机构尺寸就会很庞大。采用多杆机构，可在机构尺寸合理的情况下，使行程扩大。

2. 获得较大的机械效率

如图2-6所示是一个广泛用于锻压设备中的肘杆机构。曲柄1为原动件，滑块5为从动件，当其接近下止点时，开始工作。这样机构在 E 点的传动角较大，杆4的传力能充分利用，另外由于速比 v_B/v_5 很大，故可以用较小的力 F 克服很大的生产阻力 F_r，即可获得很大的机械效率，以满足锻压工作的需要。

3. 改变从动件的运动特性

刨床、插床、插齿机等切削加工机械不仅要求刀具在工作行程中做近似的匀速运动，以保证表面加工质量，而且要求刀具在空行程中有急回作用。一般的急回四杆机构，虽可满足急回要求，但工作行程的等速性能往往不好，采用多杆机构就可改善这种状况。如图2-7所示为插齿机所用的六杆机构，它可使插刀在插齿过程中实现近似于等速的运动。

4. 实现机构从动件带停歇的运动

某些机械（如织布机等）要求从动件在运动中具有较长时间的停歇。四杆机构无法实现从动件停歇，但在如图2-8所示机构中，利用四杆机构连杆曲线轨迹的圆弧部分 $P'P''$（图

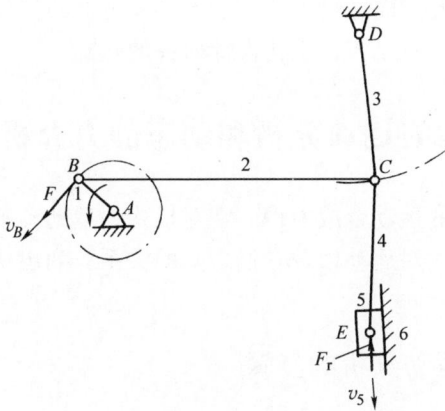

图 2-6

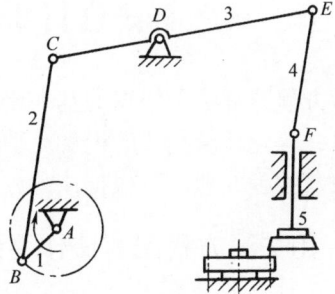

图 2-7

2-8a）或直线部分 $P'P''$（图 2-8b），再加上适当的二级杆组（杆4-5），就可实现构件5在构件4通过它们的弧线或直线部分时的暂时停歇。

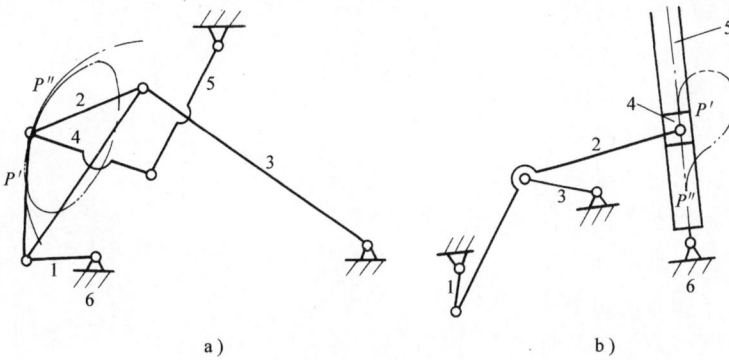

a) b)

图 2-8

5. 实现多个动作

多杆机构可以同时实现几个动作，如图 2-9 所示为货车上侧板自动打开，同时底板做倾倒运动的六杆机构。

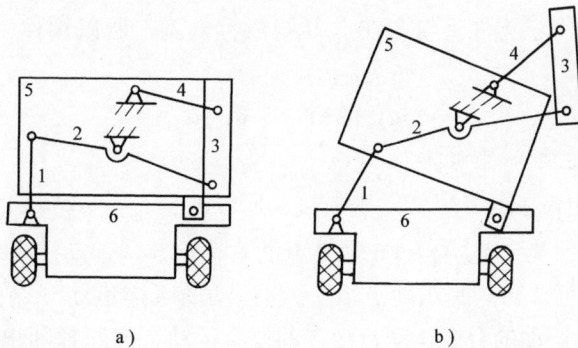

a) b)

图 2-9

多杆机构的实际用途不只是上述所列的几种情况。而通过上述例子不难发现，四杆机构是多杆机构形成的基础，所以有关四杆机构的知识，就是多杆机构设计研究的基础。

第二节　用图解法进行平面连杆机构的运动分析和动态静力分析

矢量方程图解法所依据的基本原理是理论力学的运动合成原理。在对机构的运动参数进行分析时，首先理清相关的绝对运动、牵连运动和相对运动以及它们之间的关系，列出机构运动的矢量方程，然后再根据该方程进行作图求解。

一、用矢量方程图解法作平面连杆机构运动分析的步骤

下面用一个实例来说明。已知导杆机构的运动简图如图 2-10a 所示，各构件的长度为 l_{AC}、l_{BC}，原动件 1 以等角速度 ω_1 逆时针转动，求在给定的原动件位置 φ_1 处，构件 2 和构件 3 的角速度和角加速度 ω_2、ω_3 和 α_2、α_3。

1. 选定长度比例尺 μ_l，作出机构在给定位置的运动简图

选取长度比例尺 $\mu_l = l_{AC}/AC$（m/mm）进行作图，l_{AC} 表示构件的实际长度，AC 表示构件在图样上的尺寸。作图时，必须注意 μ_l 的大小应选择适当，以保证对机构运动完整、准确和清楚的表达，另外应在图面上留下速度多边形、加速度多边形等其他相关分析图形的位置。

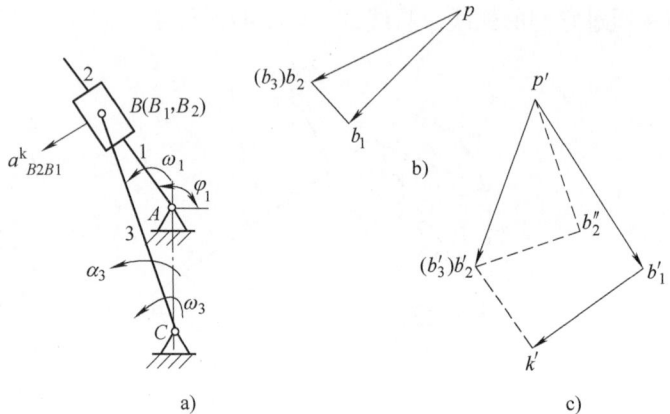

图　2-10

2. 求原动件 1 上运动副中心 B 的 v_{B1} 和 a_{B1}

$$v_{B1} = \omega_1 l_{AB} \qquad 方向 \perp AB，指向与 \omega_1 一致$$

$$a_{B1} = \omega_1^2 l_{AB} \qquad 方向为 B \rightarrow A$$

3. 求构件 2 的角速度 ω_2 和角加速度 α_2

如图 2-10a 所示，由于构件 1 与 2 在点 B 组成移动副，所以构件 1 和构件 2 一起转动，由已知条件可知

$$\omega_1 = \omega_2 = 常数 \qquad \alpha_1 = \alpha_2 = 0$$

4. 求构件 3 的角速度 ω_3 和角加速度 α_3

由于构件 2 和构件 3 在点 B 以转动副铰接，所以 $\boldsymbol{v}_{B3} = \boldsymbol{v}_{B2}$，$\boldsymbol{a}_{B3} = \boldsymbol{a}_{B2}$，故欲求构件 3 的角速度 ω_3 和角加速度 α_3，需研究两构件 1 与 2 上的重合点 B 的运动。当取构件 1 为动参考系，构件 2 上点 B_2 的运动可认为是其跟随点 B_1 一起运动的牵连运动（牵连运动为转动）和点 B_2 相对于点 B_1 的相对运动的合成运动，由点的复合运动合成原理列出速度、加速度矢量方程式，作图求解。

（1）速度分析　根据两构件重合点间的速度关系

动点在某瞬时的绝对速度=牵连速度+相对速度

1）列重合点 B 的速度矢量方程式

$$\boldsymbol{v}_{B2} = \boldsymbol{v}_{B1} + \boldsymbol{v}_{B2B1}$$

$$\begin{array}{cccc} \text{大小} & ? & \omega_1 l_{AB} & ? \\ \text{方向} & \perp BC & \perp AB & //AB \end{array}$$

2）定出速度比例尺。在图 2-10b 中，取 p 为速度极点，并取矢量 $\boldsymbol{pb}_1$ 代表 $\boldsymbol{v}_{B1}$，则速度比例尺 $\mu_v(\mathrm{m \cdot s^{-1}/mm})$ 为

$$\mu_v = \frac{v_{B1}}{\overline{pb_1}}$$

3）作速度多边形，求出 v_{B3}、v_{B2}、v_{B2B1} 和 ω_3。

根据矢量方程式作出速度多边形 pb_1b_2，注意作图时方程的右边从极点 p 开始，先作大小方向已知的 $\boldsymbol{v}_{B1}$，再首尾相接，过点 b_1 作 $\boldsymbol{v}_{B2B1}$，方程的左边仍然从极点 p 开始作，交点即为点 b_2。由图 2-10b 可得

$$v_{B2B1} = \mu_v \overline{b_1b_2} \qquad \text{方向由 } b_1 \rightarrow b_2$$

$$v_{B3} = v_{B2} = \mu_v \overline{pb_2} \qquad \text{方向由 } p \rightarrow b_2$$

$$\omega_3 = \frac{v_{B2}}{l_{BC}} = \frac{\mu_v \overline{pb_2}}{\mu_l \overline{BC}} \qquad \text{其转向为逆时针方向}$$

（2）加速度分析　根据两构件重合点间的加速度关系，当牵连运动为移动时，则

动点在某瞬时的绝对加速度=牵连加速度+相对加速度

当牵连运动为转动时（由于牵连运动与相对运动相互影响），则

动点在某瞬时的绝对加速度=牵连加速度+科氏加速度+相对加速度

1）列重合点 B 的加速度矢量方程式

$$\boldsymbol{a}_{B3} = \boldsymbol{a}_{B2} = \boldsymbol{a}_{B2}^n + \boldsymbol{a}_{B2}^\tau = \boldsymbol{a}_{B1} + \boldsymbol{a}_{B2B1}^k + \boldsymbol{a}_{B2B1}^r$$

$$\begin{array}{cccccc} \text{大小} & \omega_3^2 l_{BC} & ? & \omega_1^2 l_{AB} & 2\omega_1 v_{B2B1} & ? \\ \text{方向} & B \rightarrow C & \perp BC & B \rightarrow A & \perp AB & //AB \end{array}$$

式中，$\boldsymbol{a}_{B2}^n$、$\boldsymbol{a}_{B2}^\tau$ 分别为点 $B_2(B_3)$ 相对于点 C 的相对法向加速度和相对切向加速度；$\boldsymbol{a}_{B2B1}^r$ 为点 B_2 相对于点 B_1 的相对加速度；$\boldsymbol{a}_{B2B1}^k$ 为点 B_2 相对于点 B_1 的科氏加速度。式中仅有两个未知量，故可用作图法求解。

2）定出加速度比例尺。在图 2-10c 中，取 p' 为加速度极点，并取矢量 $p'b_1'$ 代表 $\boldsymbol{a}_{B1}$，则加速度比例尺 $\mu_a(\mathrm{m \cdot s^{-2}/mm})$ 为

$$\mu_a = \frac{a_{B1}}{\overline{p'b_1'}}$$

3）作加速度多边形，求出 a_{B3}、a_{B2}、a_{B3}^τ 和 α_3。

根据矢量方程式作出加速度多边形 $p'b_1'k'b_2'$，注意作图时方程的右边从极点 p' 开始，先作大小方向已知的，再首尾相接依次作出各矢量。方程的左边仍然从极点 p' 开始作，交点即为点 $b_2'(b_3')$。由图 2-10c 可得

$$a_{B3} = a_{B2} = \mu_a \overline{p'b_2'}$$ 方向由 $p' \to b_2'$

$$a_{B3}^\tau = \mu_a \overline{b_2''b_2'}$$ 方向由 $b_2'' \to b_2'$

$$\alpha_3 = \frac{a_{B3}^\tau}{l_{B3C}} = \frac{\mu_a \overline{b_2''b_2'}}{\mu_l \overline{BC}}$$ 转向为逆时针方向

二、用矢量方程图解法作平面连杆机构动态静力分析的步骤

动态静力分析是工程中常用的方法，它是根据达朗伯原理将惯性力和外力加在机构的相应构件上，用静力平衡的条件求出各运动副中的反力和原动件上的平衡力。求解时，对运动质量小的低速机构可不考虑惯性力；一般情况下，不考虑摩擦力，但对在接近自锁位置的机构进行受力分析时，应计入摩擦力，并应用摩擦圆（对转动副）和摩擦角（对移动副）来进行作图求解。现以铰链四杆机构为例，来说明其动态静力分析的步骤和方法。

在如图 2-11a 所示的铰链四杆机构中，已知各构件的尺寸分别为 l_1、l_2、l_3 和 l_4，连杆 2 的重力为 Q_2（其质心 S_2 在连杆 2 的中点），连杆 2 绕质心 S_2 的转动惯量为 J_{S2}，连杆 3 的重力为 Q_3（其质心 S_3 在连杆 3 的中点），连杆 3 绕质心 S_3 的转动惯量为 J_{S3}，垂直作用于从动件 CD 上点 E 处的生产阻力为 F_r。原动件 1 以 ω_1 等速回转，且构件 1 的重力和转动惯量忽略不计。求在图示位置时，各运动副中的反力，以及需加在原动件 1 上点 G 处沿方向 xx 的平衡力 F_b。

1. 作机构运动简图并求各构件的角加速度及其重心的加速度

选取长度比例尺 μ_l、速度比例尺 μ_v 和加速度比例尺 μ_a，作出机构图速度多边形和加速度多边形，分别如图 2-11a、b、c 所示。

2. 求各构件的惯性力 F_I 及其作用位置

连杆 2：惯性力 $F_{I2} = m_2 a_{S2} = \dfrac{Q_2}{g} \mu_a \overline{p'S_2'}$，惯性力矩 $M_{I2} = J_{S2} \alpha_2 = J_{S2} \dfrac{a_{CB}^t}{l_2} = J_{S2} \dfrac{\mu_a \overline{n_2'c'}}{l_2}$，$F_{I2} = F_{I2}'$，$F_{I2}'$作用位置 $h_2 = \dfrac{M_{I2}}{F_{I2}}$，$F_{I2}'$对质心 S_2 之矩与 α_2 的方向相反，如图 2-11a 所示。

连杆 3：惯性力 $F_{I3} = m_3 a_{S3} = \dfrac{Q_3}{g} \mu_a \overline{p'S_3'}$，惯性力矩 $M_{I3} = J_{S3} \alpha_3 = J_{S3} \dfrac{a_C^t}{l_3} = J_{S3} \dfrac{\mu_a \overline{n_3'c'}}{l_3}$。

将 F_{I3} 和 M_{I3} 合并成一个总惯性力 F_{I3}'，$F_{I3} = F_{I3}'$，其作用线从质心 S_3 处偏移距离为

$$h_3 = \frac{M_{I3}}{F_{I3}}$$

而且 F_{I3}' 对质心 S_3 之矩与 α_3 的方向相反。

3. 机构的动态静力分析

静态分析的过程为：

1）将求出的惯性力作为已知外力加到相应的构件上。

2）按静定条件将机构分解为构件组 2、3 和作用有平衡力的构件 1。

3）求构件组 2、3 各运动副反力。

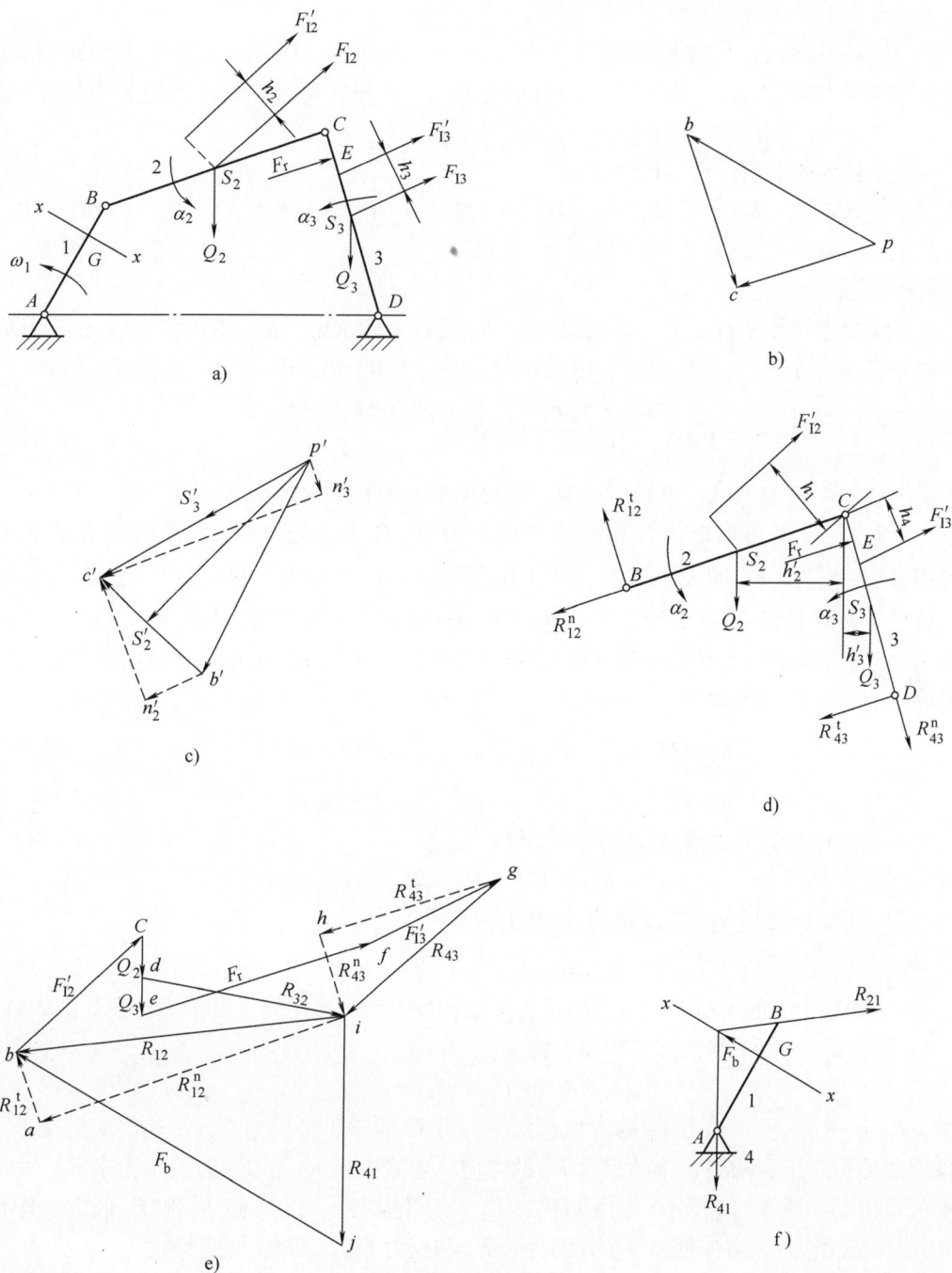

图 2-11

具体过程分析如下：

1）取已知外力 F_r 作用的基本杆组 2、3 作为分析单元，如图 2-11d 所示。先将构件 2、3 上作用的外力 F_r、重力 Q_2、Q_3、总惯性力 F'_{I2}、F'_{I3}标出，然后，将运动副 B、C 中的反力 R_{12}、R_{43} 分别分解为沿 BC 及 CD 方向的法向反力 R^n_{12}、R^n_{43} 和垂直于 BC 及 CD 的切向反力

R_{12}^t、R_{43}^t。

2）列静定杆组的力平衡方程式。为便于求解，未知力一般都分别列于方程式的首尾，本例中法向反力 R_{12}^n 和 R_{43}^n 分别作为第一项和最后一项。另外每个构件上的力集中列在一起，以便于对单个构件进行力的分析。

由整个杆组的平衡条件 $\sum F = 0$，得

$$R_{12}^n + R_{12}^t + F_{12}' + Q_2 + Q_3 + F_r + F_{13}' + R_{43}^t + R_{43}^n = 0$$

方向 $/\!/BC$ $\perp BC$ ✓ ✓ ✓ ✓ ✓ $\perp CD$ $/\!/CD$

大小 ？ ？ ✓ ✓ ✓ ✓ ✓ ？ ？

此方程的未知数超过 2 个，需求出 R_{12}^t、R_{43}^t 后，才能求解，故分别取构件 2 和 3 为示力体，再分别就构件 2、3 上所受的力对点 C 取矩，由 $\sum M_C = 0$，可得

$$R_{12}^t = \frac{Q_2 h_2' - F_{12}' h_1}{l_2} \qquad R_{43}^t = \frac{F_{13}' h_4 + F_r l_{CE} - Q_3 h_3'}{l_3}$$

如果求出 R_{12}^t 或 R_{43}^t 为负值，则表示该力方向与图示方向相反。

3）作力矢量多边形求出各副反力。当求出 R_{12}^t 和 R_{43}^t 后，整个构件组的力平衡条件 $\sum F = 0$ 中仅 R_{12}^n 和 R_{43}^n 的大小未知，故可用图解法求出。如图 2-11e 所示，选取力比例尺 μ_F，从点 a 连续作矢量 ab、bc、cd、de、ef、fg 和 gh，分别代表 R_{12}^t、F_{12}'、Q_2、Q_3、F_r、F_{13}' 和 R_{43}^t。再分别从点 a 和点 h 作直线 ai 和 hi 分别平行于力 R_{12}^n 和 R_{43}^n，两直线交于点 i，则矢量 ia、hi 分别代表 R_{12}^n 和 R_{43}^n，从而得

$$R_{12} = R_{12}^n + R_{12}^t \qquad R_{12} = \mu_F \overline{ib} \qquad \text{方向 } i \to b$$

$$R_{43} = R_{43}^n + R_{43}^t \qquad R_{43} = \mu_F \overline{gi} \qquad \text{方向 } g \to i$$

又根据构件 2 的力平衡条件 $\sum F = 0$，得

$$R_{12} + F_{12}' + Q_2 + R_{32} = 0$$

由图 2-11e 可知，矢量 di 代表力 R_{32}，其大小为

$$R_{32} = \mu_F \overline{di} \qquad \text{方向 } d \to i$$

4）求构件 1 上的平衡力和运动副反力。取构件 1 为分析单元，其受力分析如图 2-11f 所示，根据构件 1 的力平衡条件 $\sum F = 0$，得

$$R_{21} + F_b + R_{41} = 0$$

式中，$R_{21} = -R_{12}$，而平衡力 F_b 的方位已知，为沿 xx 线。于是根据三力平衡时应汇交于一点的条件，即可定出运动副 A 中的反力 R_{41} 的方向。上式中仅 R_{41} 和 F_b 的大小为未知，故可用图解法求出。如图 2-11e 所示，矢量 bi 代表 R_{21}，分别从点 i 和点 b 按 R_{41} 和 F_b 的方向作直线 ij 和 bj，相交于点 j，则矢量 jb、ij 分别代表 F_b 和反力 R_{41}，其大小分别为

$$F_b = \mu_F \overline{jb} \qquad F_b \text{ 对点 } A \text{ 之矩与 } \omega_1 \text{ 的方向一致}$$

$$R_{41} = \mu_F \overline{ij} \qquad \text{方向 } i \to j$$

第三节　用解析法进行平面连杆机构的分析与综合

图解法虽然具有形象直观的特点，但是从现代科技和工业发展的要求来看，它不仅精度

较低，费时较多，而且不便于把机构分析问题和机构综合问题联系起来。解析法正好能克服上述缺点，随着计算机技术的发展和普及，其应用将越来越广泛。解析法常利用矢量、复数、矩阵等运算方法进行计算。

一、用解析法对机构进行运动分析

根据分析过程的不同，机构运动分析的解析法可分为整体分析法和杆组法两种。整体分析法就是把所研究的机构放在相应的坐标系中，始终把整个机构作为研究对象。杆组法就是把机构分解成基本杆组，并以它们作为研究对象，分别建立各个基本杆组的子程序（目前，常用的基本杆组已有完整分析和相应的子程序库）；根据机构的组成原理，编写一个正确调用待求基本杆组子程序的主程序来计算获得结果。用解析法作机构运动分析可分为三步，即建立数学模型、进行框图设计和编写程序上机计算。

1. 平面连杆机构的整体运动分析法

运动分析的内容虽然包括位移分析、速度分析和加速度分析三个方面，但关键问题是位移分析，至于速度和加速度，则是利用位移方程式对时间求一阶导数和二阶导数计算获得的。这里介绍常用的矢量投影法作机构的整体运动分析的过程。分析时，在确定的直角坐标系中，选取各杆的矢量方向与转角，画出封闭的矢量多边形，列出矢量方程式，然后将矢量投影到坐标轴上写出位置参量的解析表达式。在选取各杆的矢量方向及转角时，对于与机架相铰接的杆件，建议其矢量方向由固定铰链向外，这样便于标出转角。转角的正负，规定以 x 轴的正向为基准，逆时针方向转至所讨论的矢量为正，反之为负。下面以铰链四杆机构为例进行运动分析。

在如图 2-12 所示铰链四杆机构中，已知各杆的长度和原动件 AB 的等角速度 ω_1 和位置角 φ_1，确定曲柄 AB 在回转一周的过程中每隔 $10°$ 时连杆 BC 和输出杆 CD 的位置角 φ_2 和 φ_3、角速度 ω_2 和 ω_3 以及角加速度 α_2 和 α_3。

（1）建立数学模型 在图 2-12 中，以点 A 为原点，x 轴和直线 AD 重合，标出各个矢量转角，由封闭矢量多边形可得

$$AB + BC = AD + DC$$

将上式中各矢量分别投影在 x 轴和 y 轴上得

$$\left.\begin{array}{l} l_1\sin\varphi_1 + l_2\sin\varphi_2 = l_3\sin\varphi_3 \\ l_1\cos\varphi_1 + l_2\cos\varphi_2 = l_4 + l_3\cos\varphi_3 \end{array}\right\} \quad (2\text{-}6)$$

令 $\qquad l_1\sin\varphi_1 = b \qquad l_4 - l_1\cos\varphi_1 = a$

则

$$\left.\begin{array}{l} l_2\sin\varphi_2 = l_3\sin\varphi_3 - b \\ l_2\cos\varphi_2 = l_3\cos\varphi_3 + a \end{array}\right\} \quad (2\text{-}7)$$

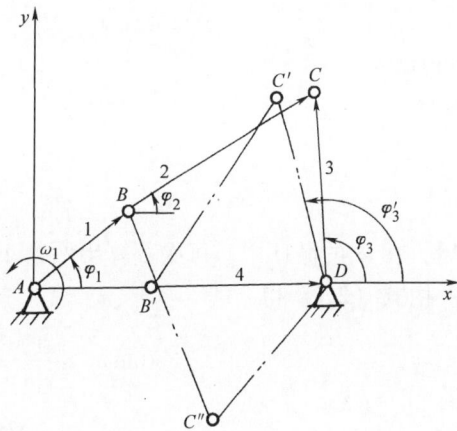

图 2-12

两边平方后相加得

$$l_2^2 = l_3^2 - 2bl_3\sin\varphi_3 + b^2 + 2al_3\cos\varphi_3 + a^2$$

令 $\qquad A = \dfrac{a^2 + b^2 + l_3^2 - l_2^2}{2al_3} \qquad B = \dfrac{b}{a}$

则得

$$\cos\varphi_3 - B\sin\varphi_3 + A = 0$$

$$A + \cos\varphi_3 = B\sqrt{1 - \cos^2\varphi_3}$$

两边平方得

$$A^2 + 2A\cos\varphi_3 + \cos^2\varphi_3 = B^2(1 - \cos^2\varphi_3)$$

$$(1 + B^2)\cos^2\varphi_3 + 2A\cos\varphi_3 + (A^2 - B^2) = 0$$

$$\cos\varphi_3 = \frac{-2A \pm \sqrt{4A^2 - 4(1 + B^2)(A^2 - B^2)}}{2(1 + B^2)}$$

$$\left.\begin{aligned} &= -\frac{1}{1 + B^2}(A + B\sqrt{1 - A^2 + B^2}) = M \\ &= -\frac{1}{1 + B^2}(A - B\sqrt{1 - A^2 + B^2}) = M_1 \end{aligned}\right\} \tag{2-8}$$

$$\left.\begin{aligned} \varphi_3 &= \arctan\frac{\sqrt{1 - M^2}}{M} \\ \varphi_3 &= \arctan\frac{\sqrt{1 - M_1^2}}{M_1} \end{aligned}\right\} \tag{2-9}$$

式中　　　　　$A = \dfrac{l_4^2 - 2l_1l_4\cos\varphi_1 + l_1^2 + l_3^2 - l_2^2}{2l_3(l_4 - l_1\cos\varphi_1)}$　　　　$B = \dfrac{l_1\sin\varphi_1}{l_4 - l_1\cos\varphi_1}$

　　在式（2-8）中，根号前有正负号，表示给定 φ_1 时，φ_3 可有两个值，这与图 2-12 所示 C 有两个交点（C 和 C''）的意义相当。应按照所给机构的装配方案（C 处取正号，C'' 处取负号）选择正负号；也可根据运动的连续性，在编写程序中进行处理，首先计算角 φ_1 的初值（如 $\varphi_1 = 0$）相对应的 φ_3 值（如图 2-12 中 φ_3'）。由于

$$l_2^2 = l_3^2 + (l_4 - l_1)^2 - 2l_3(l_4 - l_1)\cos(\pi - \varphi_3')$$

所以　　　　　　　　$\cos\varphi_3' = \dfrac{l_2^2 - l_3^2 - (l_4 - l_1)^2}{2l_3(l_4 - l_1)} = R \tag{2-10}$

$$\varphi_3' = \arctan\frac{\sqrt{1 - R^2}}{R} \tag{2-11}$$

以后，在 φ_1 的循环中，每次都算出两个 φ_3 值，将它们与前一步的 φ_3 比较，选择接近的那个值。由式（2-7）得

$$\tan\varphi_2 = \frac{l_3\sin\varphi_3 - l_1\sin\varphi_1}{l_3\cos\varphi_3 + l_4 - l_1\cos\varphi_1} = R_1 \tag{2-12}$$

$$\varphi_2 = \arctan R_1 \tag{2-13}$$

　　将式（2-6）对时间求导得

$$\left.\begin{aligned} l_1\omega_1\cos\varphi_1 + l_2\omega_2\cos\varphi_2 &= l_3\omega_3\cos\varphi_3 \\ -l_1\omega_1\sin\varphi_1 - l_2\omega_2\sin\varphi_2 &= -l_3\omega_3\sin\varphi_3 \end{aligned}\right\} \tag{2-14}$$

将坐标系绕原点逆时针转 φ_2 角，则由式（2-14）的后一式得

$$l_1\omega_1\sin(\varphi_1 - \varphi_2) = l_3\omega_3\sin(\varphi_3 - \varphi_2)$$

所以
$$\omega_3 = \frac{l_1\sin(\varphi_1 - \varphi_2)}{l_3\sin(\varphi_3 - \varphi_2)}\omega_1$$

同理将坐标系统原点逆时针转 φ_3 角，由式（2-14）的后一式得

$$\omega_2 = \frac{-l_1\sin(\varphi_1 - \varphi_3)}{l_2\sin(\varphi_2 - \varphi_3)}\omega_1$$

角速度的正和负分别表示逆时针和顺时针方向转动。

将式（2-14）的后一式对时间求导得

$$-\omega_1^2 l_1\cos\varphi_1 - \omega_2^2 l_2\cos\varphi_2 - \alpha_2 l_2\sin\varphi_2 = -\omega_3^2 l_3\cos\varphi_3 - \alpha_3 l_3\sin\varphi_3$$

将坐标系统原点逆时针转 φ_2 和 φ_3 角，则由上式可得

$$\alpha_3 = \frac{\omega_1^2 l_1\cos(\varphi_1 - \varphi_2) + \omega_2^2 l_2 - \omega_3^2 l_3\cos(\varphi_3 - \varphi_2)}{l_3\sin(\varphi_3 - \varphi_2)} \tag{2-15}$$

$$\alpha_2 = \frac{\omega_1^2 l_1\cos(\varphi_1 - \varphi_3) + \omega_2^2 l_2\cos(\varphi_2 - \varphi_3) - \omega_3^2 l_3}{l_2\sin(\varphi_2 - \varphi_3)} \tag{2-16}$$

（2）框图设计　框图设计结果如图 2-13 所示。

（3）算例和编程注意事项　当 $l_1 = 0.2\text{m}$，$l_2 = 0.40\text{m}$，$l_3 = 0.35\text{m}$，$l_4 = 0.50\text{m}$ 以及等角速度 $\omega_1 = 10\text{rad/s}$ 时的计算机程序及计算结果如下。

```
Option Explicit
Private Const PI = 3. 141593
Private Sub Command1_Click( )
Dim L1#,L2#,L3#,L4#,W1#,R#,P3#,P1#,A#,B#,C#,W2#,W3#,E2#,E3#,T1#,T2#,P2#,
T#,K#
L1 = 0. 2： L2 = 0. 4： L3 = 0. 35： L4 = 0. 5： W1 = 10
R = (L2^2-L3^2-(L4-L1)^2)/(2 * L3 * (L4-L1))
P3 = -Atn(Sqr(1-R^2)/R)
IfP3<0 Then P3 = P3+PI
For P1 = 0 To2 * PI Step PI/18
T = L4^2+L3^2+L1^2-L2^2： A = -Sin(P1)： B = L4/L1-Cos(P1)
C = T/(2 * L1 * L3)-L4/L3 * Cos(P1)
T1 = 2 * Atn((A+Sqr(A * A+B * B-C * C))/(B-C))
T2 = 2 * Atn((A-Sqr(A * A+B * B-C * C))/(B-C))
If Abs(T1-P3)<Abs(T2-P3)Then  P3 = T1  Else  P3 = T2
P2 = Atn((L3 * Sin(P3)-L1 * Sin(P1))/(L4+L3 * Cos(P3)-L1 * Cos(P1)))
W2 = -L1 * Sin(P1-P3) * W1/(L2 * Sin(P2-P3))
W3 = L1 * Sin(P1-P2) * W1/(L3 * Sin(P3-P2))
E2 = (L1 * W1^2 * Cos(P1-P3)+L2 * W2^2 * Cos(P3-P2)-L3 * W3 * ^2)/(L2 * Sin(P3-P2))
E3 = (L1 * W1^2 * Cos(P1-P2)+L2 * W2^2-L3 * W3^2 * Cos(P3-P2))/(L3 * Sin(P3-P2))
K = 180/PI
Print"P1 = ";P1 * K
Print"P2 = ";Format(P2 * K,"###. ######") ;"P3 =";Format(P3 * K,"###. ######") ;"W2 =";
```

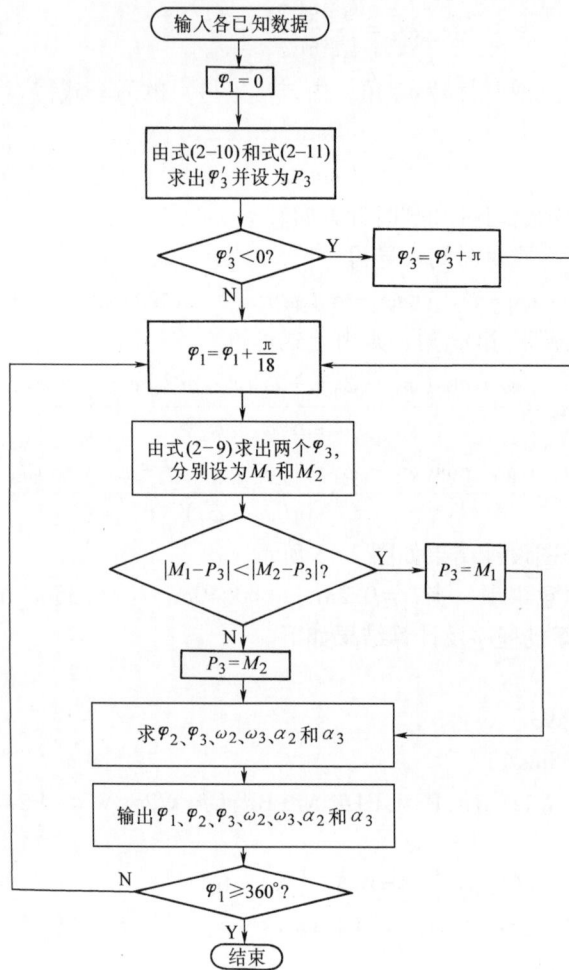

图 2-13

Format$($W2$,$"###.######"$)$

Print"W3 ="; Format$($W3$,$"###.######"$)$;"E2 ="; Format$($E2$,$"###.######"$)$;"E3 ="; Format$($E3$,$"###.######"$)$

Next

End Sub

部分运算结果:

P1 = 0

P2 = 57.910042　　P3 = 104.477501　　W2 = −6.666667

W3 = −6.666667　　E2 = −28.688766　　E3 = 69.672716

P1 = 30

P2 = 38.628494　　P3 = 92.343369　　W2 = −5.494139

W3 = −1.063536　　E2 = 49.72545　　E3 = 112.05373

程序中部分符号的含义为：P1 为杆 1 的转角 φ_1，P2 为杆 2 的转角 φ_2，P3 为杆 3 的转角 φ_3；W2 为杆 2 的角速度 ω_2，W3 为杆 3 的角速度 ω_3；E2 为杆 2 的角加速度 α_2，E3 为杆 3 的角加速度 α_3；PI 为圆周率。

编写程序时，按照框图中的内容及箭头方向依次进行。理清楚数学模型中所包含的公式，区分开公式中的变量和常量、已知和未知、哪些数据是输入量、哪些数据应作为结果输出等。特别注意数字"0"和英文字母"o"及数字"1"和大写字母"I"的区别。

在此铰链四杆机构中，杆 3 的初始角 φ_3' 只能在第 I、II 象限，而计算机的反正切函数的输出结果 φ_3' 只能在第 I、IV 象限，所以在框图和程序中都作了角度处理。另外，在角度参与计算时，必须以 rad（弧度）为单位；而输出时，为了便于阅读，又改为以（°）（度）为单位。

2. 平面连杆机构运动分析的基本杆组法

由机构组成原理可知，任何机构都可以分解成原动件、机架和若干基本杆组。这些基本杆组包括 II 级组、III 级组和 IV 级以上的高级组，而常用的平面连杆机构由大量 II 级组和一些 III 级组构成。本节介绍部分 II 级组的分析。

（1）二杆三铰链型 II 级杆组（RRR 型）　在图 2-14a 中，已知杆 2 和杆 3 的长度，点 M 和 N 的位置（x_M，y_M）和（x_N，y_N）、速度（$\dot{x}_M$，$\dot{y}_M$）和（$\dot{x}_N$，$\dot{y}_N$）、加速度（$\ddot{x}_M$，$\ddot{y}_M$）和（$\ddot{x}_N$，$\ddot{y}_N$），求杆 2 和杆 3 的角位移 φ_2 和 φ_3、角速度 ω_2 和 ω_3、角加速度 α_2 和 α_3 以及内部运动副 Q 点的位置（x_Q，y_Q）、速度（$\dot{x}_Q$，$\dot{y}_Q$）和加速度（$\ddot{x}_Q$，$\ddot{y}_Q$）。

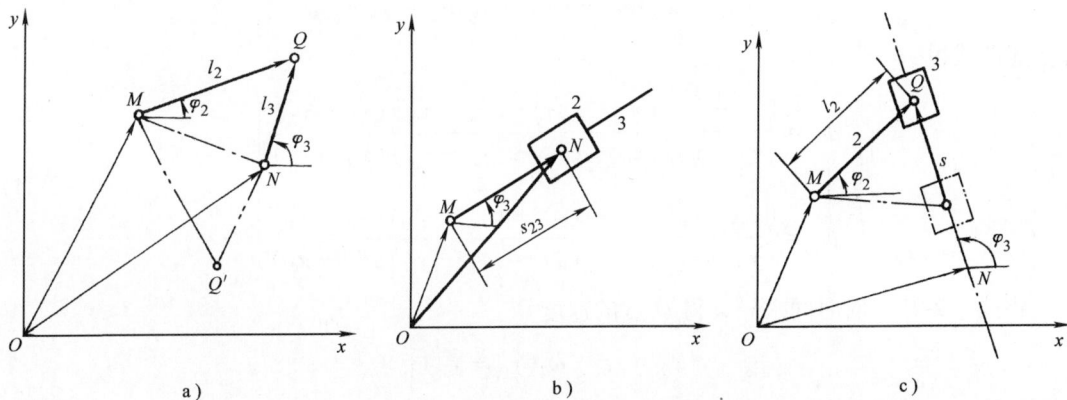

a)　　　　　　　　　b)　　　　　　　　　c)

图　2-14

1）位置分析。由图 2-14a 可得 Q 点的矢量方程

$$\boldsymbol{OQ} = \boldsymbol{OM} + \boldsymbol{MQ} = \boldsymbol{ON} + \boldsymbol{NQ}$$

将上式中各矢量分别投影在 x 轴和 y 轴上

$$\left.\begin{array}{l} x_Q = x_M + l_2\cos\varphi_2 = x_N + l_3\cos\varphi_3 \\ y_Q = y_M + l_2\sin\varphi_2 = y_N + l_3\sin\varphi_3 \end{array}\right\} \tag{2-17}$$

M 和 N 两点间的距离

$$l_{MN} = \sqrt{(x_N - x_M)^2 + (y_N - y_M)^2} \tag{2-18}$$

将式（2-17）中上、下两式移项平方后相加，整理为

$$a\sin\varphi_2 + b\cos\varphi_2 = c \tag{2-19}$$

式中 $\qquad a = 2l_2(y_N - y_M) \quad b = 2l_2(x_N - x_M) \quad c = l_2^2 + l_{MN}^2 - l_3^2$

为了用代数法解 φ_2，将式（2-19）改写为正切函数方程

$$(b + c)\tan^2\frac{\varphi_2}{2} - 2a\tan\frac{\varphi_2}{2} - (b - c) = 0$$

$$\varphi_2 = 2\arctan\frac{a \pm \sqrt{a^2 + b^2 - c^2}}{b + c} \tag{2-20}$$

上式中，φ_2 值有两个解，表示杆组可以有两种装配形式。当根式前取正号时，M、Q、N 三点绕转方向始终为顺时针；当根式前取负号时，M、Q、N 三点绕转方向始终为逆时针，如图 2-14a 中双点画线所示。Q 点的坐标为

$$\left.\begin{array}{l} x_Q = x_M + l_2\cos\varphi_2 \\ y_Q = y_M + l_2\sin\varphi_2 \end{array}\right\} \tag{2-21}$$

$$\varphi_3 = \arctan\frac{y_Q - y_N}{x_Q - x_N} \tag{2-22}$$

2）速度分析。将式（2-17）上、下两式对时间求导，整理后可得

$$-(y_Q - y_M)\omega_2 + (y_Q - y_N)\omega_3 = \dot{x}_N - \dot{x}_M$$

$$(x_Q - x_M)\omega_2 - (x_Q - x_N)\omega_3 = \dot{y}_N - \dot{y}_M$$

解上述两式得

$$\left.\begin{array}{l} \omega_2 = \dfrac{(\dot{x}_N - \dot{x}_M)(x_Q - x_N) + (\dot{y}_N - \dot{y}_M)(y_Q - y_N)}{(y_Q - y_N)(x_Q - x_M) - (y_Q - y_M)(x_Q - x_N)} \\[4mm] \omega_3 = \dfrac{(\dot{x}_N - \dot{x}_M)(x_Q - x_M) + (\dot{y}_N - \dot{y}_M)(y_Q - y_M)}{(y_Q - y_N)(x_Q - x_M) - (y_Q - y_M)(x_Q - x_N)} \end{array}\right\} \tag{2-23}$$

将式（2-21）对时间求导，得 Q 点的速度

$$\left.\begin{array}{l} \dot{x}_Q = \dot{x}_M - \omega_2(y_Q - y_M) \\ \dot{y}_Q = \dot{y}_M + \omega_2(x_Q - x_M) \end{array}\right\} \tag{2-24}$$

3）加速度分析。通过对已知点的位移、速度求导并整理后可得

$$\left.\begin{array}{l} \alpha_2 = \dfrac{E(x_Q - x_N) + F(y_Q - y_N)}{(x_Q - x_M)(y_Q - y_N) - (x_Q - x_N)(y_Q - y_M)} \\[4mm] \alpha_3 = \dfrac{E(x_Q - x_M) + F(y_Q - y_M)}{(x_Q - x_M)(y_Q - y_N) - (x_Q - x_N)(y_Q - y_M)} \end{array}\right\} \tag{2-25}$$

式中 $\qquad E = \ddot{x}_N - \ddot{x}_M + \omega_2^2(x_Q - x_M) - \omega_3^2(x_Q - x_N)$

$$F = \ddot{y}_N - \ddot{y}_M + \omega_2^2(y_Q - y_M) - \omega_3^2(y_Q - y_N)$$

Q 点的加速度

$$\left.\begin{array}{l} \ddot{x}_Q = \ddot{x}_M - \omega_2^2(x_Q - x_M) - \alpha_2(y_Q - y_M) \\[2mm] \ddot{y}_Q = \ddot{y}_M - \omega_2^2(y_Q - y_M) + \alpha_2(x_Q - x_M) \end{array}\right\} \qquad (2\text{-}26)$$

（2）滑块导杆型 II 级杆组（RPR）型　如图 2-14b 所示，已知转动副中心点 M 和 N 的位置 (x_M, y_M) 和 (x_N, y_N)、速度 $(\dot{x}_M, \dot{y}_M)$ 和 $(\dot{x}_N, \dot{y}_N)$、加速度 $(\ddot{x}_M, \ddot{y}_M)$ 和 $(\ddot{x}_N, \ddot{y}_N)$，求杆 3（即滑块 2）的角位移 φ_3、角速度 ω_3 和角加速度 α_3 以及滑块 2 相对杆 3 的位移 s_{23}、速度 v_{23} 和加速度 a_{23}。

在图示的 xOy 坐标系中，由矢量三角形 OMN 可写出矢量方程式

$$ON = OM + MN$$

将上式投影到 x、y 轴上可得

$$\left.\begin{array}{l} x_N = x_M + l_{MN}\cos\varphi_3 = x_M + s_{23}\cos\varphi_3 \\[2mm] y_N = y_M + l_{MN}\sin\varphi_3 = y_M + s_{23}\sin\varphi_3 \end{array}\right\} \qquad (2\text{-}27)$$

由式（2-27）解得

$$\varphi_3 = \arctan\frac{y_N - y_M}{x_N - x_M} \qquad (2\text{-}28)$$

$$s_{23} = \sqrt{(x_N - x_M)^2 + (y_N - y_M)^2} \qquad (2\text{-}29)$$

将式（2-27）中上、下两式分别对时间求一阶导，联立解得

$$\omega_3 = \frac{(\dot{y}_N - \dot{y}_M)\cos\varphi_3 - (\dot{x}_N - \dot{x}_M)\sin\varphi_3}{s_{23}} \qquad (2\text{-}30)$$

$$v_{23} = (\dot{y}_N - \dot{y}_M)\sin\varphi_3 + (\dot{x}_N - \dot{x}_M)\cos\varphi_3 \qquad (2\text{-}31)$$

将式（2-27）上、下两式分别对时间求二阶导，联立解得

$$\alpha_3 = \frac{E\cos\varphi_3 - F\sin\varphi_3}{s_{23}} \qquad (2\text{-}32)$$

$$a_{23} = E\sin\varphi_3 + F\cos\varphi_3$$

式中

$$E = \ddot{y}_N - \ddot{y}_M - 2v_{23}\omega_3\cos\varphi_3 + s_{23}\omega_3^2\sin\varphi_3$$

$$F = \ddot{x}_N - \ddot{x}_M + 2v_{23}\omega_3\sin\varphi_3 + s_{23}\omega_3^2\cos\varphi_3$$

（3）连杆滑块型 II 级杆组（RRP 型）　如图 2-14c 所示，已知杆 2 的长度 l_2，转动副中心 M 的位置 (x_M, y_M)、速度 $(\dot{x}_M, \dot{y}_M)$、加速度 $(\ddot{x}_M, \ddot{y}_M)$，导路上某一点 N 的位置 (x_N, y_N)、速度 $(\dot{x}_N, \dot{y}_N)$、加速度 $(\ddot{x}_N, \ddot{y}_N)$ 及导路的角位移 φ_3、角速度 ω_3、角加速度 α_3，求杆 2 的角位移 φ_2、角速度 ω_2、角加速度 α_2 及滑块 3 沿导轨的位移 s、速度 v^r 和加速度 a^r。

由如图 2-14c 所示 xOy 坐标系和矢量多边形 $OMQN$，可得 Q 点的矢量方程

$$OQ = OM + MQ = ON + NQ$$

将上式投影到 x、y 坐标轴上可得

$$\left.\begin{array}{c} x_M + l_2\cos\varphi_2 = x_N + s\cos\varphi_3 \\ y_M + l_2\sin\varphi_2 = y_N + s\sin\varphi_3 \end{array}\right\} \tag{2-33}$$

由式（2-33）解得

$$s = \frac{-B_1 \pm \sqrt{B_1^2 - 4B_2}}{2} \tag{2-34}$$

$$\varphi_2 = \arccos\frac{x_N - x_M + s\cos\varphi_3}{l_2} \tag{2-35}$$

式中
$$B_1 = 2(x_N - x_M)\cos\varphi_3 + 2(y_N - y_M)\sin\varphi_3$$
$$B_2 = x_N^2 + x_M^2 + y_N^2 + y_M^2 - 2x_Nx_M - 2y_Ny_M - l_2^2$$

在式（2-34）中，s 有两个解，表示杆 2 有两种装配方式，根式前取正号，则为图 2-14c 中的实线位置，取负号是双点画线位置。

将式（2-33）上、下两式分别对时间求一阶导，并联立解得

$$v^r = \frac{-B_3\cos\varphi_2 - B_4\sin\varphi_2}{B_5} \tag{2-36}$$

$$\omega_2 = \frac{-B_3\sin\varphi_3 + B_4\cos\varphi_3}{l_2B_5} \tag{2-37}$$

式中
$$B_3 = \dot{x}_N - \dot{x}_M - s\omega_3\sin\varphi_3$$
$$B_4 = \dot{y}_N - \dot{y}_M + s\omega_3\cos\varphi_3$$
$$B_5 = \cos(\varphi_3 - \varphi_2)$$

将式（2-33）上、下两式分别对时间求二阶导，联立解得

$$a^r = \frac{-B_6\sin\varphi_2 - B_7\cos\varphi_2}{B_5} \tag{2-38}$$

$$\alpha_2 = \frac{B_6\cos\varphi_3 - B_7\sin\varphi_3}{l_2B_5} \tag{2-39}$$

式中
$$B_6 = \ddot{y}_N - \ddot{y}_M + l_2\omega_2^2\sin\varphi_2 - s\omega_3^2\sin\varphi_3 + s\alpha_3\cos\varphi_3 + 2v^r\omega_3\cos\varphi_3$$
$$B_7 = \ddot{x}_N - \ddot{y}_N + l_2\omega_2^2\cos\varphi_2 - s\omega_3^2\cos\varphi_3 - s\alpha_3\sin\varphi_3 - 2v^r\omega_3\sin\varphi_3$$

上述内容只作了三种基本杆组的分析，设计过程中遇到其他类型的基本杆组时，可以用类似的方法进行分析编程。目前常用的基本杆组的运动分析过程已编成了各种语言的子程序，需要时可直接调用。因为即使是同一类型的基本杆组，其具体结构形式也有差异，所以有时直接调用子程序会出现困难，这种情况下需要自己具体分析解决。

二、用解析法对平面机构进行力分析

机构力分析的解析法也有多种，而其共同特点都是根据力的平衡条件列出机构所受各力之间的关系式，然后求解。

1. 矢量方程解析法

根据力的平衡条件建立矢量方程式 $\Sigma \boldsymbol{F} = 0$ 和 $\Sigma \boldsymbol{M} = 0$，然后代入已知数据，求解各运动

副中的反力和未知平衡力或平衡力矩。现以如图 2-15 所示的四杆机构为例，对其受力分析讨论如下。

设力 F 为作用于构件 2 上 E 点处的已知外力（包括惯性力），M_r 为作用于构件 3 上的已知生产阻力矩，现要求确定各个运动副中的反力及加于原动件 1 上的平衡力矩 M_b。

建立如图 2-15 所示的坐标系，标出各杆矢量及方位角；再设各运动副中的反力为

$$\boldsymbol{R}_A = \boldsymbol{R}_{41} = -\boldsymbol{R}_{14} = \boldsymbol{R}_{41x} + \boldsymbol{R}_{41y}$$
$$\boldsymbol{R}_B = \boldsymbol{R}_{12} = -\boldsymbol{R}_{21} = \boldsymbol{R}_{12x} + \boldsymbol{R}_{12y}$$
$$\boldsymbol{R}_C = \boldsymbol{R}_{23} = -\boldsymbol{R}_{32} = \boldsymbol{R}_{23x} + \boldsymbol{R}_{23y}$$
$$\boldsymbol{R}_D = \boldsymbol{R}_{34} = -\boldsymbol{R}_{43} = \boldsymbol{R}_{34x} + \boldsymbol{R}_{34y}$$

具体分析时，先求运动副反力，再求平衡力或平衡力矩。求运动副反力时，总是从"首解运动副"开始的。所谓"首解副"，是指组成该运动副的两个构件上承受的所有外力、外力矩均已知，其他运动副中的反力可通过"首解副"中的反力依次求得。在图 2-15 所示的四杆机构中，运动副 C 为"首解副"。

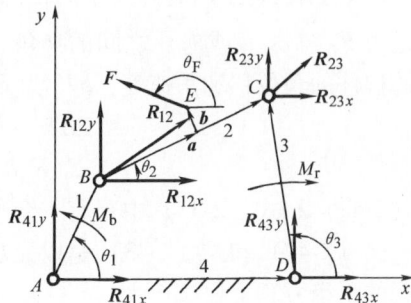

图　2-15

（1）求 $\boldsymbol{R}_C$（即 $\boldsymbol{R}_{23}$ 或 $\boldsymbol{R}_{32}$）　取构件 3 为分离体，将各力对点 D 取矩，则有

$$\Sigma \boldsymbol{M}_D = 0 \qquad \boldsymbol{DC} \times \boldsymbol{R}_{23} + \boldsymbol{M}_r = 0$$

即
$$l_3 R_{23x}\sin\theta_3 - l_3 R_{23y}\cos\theta_3 + M_r = 0 \tag{2-40}$$

同理，取构件 2 为分离件，并将诸力对 B 点取矩，则有

$$\Sigma \boldsymbol{M}_B = 0 \qquad \boldsymbol{BC} \times \boldsymbol{R}_{32} + (\boldsymbol{a} + \boldsymbol{b}) \times \boldsymbol{F} = 0$$

即
$$-l_2 R_{23x}\sin\theta_2 + l_2 R_{23y}\cos\theta_2 - aF\sin(\theta_2 - \theta_F) + bF\cos(\theta_2 - \theta_F) = 0 \tag{2-41}$$

联立式（2-40）和式（2-41）并解得

$$R_{23x} = \frac{1}{\sin(\theta_2 - \theta_3)}\left\{\frac{M_r\cos\theta_2}{l_3} + \frac{F\cos\theta_3}{l_2}[a\sin(\theta_2 - \theta_F) + b\cos(\theta_2 - \theta_F)]\right\}$$

$$R_{23y} = \frac{1}{\sin(\theta_2 - \theta_3)}\left\{\frac{M_r\sin\theta_2}{l_3} + \frac{F\sin\theta_3}{l_2}[a\sin(\theta_2 - \theta_F) + b\cos(\theta_2 - \theta_F)]\right\}$$

（2）求 $\boldsymbol{R}_D$（即 $\boldsymbol{R}_{43}$ 或 $\boldsymbol{R}_{34}$）　根据构件 3 上诸力的平衡条件 $\Sigma\boldsymbol{F}=0$，得

$$\boldsymbol{R}_{43} = -\boldsymbol{R}_{23}$$

（3）求 $\boldsymbol{R}_B$（即 $\boldsymbol{R}_{12}$ 或 $\boldsymbol{R}_{21}$）　根据构件 2 上诸力的平衡条件 $\Sigma\boldsymbol{F}=0$，得

$$\boldsymbol{R}_{12} + \boldsymbol{R}_{32} + \boldsymbol{F} = 0$$

即

$$\Sigma F_x = 0 \qquad R_{12x} = R_{32x} - F\cos\theta_F$$
$$\Sigma F_y = 0 \qquad R_{12y} = R_{32y} - F\sin\theta_F$$

则
$$\boldsymbol{R}_{12} = \boldsymbol{R}_{12x} + \boldsymbol{R}_{12y}$$

（4）求 $\boldsymbol{R}_A$（即 $\boldsymbol{R}_{14}$ 或 $\boldsymbol{R}_{41}$）　同理，根据构件 1 的平衡条件 $\Sigma\boldsymbol{F}=0$，得

$$\boldsymbol{R}_{41} = \boldsymbol{R}_{12}$$

而
$$M_b = \boldsymbol{AB} \times \boldsymbol{R}_{21} = -l_1 R_{21x}\sin\theta_1 + l_1 R_{21y}\cos\theta_1$$

至此，机构的受力分析已进行完毕。上述方法不难推广应用于多杆机构。

2. 虚位移原理在直接确定平衡力和平衡力矩中的应用

实用中，若只需求出平衡力或平衡力矩，直接应用虚位移原理可获得省时、省力的快捷效果。若将惯性力和惯性力矩及平衡力或平衡力矩加在机构上后，则可以认为机构处于平衡状态，此时，就可以应用虚位移原理求解了。

设 F_i 是机构上所有外力中的任意一个力；δs_i 和 v_i 是力 F_i 的作用点的虚位移和线速度；θ_i 是力 F_i 与 δs_i（或 v_i）之间的夹角；M_i 是作用在机构上的任一力矩；$\delta\theta_i$ 和 $\dot\varphi_i$ 是受 M_i 作用的构件的角位移和角速度；δW_i 为元功。根据虚位移原理可得

$$\Sigma\delta W_i = \Sigma F_i\delta s_i\cos\theta_i + \Sigma M_i\delta\varphi_i = 0 \tag{2-42}$$

即

$$\Sigma(F_{ix}\delta_{xi} + F_{iy}\delta_{yi}) + \Sigma M_i\delta\varphi_i = 0 \tag{2-43}$$

式（2-42）和式（2-43）中只有一个平衡力或平衡力矩为未知数，故可将其求出。

式（2-42）和式（2-43）是以元功的形式表示的。若将其对时间求导，可以得到元功率形式的平衡方程

$$\Sigma\delta P = \Sigma F_i v_i\cos\theta_i + \Sigma M_i\dot\varphi_i = 0 \tag{2-44}$$

$$\Sigma(F_{ix}v_{ix} + F_{iy}v_{iy}) + \Sigma M_i\dot\varphi_i = 0 \tag{2-45}$$

式（2-44）和式（2-45）便于实际应用。

三、平面四杆机构的解析法综合

用解析法设计四杆机构时，首先需要建立包含机构的各尺度参数和运动变量在内的解析关系式，然后根据已知的运动参量求解所需的机构尺度参数。

1. 实现两连架杆对应位置的铰链四杆机构综合

如图 2-16 所示，设要求从动件 3 与原动件 1 的转角之间满足一系列的对应位置关系，即 $\theta_{3i} = f(\theta_{1i})$，$i = 1，2，\cdots，n$，设计此四杆机构。

该机构的运动变量为 θ_1、θ_2、θ_3，其中 θ_1 和 θ_3 是已知的，只有 θ_2 未知；设计参数为各杆长度 a、b、c、d 以及 θ_1 和 θ_3 的计量起始角 α_0、φ_0。因为当各构件的长度按同一比例增减时，并不改变各构件

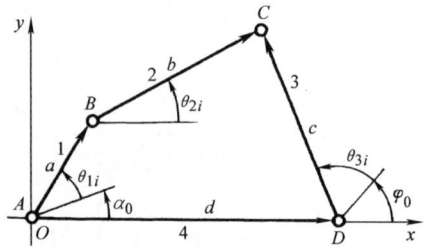

图　2-16

的相对转角关系，故各构件的长度可用相对长度来表示，且令 $a/a = 1$，$b/a = m$，$c/a = n$，$d/a = l$，则该机构的设计参数将变为 m、n、l、α_0、φ_0 共 5 个。

在图 2-16 中选定坐标系原点和点 A 重合，点 D 落在 x 轴上，标出各杆的矢量，则有矢量方程式

$$\boldsymbol{AB} + \boldsymbol{BC} = \boldsymbol{OD} + \boldsymbol{DC}$$

把各矢量投影在 x 轴和 y 轴上，可得

$$\left.\begin{array}{l} a\cos(\theta_{1i} + \alpha_0) + b\cos\theta_{2i} = d + c\cos(\theta_{3i} + \varphi_0) \\ a\sin(\theta_{1i} + \alpha_0) + b\sin\theta_{2i} = c\sin(\theta_{3i} + \varphi_0) \end{array}\right\} \tag{2-46}$$

代入相对长度并移项，则有

$$m\cos\theta_{2i} = l + n\cos(\theta_{3i} + \varphi_0) - \cos(\theta_{1i} + \alpha_0) \left.\right\}$$
$$m\sin\theta_{2i} = n\sin(\theta_{3i} + \varphi_0) - \sin(\theta_{1i} + \alpha_0) \qquad (2\text{-}47)$$

从式（2-46）和式（2-47）中消去 θ_{2i} 可得

$$\cos(\theta_{1i} + \alpha_0) = n\cos(\theta_{3i} + \varphi_0) - \frac{n}{l}\cos(\theta_{3i} + \varphi_0 - \theta_{1i} - \alpha_0) +$$

$$\frac{l^2 + n^2 + 1 - m^2}{2l} \qquad (2\text{-}48)$$

令　　　　　　$E_0 = n \qquad E_1 = -\frac{n}{l} \qquad E_2 = \frac{l^2 + n^2 + 1 - m^2}{2l}$

则式（2-48）可化为

$$\cos(\theta_{1i} + \alpha_0) = E_0\cos(\theta_{3i} + \varphi_0) + E_1\cos(\theta_{3i} + \varphi_0 - \theta_{1i} - \alpha_0) + E_2 \qquad (2\text{-}49)$$

式（2-49）中含有 E_0、E_1、E_2、α_0 及 φ_0 共 5 个待定参数，按照可解条件，方程式的总数应与待定未知数的总数相等，故四杆机构最多可按两连架杆的 5 个对应位置精确求解。

当两连架杆的对应位置数 $N>5$ 时，一般不能求得精确解，此时可用最小二乘法等进行近似设计。当要求的两连架杆对应位置数 $N<5$ 时，可预选某些参数。如设预选的参数数目为 N_0，则 $N_0 = 5-N$，这时将有无穷多解。当 $N=4$ 或 5 时，因式（2-49）中 α_0 和 φ_0 两者之一（或两者）为未知数，故该式为非线性方程组，这时可借助数值法进行求解。

2. 按给定的函数要求综合铰链四杆机构

设给定的函数关系为 $y=f(x)$，而四杆机构两连架杆的转角对应关系 $\psi=\psi(\varphi)$。其中，φ 为输入角位移，ψ 为输出角位移。若使输入角 φ 与给定函数的自变量 x 成比例，输出角 ψ 与函数值 y 成比例，则 φ 与 ψ 的对应关系就可以再现给定函数 $y=f(x)$。所以，首要问题是按一定比例关系把给定函数 $y=f(x)$ 转换成两连架杆对应的角位移关系 $\psi=\psi(\varphi)$。

如图 2-17 所示，假设给定函数的自变量变化范围 $x_0 \leqslant x \leqslant x_m$，对应的函数值 $y=f(x)$ 的变化范围 $y_0 \leqslant y \leqslant y_m$。当 $x=x_0$、$y=y_0$ 时，与 x、y 对应的两连架杆输入角和输出角为初始值，即 $\varphi=0$，$\psi=0$；而当 $x=x_m$、$y=y_m$ 时，与之相应的两连架杆的转角为 φ_m 和 ψ_m。现把自变量 x 与输入角 φ 之间的比例系数取为 μ_φ，把函数值 y 与输出角 ψ 之间的比例系数取为 μ_ψ，则

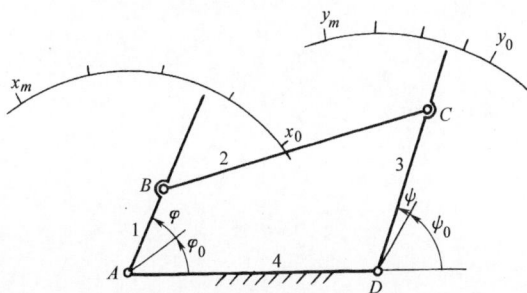

图　2-17

$$\mu_\varphi = \frac{x_m - x_0}{\varphi_m - 0} = \frac{x_m - x_0}{\varphi_m} = \frac{x - x_0}{\varphi} \qquad (2\text{-}50)$$

$$\mu_\psi = \frac{y_m - y_0}{\psi_m - 0} = \frac{y_m - y_0}{\psi_m} = \frac{y - y_0}{\psi} \qquad (2\text{-}51)$$

由于给定函数 $y=f(x)$ 及自变量 x 的变化区间 (x_0, x_m) 已知，所以只要选定 μ_φ 及 μ_ψ，就能求得两连架杆的转角为 φ_m 和 ψ_m；反之，若选定 φ_m 和 ψ_m，则可由式（2-50）和式（2-51）求得 μ_φ 和 μ_ψ。实际上常常是根据经验事先选定转角 φ_m 和 ψ_m。

由式（2-50）和式（2-51）得 $x=\mu_\varphi\varphi+x_0$，$y=\mu_\psi\psi+y_0$，把 x、y 代入 $y=f(x)$ 整理后

可得

$$\psi = \frac{1}{\mu_\psi}\left[f(\mu_\varphi \varphi + x_0) - y_0\right] \tag{2-52}$$

这就是给定函数 $y=f(x)$ 时，经过比例换算后，求铰链四杆机构两连架杆的对应角位移方程式，简写为 $\psi=\psi(\varphi)$。铰链四杆机构设计的任务是选定机构的各参数来实现式(2-52)。

如前所述，铰链四杆机构在实现 $\psi=\psi(\varphi)$ 运动关系时只包含 5 个待定参数，与其对应的给定参数 $y=f(x)$ 也最多只能满足 5 个 x 值的精确函数值。现把精确点称为节点，应用函数逼近理论，这 5 个点的自变量 x 值可初选为

$$x_i = \frac{x_0 + x_m}{2} + \frac{x_0 - x_m}{2} \quad \cos\frac{2i-1}{2n} \times 180° \tag{2-53}$$

式中，$i=1, 2, \cdots, n$，n 为要求精确实现的节点数目。

设计时，先确定节点数 n，由给定的 x_0、x_m 值，用式(2-53)算出节点处的 x_i 值，且算出 y_i 值；再根据选定的 φ_m 和 ψ_m 算出 μ_φ 和 μ_ψ，通过这两个比例系数把 x_i、y_i 换算为对应的 φ_i 和 ψ_i 值。此时，问题就转化为按两连架杆对应位置设计铰链四杆机构。

第三章

凸轮机构的分析与设计

第一节　凸轮机构设计的基本知识

一、凸轮机构设计的目的和内容

在各种机械，特别是自动机械和自动控制装置中，广泛地应用着各种形式的凸轮机构。凸轮的等速转动或移动，能使从动件实现各种运动规律的移动或摆动。凸轮机构和其他机构的组合，可以使从动件精确地实现各种运动规律。

凸轮机构设计的内容包括：机构类型的选定、封闭形式的选用、推杆运动规律的合理选择、基圆半径的确定、轮廓曲线的设计和轮廓曲率半径的验算等。其中，最重要的是设计凸轮的轮廓曲线，而凸轮的轮廓曲线主要是根据推杆的运动规律设计的，推杆的运动规律又应根据工作要求选定。

二、推杆常用运动规律

如图 3-1a 所示为一对心直动尖顶推杆盘形凸轮机构。r_0 是凸轮的基圆半径，s 表示推杆

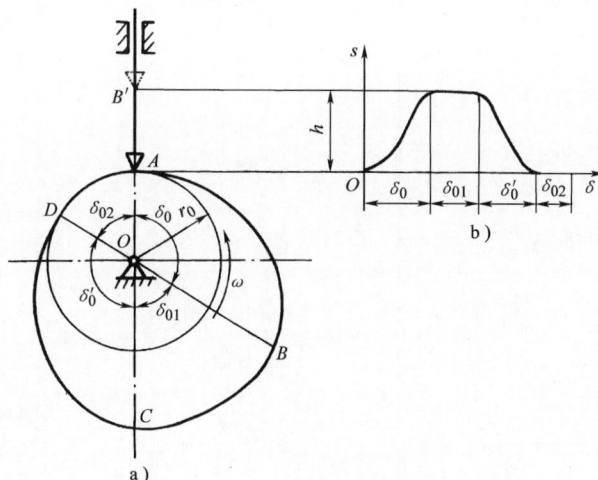

图　3-1

的位移，如图 3-1b 所示的 s-δ 曲线是推杆的位移曲线。凸轮轮廓的 AB 段是它的推程段，与其对应的凸轮转角 δ_0 为推程角；BC 段是凸轮轮廓的远休止部分，与其对应的有远休止角 δ_{01}；CD 段是回程部分，该部分凸轮转角称为回程角 δ_0'；DA 段是近休止段，近休止角为 δ_{02}。在此凸轮机构中，推杆做"升-停-降-停"的循环运动。实用中还有其他形式的运动，如"升-降"型、"升-停-降"型和"升-降-停"型。因为在近休止和远休止期间推杆静止不动，所以推杆的运动规律是指它在推程和回程时，各运动参数——位移 s、速度 v 以及加速度 a 随凸轮转角 δ 变化的规律。

常用的四种推杆运动规律见表 3-1。

表 3-1　推杆常用运动规律

运动规律	运动方程式		运动特性
	推　程	回　程	
等速运动	$s=\dfrac{h}{\delta_0}\delta$ $v=\dfrac{h}{\delta_0}\omega$ $a=0$ $0\leqslant\delta\leqslant\delta_0$	$s=h\left(1-\dfrac{\delta}{\delta_0'}\right)$ $v=-\dfrac{h}{\delta_0'}\omega$ $a=0$ $0\leqslant\delta\leqslant\delta_0'$	等速运动是指推杆的速度 v 为常数，加速度为零，位移为线性方程。推杆在运动开始和终止的瞬时，加速度值在理论上有从零到无穷大的突变，这使凸轮机构产生刚性冲击
等加速等减速运动	等加速运动段		等加速等减速运动是指推杆在行程中，先做等加速运动，后作等减速运动。推杆在运动开始、结束和中点位置产生有限量的加速度突变，这使凸轮机构存在柔性冲击
	$s=\dfrac{2h}{\delta_0^2}\delta^2$ $v=\dfrac{4h\omega}{\delta_0^2}\delta$ $a=\dfrac{4h\omega^2}{\delta_0^2}$ $0\leqslant\delta\leqslant\dfrac{\delta_0}{2}$	$s=h-\dfrac{2h}{\delta_0'^2}\delta^2$ $v=-\dfrac{4h\omega}{\delta_0'^2}\delta$ $a=-\dfrac{4h\omega^2}{\delta_0'^2}$ $0\leqslant\delta\leqslant\dfrac{\delta_0'}{2}$	
	等减速运动段		
	$s=h-\dfrac{2h\,(\delta-\delta_0)^2}{\delta_0^2}$ $v=\dfrac{4h\omega\,(\delta-\delta_0)}{\delta_0^2}$ $a=-\dfrac{4h\omega^2}{\delta_0^2}$ $\dfrac{\delta_0}{2}\leqslant\delta\leqslant\delta_0$	$s=\dfrac{2h\,(\delta-\delta_0')^2}{\delta_0'^2}$ $v=\dfrac{4h\omega\,(\delta-\delta_0')}{\delta_0'^2}$ $a=\dfrac{4h\omega^2}{\delta_0'^2}$ $\dfrac{\delta_0'}{2}\leqslant\delta\leqslant\delta_0'$	
余弦加速度运动	$s=\dfrac{h}{2}\left(1-\cos\dfrac{\pi\delta}{\delta_0}\right)$ $v=\dfrac{\pi h\omega}{2\delta_0}\sin\dfrac{\pi\delta}{\delta_0}$ $a=\dfrac{\pi^2 h\omega^2}{2\delta_0^2}\cos\dfrac{\pi\delta}{\delta_0}$ $0\leqslant\delta\leqslant\delta_0$	$s=\dfrac{h}{2}\left(1+\cos\dfrac{\pi\delta}{\delta_0'}\right)$ $v=-\dfrac{\pi h\omega}{2\delta_0'}\sin\dfrac{\pi\delta}{\delta_0'}$ $a=-\dfrac{\pi^2 h\omega^2}{2\delta_0'^2}\cos\dfrac{\pi\delta}{\delta_0'}$ $0\leqslant\delta\leqslant\delta_0'$	余弦加速度运动又称为简谐运动。推杆运动时，其加速度按余弦函数规律变化。推杆在运动开始和结束时产生有限量的加速度突变，故也有柔性冲击

（续）

运动规律	运动方程式		运动特性
	推　程	回　程	
正弦加速度运动	$s = h\left(\dfrac{\delta}{\delta_0} - \dfrac{1}{2\pi}\sin\dfrac{2\pi\delta}{\delta_0}\right)$ $v = \dfrac{h\omega}{\delta_0}\left(1 - \cos\dfrac{2\pi\delta}{\delta_0}\right)$ $a = \dfrac{2\pi h\omega^2}{\delta_0^2}\sin\dfrac{2\pi\delta}{\delta_0}$ $0 \leqslant \delta \leqslant \delta_0$	$s = h\left(1 - \dfrac{\delta}{\delta_0'} + \dfrac{1}{2\pi}\sin\dfrac{2\pi\delta}{\delta_0'}\right)$ $v = \dfrac{h\omega}{\delta_0'}\left(\cos\dfrac{2\pi\delta}{\delta_0'} - 1\right)$ $a = -\dfrac{2\pi h\omega^2}{\delta_0'^2}\sin\dfrac{2\pi\delta}{\delta_0'}$ $0 \leqslant \delta \leqslant \delta_0'$	正弦加速度运动又称摆线运动。推杆运动时，其加速度按正弦函数规律变化。推杆在整个运动过程中没有加速度突变，因而将不产生冲击

除表 3-1 中介绍的几种推杆常用的运动规律外，根据实际需要，还可以选择其他的运动规律，或者将上述常用的运动规律组合使用，以改善运动特性。

第二节　用图解法设计凸轮机构

一、凸轮机构的一般设计步骤

（1）确定推杆的运动规律　主要根据推杆在机器中所要求完成的运动、凸轮转速以及加工凸轮轮廓线的技术水平等来确定。

（2）确定凸轮机构的类型和结构尺寸　根据凸轮轴与推杆的相对位置及所占空间大小、凸轮的转速、推杆的行程、重量及运动方式（移动或摆动）、负荷大小等条件来确定机构类型，然后再确定偏距 e 或摆动凸轮的凸轮中心到摆杆回转中心的距离 a 和摆杆长度 l。

（3）设计凸轮轮廓曲线　主要应用"反转法"进行设计。

（4）其他方面的设计　若有工作要求，例如对于高速凸轮机构，还要进行运动分析、动态静力分析、动力学分析及试验分析等，然后进行修正设计。若用弹簧进行锁合，则应为设计弹簧提供数据。对于常用的中低速凸轮机构，该步可以省去。

二、用作图法设计盘形凸轮轮廓曲线

设计凸轮轮廓曲线的前提条件是已经选定了凸轮机构的类型，并决定了凸轮的基圆半径等基本尺寸。

1. 反转法的设计步骤

1）作出推杆在反转运动中依次占据的角度位置（如图 3-2 中推杆依次占据的角度位置为 OO'，$O1$，$O2$，$O3$，…）。

2）根据选定的推杆的运动规律，求出推杆尖顶在预期运动中依次占据的高度位置（如图 3-2 中尖顶依次占据的高度位置为 O'，$1'$，$2'$，$3'$，…）。

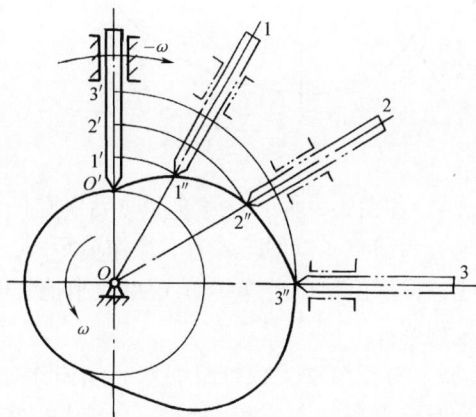

图　3-2

3）求出推杆尖顶在上述两运动合成的复合运动中依次占据的各位置（如图 3-2 中推杆尖顶依次占据的位置 O'，$1''$，$2''$，$3''$，…），并作出其高副元素所形成的曲线族。

4）作推杆高副元素所形成的曲线族的包络线，即所求的凸轮轮廓线。

2. 各种常用盘形凸轮轮廓曲线的设计特点

1）如图 3-3 所示是对心直动尖顶推杆盘形凸轮机构的凸轮轮廓曲线设计过程示意图。设计之前需先取适当的比例尺 μ_l，并作出凸轮的基圆。在对凸轮的转动角等分时，每一分度值通常在 1°～15°之间选取。因为这种机构推杆的高副元素曲线族是一系列的点，所以将这些点直接连成一条光滑的曲线，就形成凸轮轮廓曲线。

2）对于对心直动滚子推杆盘形凸轮机构，可先按上述方法定出滚子中心在推杆复合运动中依次占据的位置，然后再以这些点为圆心、以滚子半径 r_r 为半径，作出一系列的圆，再作此高副曲线族的包络线，即为凸轮的轮廓曲线。

3）如图 3-4 所示是对心直动平底推杆盘形凸轮机构的凸轮轮廓曲线设计过程示意图。设计时将推杆导路的中心线与推杆平底的交点视为尖顶推杆的尖点，按上述步骤定出推杆尖顶做复合运动时依次占据的位置，然后再过这些点作一系列代表推杆平底的直线，这些直线族的包络线即为凸轮的轮廓曲线。

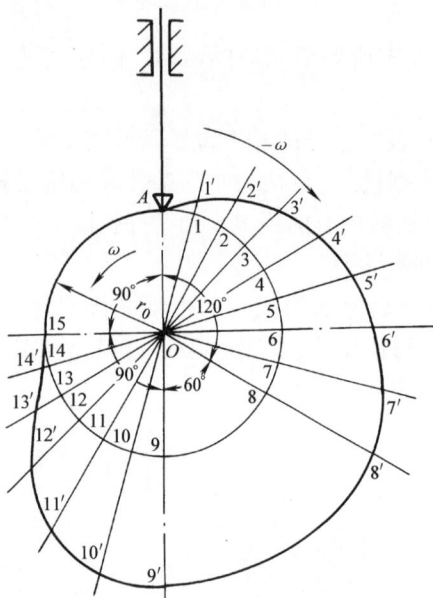

图　3-3

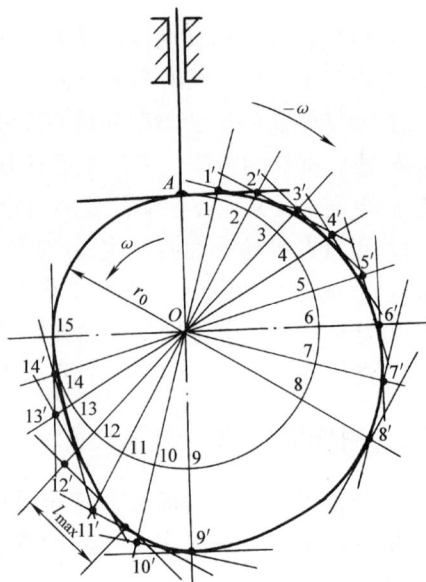

图　3-4

4）如图 3-5 所示为偏置直动尖顶推杆盘形凸轮机构的设计过程示意图。设计中，以凸轮轴心为圆心、以偏距 e 为半径作偏距圆，推杆在反转运动中依次占据的位置都是偏距圆的切线，推杆位移应沿这些切线从基圆向外量取，这是与对心直动推杆不同的地方，其余的作图过程同前。

5）对于摆动尖顶推杆盘形凸轮机构，其推杆的运动规律要用推杆的角位移来表示，设计时应有角位移方程 $\varphi = \varphi(\delta)$ 或角位移线图。如图 3-6 所示为这种凸轮轮廓曲线的设计过程示意图。通过确定摆杆回转中心在反转过程中依次占据的位置，再以这些点为圆心，由摆动推杆的长度决定其尖顶在复合运动中依次占据的位置，最后将这些点连成光滑的曲线，就形成要求的凸轮轮廓曲线。

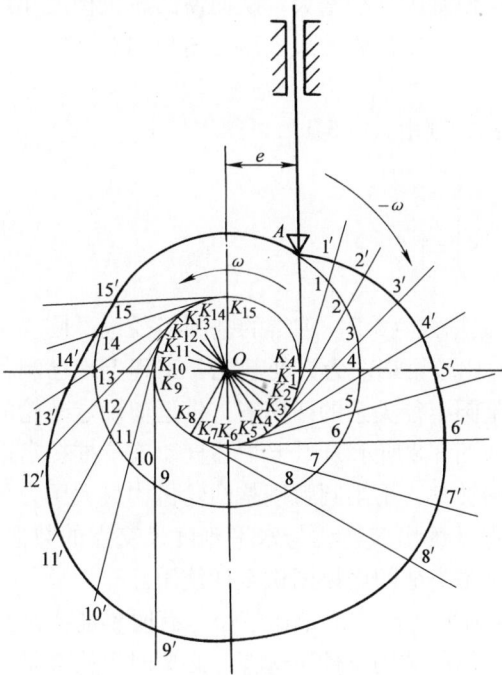

图 3-5

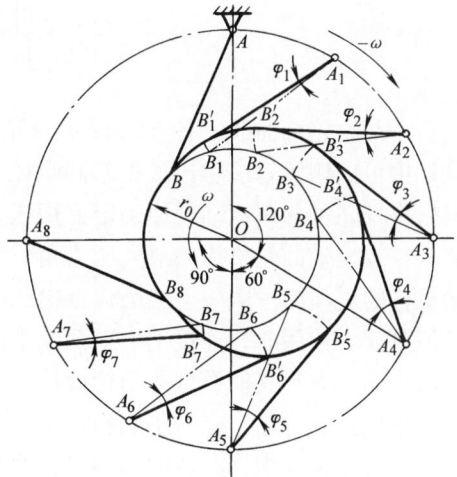

图 3-6

三、凸轮机构基本尺寸的确定

凸轮机构基本尺寸包括基圆半径、滚子半径、平底尺寸、偏距、摆杆长度等。大部分尺寸可根据机构的受力状况、传动性能及结构类型进行选定，且容易调整。可是下面几种尺寸的确定必须涉及其他参数，这里介绍怎样用图解法来求解。

1. 凸轮基圆半径

对于一确定形式的凸轮机构，在推杆的运动规律选定后，该凸轮机构的压力角与凸轮基圆半径的大小直接相关。

如图 3-7 所示为偏置尖顶直动推杆盘形凸轮机构在推程中的任一位置，可推导出基圆半径与机构压力角之间的关系式为

$$r_0 = \sqrt{\left(\dfrac{\dfrac{v}{\omega} \pm e}{\tan\alpha} - s \right)^2 + e^2} \qquad (3\text{-}1)$$

式中，$v/\omega = \mathrm{d}s/\mathrm{d}\delta = OP$；"$\pm$"号表示推杆轨道偏置的不同方向。

由式（3-1）可知，推杆运动规律选定后，基圆半径

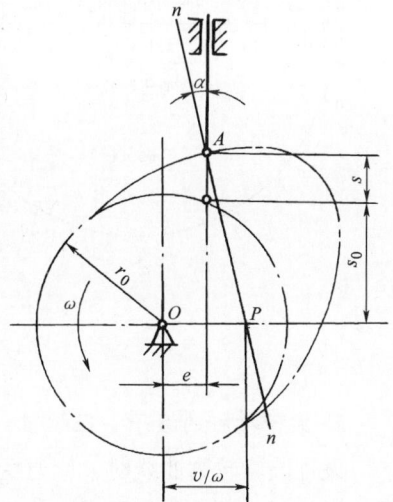

图 3-7

越小，则机构的压力角将越大。另外，偏距 e 的方向选择得当时，可使压力角减小；反之，则会使压力角增大。

从传力观点来看，压力角越小越好，但这样会使基圆半径增大，从而使凸轮机构尺寸加大，所以压力角过大和过小都不好。生产中是通过把凸轮机构的最大压力角限制在许用压力角 $[\alpha]$ 内来保证可靠传动的。

对于直动推杆盘形凸轮机构，若要求 $\alpha \leqslant [\alpha]$，则由式（3-1）可得

$$r_0 \geqslant \sqrt{\left(\dfrac{\dfrac{v}{\omega} \pm e}{\tan\alpha} - s\right)^2 + e^2} \qquad (3\text{-}2)$$

由于凸轮轮廓曲线上各点的 v/ω、s 值不同，根据式（3-2）求得的基圆半径也不同。实际设计中可以用图解法求出最小基圆半径 r_{0min}，但比较繁琐。为方便起见，工程上现已制备了根据推杆几种常用运动规律确定许用压力角和基圆半径关系的诺模图，供近似确定凸轮的基圆半径或校核凸轮机构的最大压力角时使用。如图 3-8 所示为用于对心直动滚子推杆盘形凸轮机构的诺模图。图中上半圆弧标出凸轮的不同转角，下半圆弧则是凸轮机构最大压力角的数值刻度。使用时，连接上、下两弧中的相应点，读出该连线与水平刻度尺交点的数值，换算求出 r_0。对于其他类型的凸轮机构，也可以制备类似的诺模图供设计使用。

上述根据 $\alpha_{max} \leqslant [\alpha]$ 的条件所确定的凸轮基圆半径 r_0 一般都比较小，有时不能满足受力要求。实际工作中，凸轮的基圆半径通常根据具体的结构条件来选择，必要时再检查是否满足 $\alpha_{max} \leqslant [\alpha]$ 的条件。

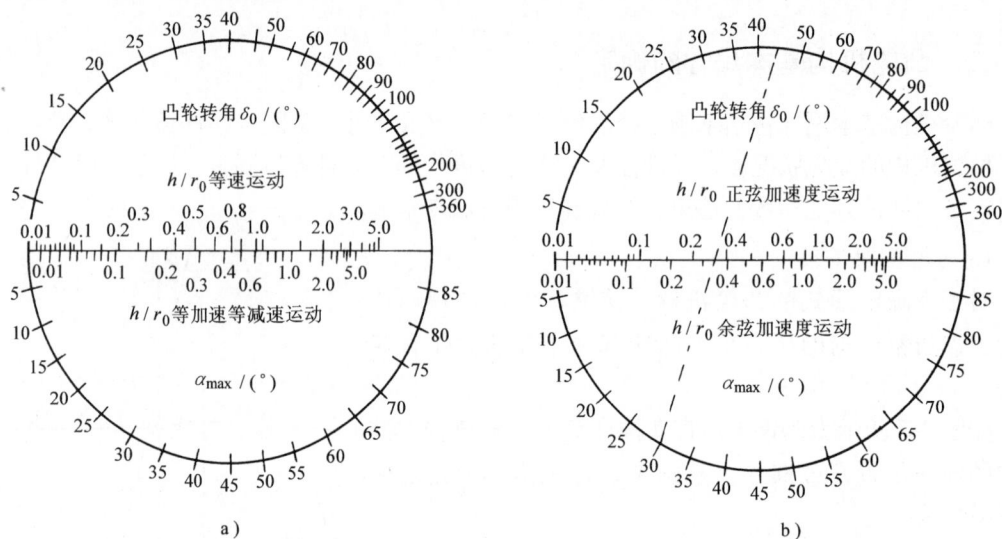

图 3-8

2. 滚子推杆的滚子半径

设计凸轮轮廓曲线时，应避免在实际轮廓曲线上出现"尖点"和"交叉"失真。用作图法设计时，还是容易发现这些失真现象的。

凸轮实际轮廓曲线的最小曲率半径 ρ_{amin} 一般不应小于 $1\sim5mm$。若不能满足此要求，就应适当减小滚子半径或增大基圆半径；有时则必须修改推杆的运动规律，以消除实际轮廓曲线上的"尖点"和"交叉"。

另一方面，滚子的尺寸还受其强度、结构等的限制，因而也不能做得太小，常取滚子半径 $r_r = (0.1\sim0.15)r_0$，r_0 为凸轮基圆半径。

3. 平底推杆平底尺寸

当用作图法将凸轮轮廓曲线作出后，即可定出推杆平底中心至推杆平底与凸轮轮廓曲线接触点间的最大距离 l_{max}，而推杆平底长度 l 应取为

$$l = 2l_{max} + (5\sim7)mm \tag{3-3}$$

第三节　用解析法设计凸轮机构

一、解析法设计凸轮轮廓曲线

与图解法相比，用解析法进行设计可以提高凸轮轮廓曲线的设计精度。解析法是根据已确定的凸轮机构的结构形式、推杆运动位移函数、基圆半径 r_0 和滚子半径 r_r 等，推导出凸轮理论轮廓和实际轮廓上各点的坐标方程式，再编程计算出各点的坐标值。解析法设计凸轮轮廓曲线仍然应用反转法原理。

1. 直动滚子推杆盘形凸轮的轮廓曲线设计

（1）凸轮轮廓曲线的方程式　如图 3-9 所示为一偏置直动滚子推杆盘形凸轮机构，选凸轮的回转中心为坐标原点，y 轴的方向与推杆的导路平行，建立直角坐标系如图所示。开始时，滚子中心位于凸轮理论轮廓曲线的起始点 B_0 处。设 s_0 为点 B_0 到 x 轴的距离，则

$$s_0 = \sqrt{r_0^2 - e^2}$$

式中，e 和 r_0 分别是偏距和凸轮的基圆半径。

当凸轮机构以 $-\omega$ 反转 δ 角时，推杆同时反转 δ 角并相应地沿导路移动了 s，滚子中心复合运动到点 B，其直角坐标为

$$\left.\begin{aligned}x &= (s_0 + s)\sin\delta + e\cos\delta\\y &= (s_0 + s)\cos\delta - e\sin\delta\end{aligned}\right\} \tag{3-4}$$

式（3-4）即为用直角坐标表示的凸轮理论轮廓曲线的方程式。

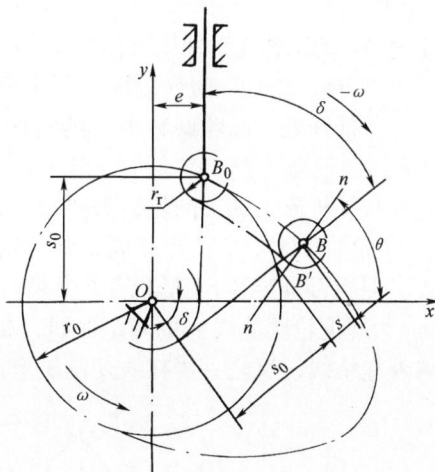

图　3-9

因凸轮的实际轮廓曲线是理论轮廓曲线的等距曲线，距离等于滚子半径 r_r，所以当已知理论轮廓曲线上任一点 $B(x, y)$ 时，只要沿理论轮廓曲线在该点法线方向取距离 r_r（图 3-9），即得实际轮廓曲线上的相应点 $B'(x', y')$。由数学知识可得，理论轮廓曲线点 B 处法线 nn 的斜率（与切线斜率互为负倒数）为

$$\tan\theta = \frac{\mathrm{d}x}{-\,\mathrm{d}y} = \frac{\dfrac{\mathrm{d}x}{\mathrm{d}\delta}}{-\dfrac{\mathrm{d}y}{\mathrm{d}\delta}} = \frac{\sin\theta}{\cos\theta} \tag{3-5}$$

根据式（3-4）有

$$\left.\begin{aligned} \frac{\mathrm{d}x}{\mathrm{d}\delta} &= \left(\frac{\mathrm{d}s}{\mathrm{d}\delta} - e\right)\sin\delta + (s_0 + s)\cos\delta \\ \frac{\mathrm{d}y}{\mathrm{d}\delta} &= \left(\frac{\mathrm{d}s}{\mathrm{d}\delta} - e\right)\cos\delta - (s_0 + s)\sin\delta \end{aligned}\right\} \tag{3-6}$$

式（3-5）中的 $\sin\theta$ 和 $\cos\theta$ 可按下式求得

$$\left.\begin{aligned} \sin\theta &= \frac{\dfrac{\mathrm{d}x}{\mathrm{d}\delta}}{\sqrt{\left(\dfrac{\mathrm{d}x}{\mathrm{d}\delta}\right)^2 + \left(\dfrac{\mathrm{d}y}{\mathrm{d}\delta}\right)^2}} \\[4mm] \cos\theta &= \frac{-\dfrac{\mathrm{d}y}{\mathrm{d}\delta}}{\sqrt{\left(\dfrac{\mathrm{d}x}{\mathrm{d}\delta}\right)^2 + \left(\dfrac{\mathrm{d}y}{\mathrm{d}\delta}\right)^2}} \end{aligned}\right\} \tag{3-7}$$

实际轮廓曲线上对应点 $B'(x', y')$ 的坐标为

$$\left.\begin{aligned} x' &= x \mp r_\mathrm{r}\cos\theta \\ y' &= y \mp r_\mathrm{r}\sin\theta \end{aligned}\right\} \tag{3-8}$$

此即为凸轮的工作轮廓曲线方程式。式中"−"号用于内等距曲线，"+"号用于外等距曲线。

式（3-6）中的 e 为代数量，其正负规定如下：如图3-9所示，当凸轮沿逆时针方向回转时，若推杆处于凸轮回转中心的右侧，e 为正，反之为负；若凸轮沿顺时针方向回转时，则相反。

在数控机床上加工凸轮，需要给出刀具中心运动轨迹的方程式。若刀具（铣刀或砂轮）半径 r_C 和推杆滚子半径 r_r 相同，则凸轮的理论轮廓曲线方程式即为刀具中心运动轨迹的方程式。但当刀具半径 r_C 大于滚子半径 r_r 时，由图3-10a可以看出，这时刀具中心的运动轨迹 η_C 为理论轮廓曲线 η 的等距曲线，相当于以 η 线上各点为中心、$r_\mathrm{C}-r_\mathrm{r}$ 为半径所作一系列圆的外包络线；反之，当在线切割机上加工凸轮时，$r_\mathrm{C}<r_\mathrm{r}$，如图3-10b所示，这时刀具中心

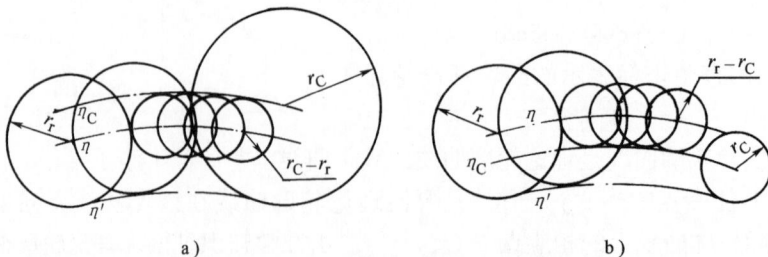

a)　　　　　　　　　　　　　b)

图　3-10

的运动轨迹 η_C 相当于以 η 线上各点为中心、$r_r - r_C$ 为半径所作一系列圆的内包络线。所以，只要以 $| r_C - r_r |$ 代替 r_r，便可由式 (3-8) 求出外包络线（即刀具中心线）的方程式。

（2）应用举例 一偏置直动滚子推杆盘形凸轮机构的配置如图 3-11 所示。已知偏距 e，基圆半径 r_0，滚子半径 r_r；推杆推程为简谐运动规律，推程为 h，推程角为 δ_0；远休止角 δ_{01}；回程为等加速等减速运动规律，回程角 δ'_0；近休止角 δ_{02}。设计此凸轮的轮廓曲线。

1）建立数学模型。推杆的运动规律如下：

当 δ 从 $0°$ 到 δ_0 时

$$
\left. \begin{aligned}
s &= \frac{h}{2}\left(1 - \cos\frac{\pi}{\delta_0}\delta\right) \\[2mm]
\frac{\mathrm{d}s}{\mathrm{d}\delta} &= \frac{h\pi}{2\delta_0}\sin\frac{\pi}{\delta_0}\delta
\end{aligned} \right\} \tag{3-9}
$$

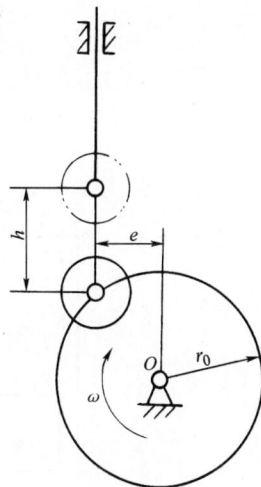

图 3-11

当 δ 从 δ_0 到 $\delta_0 + \delta_{01}$ 时

$$
s = h \qquad \frac{\mathrm{d}s}{\mathrm{d}\delta} = 0
$$

当 δ 从 $\delta_0 + \delta_{01}$ 到 $\delta_0 + \delta_{01} + \dfrac{\delta'_0}{2}$ 时

$$
\left. \begin{aligned}
s &= h - 2h\frac{(\delta - \delta_0 - \delta_{01})^2}{\delta'^2_0} \\[2mm]
\frac{\mathrm{d}s}{\mathrm{d}\delta} &= \frac{-4h(\delta - \delta_0 - \delta_{01})}{\delta'^2_0}
\end{aligned} \right\} \tag{3-10}
$$

当 δ 从 $\delta_0 + \delta_{01} + \dfrac{\delta'_0}{2}$ 到 $\delta_0 + \delta_{01} + \delta'_0$ 时

$$
\left. \begin{aligned}
s &= \frac{2h[\delta - (\delta_0 + \delta_{01} + \delta'_0)]^2}{\delta'^2_0} \\[2mm]
\frac{\mathrm{d}s}{\mathrm{d}\delta} &= \frac{4h[(\delta_0 + \delta_{01} + \delta'_0) - \delta]}{\delta'^2_0}
\end{aligned} \right\} \tag{3-11}
$$

当 δ 从 $\delta_0 + \delta_{01} + \delta'_0$ 到 $360°$ 时

$$
s = 0 \qquad \frac{\mathrm{d}s}{\mathrm{d}\delta} = 0
$$

理论轮廓曲线上各点坐标按式（3-4）计算。实际轮廓曲线上各点坐标按式（3-5）~式（3-8）计算。由该凸轮机构的配置可知，式中的 e 应取正值。

2）框图设计。框图设计结果如图 3-12 所示。

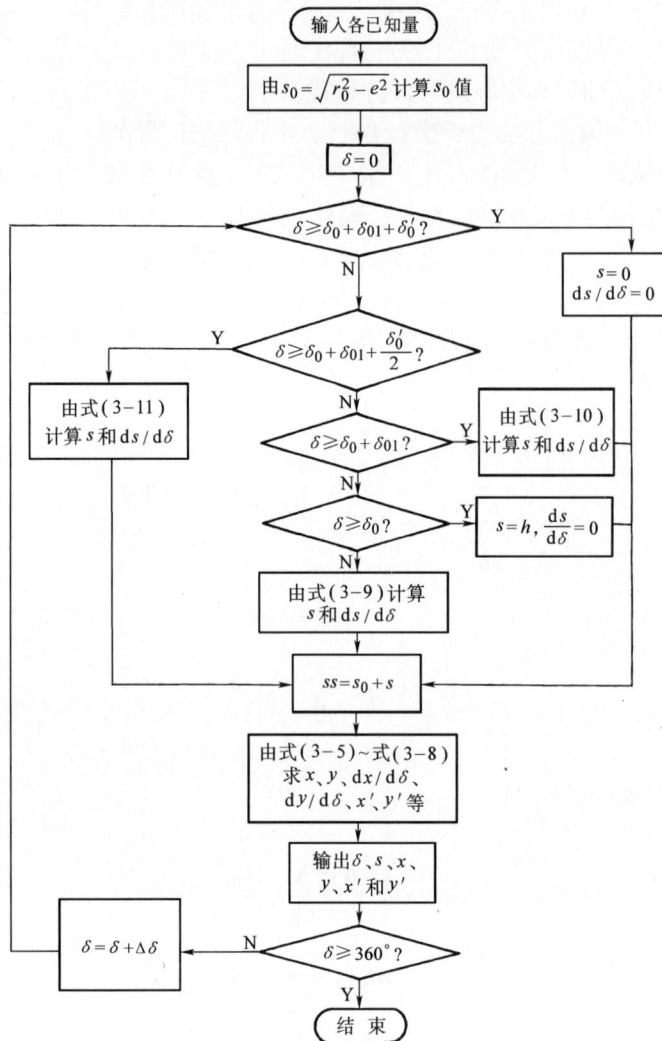

图　3-12

3）算例。某一凸轮机构，$e = 10.5\text{mm}$，$r_0 = 40\text{mm}$，$r_r = 9.5\text{mm}$；$h = 30\text{mm}$，$\delta_0 = 150°$，$\delta_{01} = 30°$；$\delta_0' = 120°$；$\delta_{02} = 60°$，其 BASIC 程序及计算结果如下：

Quick Basic 语言程序

```
2000  REM DESIGN FOR OUTLINES OF A CAM
2005  READ D, E, R0, H, RR, PI
2010  DATA 0, 10.5, 40, 30, 9.5, 3.14159
2015  K=PI/180：D0=150*K：D1=30*K：D3=120*K：D2=60*K
2020  S0=SQR（R0*R0-E*E）
2025  T1=PI/D0：T2=180/PI：T3=D3*D3
2030  IF D>=D0+D1+D3 THEN LET S=0：DS=0
2035  ELSEIF D>=D0+D1+D3/2 THEN LET S=2*H*（D3+D0+D1-D）^2/T3
```

```
           DS=-4*H* （D0+D1+D3-D）/T3
2040   ELSEIF D>=D0+D1 THEN LET S=H-2*H* （D-D0-D1）^2/T3
           DS=-4*H* （D-D0-D1）/T3
2045   ELSEIF D>=D0 THEN LET S=H：DS=0
2050   ELSE LET S=0.5*H* （1-COS （T1*D））：  DS=0.5*H*T1*SIN （T1*D）
2055   ENDIF
2060   SS=S0+S
2065   X=SS*SIN （D） +E*COS （D）：  Y=SS*COS （D） -E*SIN （D）
2070   DX=（DS-E）*SIN(D)+SS*COS(D)：DY=（DS-E）*COS(D)-SS*SIN(D)
2075   ST=DX/SQR （DX*DX+DY*DY）
2080   CT=-DY/SQR （DX*DX+DY*DY）
2085   XP=X-RR*CT：YP=Y-RR*ST
2090   PRINT "DRT="；INT （D*T2+0.5），"S="；S
2100   PRINT "X="；X，"Y="；Y
2105   PRINT "XP="；XP，"YP="；YP
2110   D=D+PI/6：PRINT
2115   IF D<360 THEN GOTO 2030
2120   END
```

部分计算结果：

DRT=0	S=0
X=10.012	Y=38.830 83
XP=7.825	YP=30.156 38
DRT=30	S=2.975 856
X=29.468 62	Y=32.031 95
XP=24.601 81	YP=22.301 83

程序中部分字符的含义：

D——凸轮转角 δ；　　　　　　$D0$——推程角 δ_0；　　　　　　$D1$——远休止角 δ_{01}；
$D2$——近休止角 δ_{02}；　　　　　$D3$——回程角 δ_0'；　　　　　　X——理论轮廓曲线的 x 坐标；
XP——实际轮廓曲线的 x' 坐标；Y——理论轮廓曲线的 y 坐标；　YP——实际轮廓曲线的 y' 坐标。

2. 对心平底推杆盘形凸轮的轮廓曲线设计

如图 3-13 所示，选取以凸轮的回转中心为坐标原点、y 轴与推杆初始位置的导路重合的直角坐标系。在初始位置，推杆的平底与凸轮轮廓曲线的起始点相切于点 B_0。当凸轮由初始位置反转 δ 角时，推杆位移为 s，推杆与凸轮在点 B 相切。又由瞬心知识可知，此时凸轮与推杆的相对瞬心在点 P，故知推杆的速度为

$$v=v_P=OP\omega$$

或
$$OP = \frac{v}{\omega} = \frac{\mathrm{d}s}{\mathrm{d}\delta}$$

而由图 3-13 可知点 B 的坐标为

$$\left. \begin{array}{l} x = (r_0 + s)\sin\delta + \dfrac{\mathrm{d}s}{\mathrm{d}\delta}\cos\delta \\[2mm] y = (r_0 + s)\cos\delta - \dfrac{\mathrm{d}s}{\mathrm{d}\delta}\sin\delta \end{array} \right\} \qquad (3\text{-}12)$$

这就是凸轮实际轮廓曲线的方程式。

3. 摆动滚子推杆盘形凸轮

如图 3-14 所示为一凸轮的转向（逆时针）与摆动推杆升程的摆动方向（顺时针）相反的摆动盘形凸轮机构。选取以凸轮的回转中心为原点、y 轴与两中心（凸轮转动中心与摆杆的摆动中心）连线重合的直角坐标系。A_0B_0 为摆杆的初始位置，它与中心线 A_0O 的夹角为 φ_0，称作初始角。当反转 δ 角后，摆杆处于 AB 位置，其角位移为 φ，则理论轮廓曲线上点 B 的坐标为

$$\left. \begin{array}{l} x = a\sin\delta - l\sin(\delta + \varphi + \varphi_0) \\[2mm] y = a\cos\delta - l\cos(\delta + \varphi + \varphi_0) \end{array} \right\} \qquad (3\text{-}13)$$

式中　a——凸轮轴心 O 与摆动轴心 A_0 之间的距离；

　　　l——摆动推杆的长度。

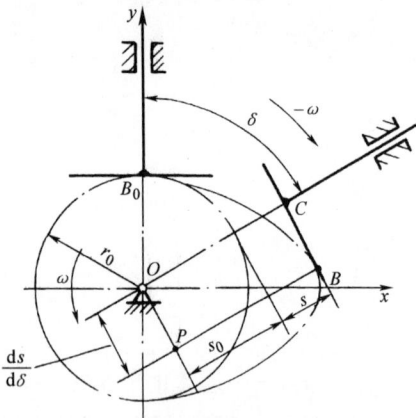

图 3-13

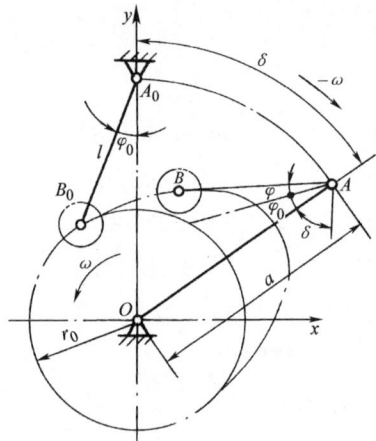

图 3-14

式（3-13）即为凸轮理论轮廓曲线的方程式。凸轮实际轮廓曲线的方程式仍为式（3-8）。

若凸轮的转向与摆杆升程的摆动方向相同，则凸轮理论轮廓曲线上各点的坐标由下式求得

$$\left. \begin{array}{l} x = a\sin\delta + l\sin(\varphi_0 + \varphi - \delta) \\[2mm] y = a\cos\delta - l\cos(\varphi_0 + \varphi - \delta) \end{array} \right\} \qquad (3\text{-}14)$$

二、解析法确定凸轮机构基本尺寸

1. 按许用压力角确定直动推杆盘形凸轮机构的基圆半径

前面已经分析过，通过图 3-7 可以求得偏置尖顶直动推杆盘形凸轮机构的基圆半径 r_0 和凸轮机构的压力角 α，它们之间有如下关系

$$\tan\alpha = \frac{\left|\dfrac{\mathrm{d}s}{\mathrm{d}\delta}\right| \mp e}{s + \sqrt{r_0^2 - e^2}} \tag{3-15}$$

由式（3-15）可知，在 e 一定、$\mathrm{d}s/\mathrm{d}\delta$ 已知的条件下，加大基圆半径 r_0，可以减小压力角 α，从而改善传力特性，但这使机构尺寸增大。为了满足 $\alpha_{max} \leqslant [\alpha]$ 的条件，又使机构尺寸不致过大，就应合理地确定凸轮基圆半径的值。应用解析法并借助计算机，可以在保证 $\alpha_{max} \leqslant [\alpha]$ 的条件下计算获得最小基圆半径 r_{0min}，其步骤如下：

1）先给出一较小的基圆半径 r_0。

2）按一定的步长，一般以凸轮每转 1°由式（3-15）计算出一个运动循环中各点的压力角 α_k。

3）从 α_k 中分别选出推程和回程的最大压力角 α_{max} 和 α'_{max}。

4）将最大压力角与许用压力角进行比较，若 $\alpha_{max} > [\alpha]$ 或 $\alpha'_{max} > [\alpha]'$，则令 $r_0 = r_0 + \Delta r_0$，再进行 2）、3）两步；如果 α_{max}、α'_{max} 仍大于其许用值，则重复上述步骤，直到 $\alpha_{max} \leqslant [\alpha]$ 和 $\alpha'_{max} \leqslant [\alpha]'$ 时为止。

5）若 $\alpha_{max} < ([\alpha] - \Delta\alpha)$，则令 $r_0 = r_0 - m\Delta r_0$（m 为大于 0 小于 1 的数），再执行 2）、3）等过程，直到 $([\alpha] - \Delta\alpha) \leqslant \alpha_{max} \leqslant [\alpha]$ 时，即输出 $r_0 = r_{0min}$。

对于上述 Δr_0、m 和 $\Delta\alpha$，应根据试算情况和凸轮机构的工作场合及要求合理选择。

2. 凸轮轮廓曲线上最小曲率半径的验算

如图 3-15 所示，R'、R、r_r 分别为凸轮实际轮廓上某点的曲率半径、对应点的理论轮廓曲线上的曲率半径和滚子半径。由图中点 A 可知，当理论轮廓内凹时，$R' = R + r_r$，其实际轮廓总可以画出来。由点 B 可知，当凸轮理论轮廓外凸时，$R' = R - r_r$。它可分为三种情况：① $R > r_r$，如点 B 所示，这时 $R' > 0$，可求出实际轮廓；② 当 $R = r_r$ 时，$R' = 0$ 出现尖点；③ $R < r_r$，如点 C 所示，这时 $R' < 0$，实际轮廓失真。为避免后两种情况的出现，必须保证滚子半径小于理论轮廓外凸部分的最小曲率半径 R_{min}。设计时，通常取 $r_r \leqslant 0.8R_{min}$。为此，需验算理论轮廓的曲率半径。

由数学知识可得，平面曲线上某点曲率半径计算公式的直角坐标形式为

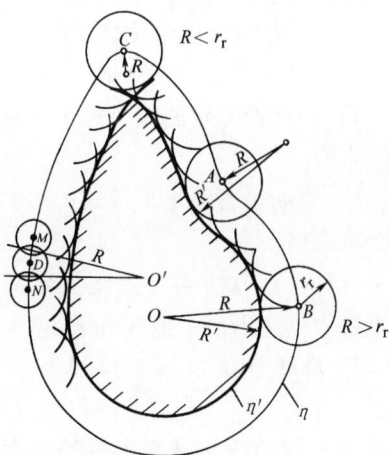

图　3-15

$$R = \frac{\left[\, 1 + (\mathrm{d}y/\mathrm{d}x)^2 \,\right]^{\frac{3}{2}}}{\dfrac{\mathrm{d}^2 y}{\mathrm{d}x^2}}$$

因凸轮理论轮廓曲线上各点的坐标 (x, y) 是凸轮转角 δ 的函数，所以上式中

$$\frac{\mathrm{d}y}{\mathrm{d}x} = \frac{\mathrm{d}y/\mathrm{d}\delta}{\mathrm{d}x/\mathrm{d}\delta}$$

$$\frac{\mathrm{d}^2 y}{\mathrm{d}x^2} = \frac{(\mathrm{d}x/\mathrm{d}\delta)(\mathrm{d}^2 y/\mathrm{d}\delta^2) - (\mathrm{d}y/\mathrm{d}\delta)(\mathrm{d}^2 x/\mathrm{d}\delta^2)}{(\mathrm{d}x/\mathrm{d}\delta)^2}$$

对于移动，验算公式为

$$R = \frac{\left[\, (\mathrm{d}s/\mathrm{d}\delta - e)^2 + (s_0 + s)^2 \,\right]^{\frac{3}{2}}}{(\mathrm{d}s/\mathrm{d}\delta - e)(2\mathrm{d}s/\mathrm{d}\delta - e) - (s_0 + s)[\mathrm{d}^2 s/\mathrm{d}\delta^2 - (s_0 + s)]} \tag{3-16}$$

式中　e——偏距；

　　s——推杆的位移；

　　s_0——推杆的初始位移，$s_0 = \sqrt{r_0^2 - e^2}$。

对于摆动推杆，验算公式为

$$R = \frac{\left[\, a^2 + l^2\left(\dfrac{\mathrm{d}\varphi}{\mathrm{d}\delta} - 1\right)^2 + 2al\left(\dfrac{\mathrm{d}\varphi}{\mathrm{d}\delta} - 1\right)\cos(\varphi_0 + \varphi) \,\right]^{\frac{3}{2}}}{a^2 - l^2\left(\dfrac{\mathrm{d}\varphi}{\mathrm{d}\delta} - 1\right)^3 - al\left(\dfrac{\mathrm{d}\varphi}{\mathrm{d}\delta} - 1\right)\left(\dfrac{\mathrm{d}\varphi}{\mathrm{d}\delta} - 2\right)\cos(\varphi_0 + \varphi) - al\dfrac{\mathrm{d}^2\varphi}{\mathrm{d}\delta^2}\sin(\varphi_0 + \varphi)} \tag{3-17}$$

式中　a——凸轮中心与摆杆中心之间的距离；

　　l——摆杆的长度。

应用计算机进行分析验算的步骤如下：

1）先取一个较大的值作为 $R_{\min}$，大到凸轮轮廓上任意一点的 R 值都小于它。

2）算出凸轮轮廓曲线上每个选定点的曲率半径 R。

3）若 $R \leqslant 0$，理论轮廓在此处为非外凸部分，舍去此值；若 $R > 0$，将此值与所选的 $R_{\min}$ 比较，如果 $R < R_{\min}$，则令 $R_{\min} = R$；若 $R > R_{\min}$，则舍去此值。

4）当理论轮廓曲线上每个计算点的曲率半径都算完后，$R_{\min}$ 就是凸轮轮廓曲线的最小曲率半径。

5）判断是否满足不等式 $r_r \leqslant 0.8 R_{\min}$，决定其合不合格。

这种验算方法实质上是从全部计算点的曲率半径中挑选出最小值的方法。

3. 用解析法求摆动推杆盘形凸轮的基圆半径

（1）压力角与基圆半径的关系　如图 3-16 所示为一摆动推杆盘形凸轮机构。过接触点 B 的法线 nn 与连心线的交点 P 为凸轮和摆杆的相对速度瞬心，且有

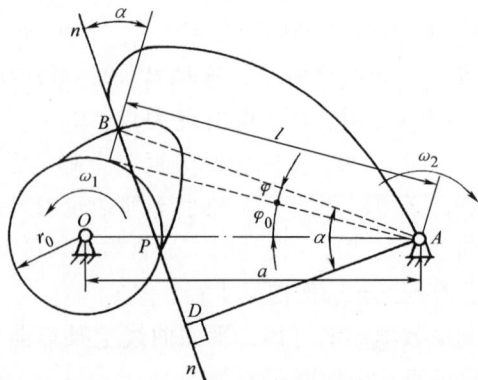

图　3-16

$$\left|\frac{\omega_2}{\omega_1}\right| = \left|\frac{\mathrm{d}\varphi}{\mathrm{d}\delta}\right| = \frac{OP}{AP} = \frac{a-AP}{AP} \tag{3-18}$$

在 △ABD 和 △APD 中可得

$$l\cos\alpha = AP\cos(\alpha - \varphi_0 - \varphi) \tag{3-19}$$

联立式（3-18）和式（3-19），考虑凸轮和摆杆的转向存在同向和反向两种情况，推导可得

$$\tan\alpha = \frac{\dfrac{l}{a}\left|\dfrac{\mathrm{d}\varphi}{\mathrm{d}\delta}\right| \mp \left[\cos(\varphi_0 + \varphi) - \dfrac{l}{a}\right]}{\sin(\varphi_0 + \varphi)} \tag{3-20}$$

式中，当两构件转向相同时取正号；相反时取负号。

（2）求基圆半径 r_0　理论上求解基圆半径时应综合考虑推杆在推程和回程时两方面的压力角的限制条件。但由于回程时许用压力角很大，实际上一般不起作用，且机构的效率问题都突出地反映在推程中，因此，求解过程可以只考虑推程的条件限制。

将 $\varphi = 0$ 代入式（3-20）可得基圆上的压力角

$$\tan\alpha_0 = \frac{\mp(\cos\varphi_0 - l/a)}{\sin\varphi_0} \tag{3-21}$$

因为压力角 α 和摆角 φ 都是凸轮转角 δ 的函数，且在最大压力角处，必然有 $\mathrm{d}\alpha/\mathrm{d}\delta = 0$，所以对式（3-20）求导可得

$$\begin{aligned}
&\left[\frac{l}{a}\frac{\mathrm{d}^2\varphi}{\mathrm{d}\delta^2} \pm \sin(\varphi + \varphi_0)\frac{\mathrm{d}\varphi}{\mathrm{d}\delta}\right]\sin(\varphi + \varphi_0) \\
&= \left[\frac{l}{a}\left(\frac{\mathrm{d}\varphi}{\mathrm{d}\delta} \pm 1\right) \mp \cos(\varphi + \varphi_0)\right]\cos(\varphi + \varphi_0)\frac{\mathrm{d}\varphi}{\mathrm{d}\delta}
\end{aligned} \tag{3-22}$$

将式（3-22）化简并分开表示可得

$$\frac{l}{a}\frac{\mathrm{d}^2\varphi}{\mathrm{d}\delta^2}\sin(\varphi + \varphi_0) = \frac{l}{a}\left(\frac{\mathrm{d}\varphi}{\mathrm{d}\delta} + 1\right)\frac{\mathrm{d}\varphi}{\mathrm{d}\delta}\cos(\varphi + \varphi_0) - \frac{\mathrm{d}\varphi}{\mathrm{d}\delta} \tag{3-23}$$

$$\frac{l}{a}\frac{\mathrm{d}^2\varphi}{\mathrm{d}\delta^2}\sin(\varphi + \varphi_0) = \frac{l}{a}\left(\frac{\mathrm{d}\varphi}{\mathrm{d}\delta} - 1\right)\frac{\mathrm{d}\varphi}{\mathrm{d}\delta}\cos(\varphi + \varphi_0) + \frac{\mathrm{d}\varphi}{\mathrm{d}\delta} \tag{3-24}$$

其中，式（3-23）用于凸轮转向和摆杆摆动方向相反的情况；式（3-24）用于凸轮转向和摆杆摆动方向相同的情况。

下面根据已知条件的不同，分两种情况说明基圆半径的求解。

1）已知摆杆的长度 l 和中心距 a 求 r_0　当 l/a 已知时，由式（3-23）和式（3-24）可知，对于任意给定的一个初始角 φ_0，都可求出最大压力角处对应的凸轮转角 δ_m，然后根据给定的摆杆运动规律 $\varphi = \varphi(\delta)$ 求出对应摆杆的摆动角 φ_m、$\left(\dfrac{\mathrm{d}\varphi}{\mathrm{d}\delta}\right)_{\delta=\delta_\mathrm{m}}$ 和 $\left(\dfrac{\mathrm{d}^2\varphi}{\mathrm{d}\delta^2}\right)_{\delta=\delta_\mathrm{m}}$。将它们代入式（3-20），可求出最大压力角 α_max。当 φ_0 由小到大变化时，可得到 α_max 随 φ_0 变化的曲线。在该曲线上，选取 α_max 最小处的 φ_0 为所求摆杆的初始角。由图 3-16 可知基圆半径为

$$r_0 = \sqrt{a^2 + l^2 - 2al\cos\varphi_0} \tag{3-25}$$

2）已知摆杆的长度 l 和初始角 φ_0 求 r_0　若已知摆杆的长度 l 和初始角 φ_0，对于任意给定的中心距 a（常用结构空间确定），都可以通过求解式（3-23）或式（3-24），并用与上面类似的方法求得最大压力角 α_{max}。当中心距由小到大逐渐变化时，相应地 α_{max} 也随着变化，从而可得 α_{max}-a 曲线，α_{max} 最小处的 a 即为最佳中心距，再通过式（3-25）即可求得 r_0。

4. 对心平底推杆盘形凸轮机构平底尺寸 L 的确定

因为在运动过程中，凸轮与推杆平底的接触点 T 是变化的，所以平底的长度必须大于两边各自的最远接触点间的距离。求出一个运动循环中的最远接触点到推杆导路中心的距离 l_{max}，则推杆平底的长度

$$L = 2l_{max} + (5 \sim 7)\,\text{mm}$$

如图 3-17 所示，过凸轮与平底接触点 T 作平底的垂线与过点 O 垂直于推杆导路的直线相交于点 P，该点是凸轮和推杆的相对速度瞬心。

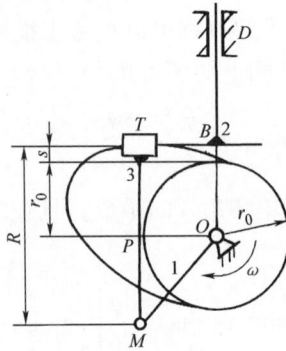

图　3-17

由于

$$BT = OP = \left| \frac{\mathrm{d}s}{\mathrm{d}\delta} \right|$$

所以

$$l_{max} = \left| \frac{\mathrm{d}s}{\mathrm{d}\delta} \right|_{max}$$

从而

$$L = 2 \left| \frac{\mathrm{d}s}{\mathrm{d}\delta} \right|_{max} + (5 \sim 7)\ \text{mm} \tag{3-26}$$

第四章

齿轮机构的分析与设计

第一节　渐开线圆柱齿轮机构设计步骤及公式

齿轮机构是现代机械中最重要的传动机构，应用极为广泛。齿轮机构的设计是必不可少的，本章主要叙述变位圆柱齿轮传动设计方法。

一、齿轮机构几何设计的要求

1）在给定的条件下，以满足一定的传动质量指标为目的进行齿轮机构的几何计算。

2）在已计算的前提下，能以几何图形表示出所设计的一对齿轮的轮齿啮合情况，即绘制一对齿轮的轮齿啮合图。

二、设计问题的类型及其几何设计步骤

（一）非限定中心距的设计

1. 已知参数

两轮的齿数 z_1、z_2，模数 m_n，压力角 α_n，齿顶高系数 h_{an}^* 及螺旋角 β。

2. 几何设计步骤

1）选择传动类型。按一对齿轮变位系数之和 $x_{t1}+x_{t2}$ 的值大于零、等于零和小于零的不同情况，变位齿轮传动分别称为正传动、零传动和负传动。

正传动具有强度高、磨损小且机构尺寸紧凑等优点，应该优先选用。当 $z_1+z_2<2z_{min}$ 时，为防止齿轮发生根切，必须选用正传动。

对于希望采用标准中心距的直齿圆柱齿轮传动，只要满足 $z_1+z_2 \geqslant 2z_{min}$ 的条件，常采用等移距变位传动。若希望有良好的互换性，z_1、z_2 又均大于 z_{min}，则优先选用标准齿轮传动。

负传动具有强度低、磨损严重、尺寸大等缺点，除中心距有特殊要求的情况外，一般避免采用。

2）确定齿轮的变位系数。

3）按无侧隙啮合方程式计算端面啮合角 α_t'

$$\text{inv}\alpha_t' = \frac{2(x_{t1}+x_{t2})}{z_1+z_2}\tan\alpha_t + \text{inv}\alpha_t \tag{4-1}$$

4）按表4-1所列公式计算两轮的几何尺寸。

5）验算齿轮传动的限制条件。

（二）限定中心距的设计

1. 已知参数

两轮的齿数 z_1、z_2，模数 m_n，压力角 α_n，齿顶高系数 h_{an}^*，传动实际中心距 a' 及螺旋角 β。

2. 几何设计步骤

1）按给定的实际中心距 a' 计算啮合角

$$\cos\alpha_t' = \frac{a}{a'}\cos\alpha_t \tag{4-2}$$

2）计算两轮变位系数之和，并作适当分配

$$x_{t1} + x_{t2} = \frac{z_1 + z_2}{2\tan\alpha_t}(\mathrm{inv}\alpha_t' - \mathrm{inv}\alpha_t) \tag{4-3}$$

变位系数分配按照对传动的要求进行。例如，等滑动系数、等弯曲强度要求等。在一般情况下，小齿轮的变位系数应大于大齿轮的变位系数。

3）由表4-1所列公式计算两轮的几何尺寸。

4）验算齿轮传动的限制条件。

（三）给定传动比而又限定中心距的设计

1. 已知参数

传动比 i，模数 m_n，压力角 α_n，齿顶高系数 h_{an}^*，传动中心距 a' 及螺旋角 β。

2. 几何设计步骤

1）按给定的传动比 i 确定两轮的齿数。近似利用直齿轮的计算公式

$$z_1 \approx \frac{2a'}{m_n(i + 1)} \tag{4-4}$$

$$z_2 = iz_1 \tag{4-5}$$

将 z_1、z_2 圆整。圆整时应取齿数比 $u = z_2/z_1$ 与给定传动比 i 误差较小的一对齿数方案。

2）此后的步骤与限定中心距的设计的步骤相同。

三、几何设计公式

几何设计的有关公式见表4-1。

表4-1　斜齿轮的参数和尺寸计算公式

参数和尺寸	换算公式
模数 m_t	$m_t = m_n/\cos\beta$
压力角 α_t	$\alpha_t = \arctan(\tan\alpha_n/\cos\beta)$
齿高系数 h_{at}^*	$h_{at}^* = h_{an}^*\cos\beta$
顶隙系数 c_t^*	$c_t^* = c_n^*\cos\beta$
变位系数 x_t	$x_t = x_n\cos\beta$
分度圆直径 d	$d = m_t z$
基圆直径 d_b	$d_b = d\cos\alpha_t$

（续）

参数和尺寸	换 算 公 式
传动中心距	$a' = a \dfrac{\cos\alpha_t}{\cos\alpha_t'}$　　$a = \dfrac{1}{2}(d_1 + d_2)$
齿顶圆直径 d_a	$d_a = d + 2(h_{at}^* + x_t - \sigma_t) \, m_t$
齿根圆直径 d_f	$d_f = d - 2(h_{at}^* + c_t^* - x_t) \, m_t$
节圆直径 d'	$d' = d \dfrac{\cos\alpha_t}{\cos\alpha_t'}$
分度圆齿距 p_t	$p_t = \pi m_t$
分度圆弧齿厚	$s = \left(\dfrac{\pi}{2} + 2x_t \tan\alpha_t \right) m_t$
公法线跨测齿数	$K = \dfrac{1}{\pi} \left(z_v' \alpha_n + \dfrac{2x_n}{\tan\alpha_n} \right) + 1.0$　　（舍小数取整） 式中　　$z_v' = \dfrac{\text{inv}\alpha_t}{\text{inv}\alpha_n} z$（假想齿数）
公法线长度	$W = m_n \cos\alpha_n \left[\pi(K - 0.5) + z\,\text{inv}\alpha_t \right] + 2x_n m_n \sin\alpha_n$

第二节　齿轮变位系数的选择

一、变位系数的选择原则

变位齿轮传动的优点能否充分发挥，在很大程度上取决于变位系数的选择是否合理。根据齿轮传动的不同工况，选择变位系数应遵循以下原则。

1. 最高接触强度原则

对于润滑良好的闭式齿轮传动，其齿面为软齿面（硬度≤350HBW），齿面接触强度比较低。因此，在许可范围内应采用大的变位系数和（$x_\Sigma = x_1 + x_2$），以增大综合曲率半径，降低齿面接触应力，提高接触强度。

2. 等弯曲强度原则

闭式齿轮传动的轮齿若为硬齿面（硬度≥350HBW），则其破坏的主要形式是弯曲疲劳折断。选择变位系数时应力求提高弯曲强度较低的齿轮的齿根厚度，使得两齿轮的齿根弯曲强度趋于相等。

3. 等滑动系数原则

开式齿轮传动中齿面磨损严重，高速、重载齿轮传动中齿面易产生胶合破坏。因此，选择变位系数时应使齿轮获得较小的齿面滑动，并使两齿轮根部的滑动系数相等。

4. 最好平稳性原则

对于高速传动、重载传动或精密传动（仪器仪表），要求齿轮啮合平稳或精确。因此，选变位系数时应使重合度 ε_α 获得尽可能大的值。

二、选择变位系数的限制条件

根据不同的工作条件和工作要求，按照不同原则选择变位系数时，应受到如下条件的限制。

1. 齿轮根切对变位系数的限制

众所周知，切制齿数 $z \leqslant z_{min}$ 的标准齿轮将发生根切。对于直齿轮和斜齿轮，用齿条形刀具加工标准齿轮不产生根切的最小齿数 z_{min} 分别为

$$z_{min} = \frac{2h_a^*}{\sin^2\alpha} \tag{4-6}$$

$$z_{min} = \frac{2h_{an}^*\cos\beta}{\sin^2\alpha_t} \tag{4-7}$$

式中，h_{an}^*、β 和 α_t 分别为斜齿轮的法向齿顶高系数、分度圆柱上的螺旋角和端面压力角。

当切制变位量不够大的正变位齿轮（当 $z<z_{min}$）和变位量过大的负变位齿轮（即使 $z>z_{min}$）时也会发生根切。这种不使变位齿轮产生根切的变位系数的最小值称为最小变位系数，以 x_{min} 表示，即

$$x_{min} = \frac{h_a^*(z_{min}-z)}{z_{min}} \tag{4-8}$$

应使

$$x \geqslant x_{min} \tag{4-9}$$

2. 齿轮齿顶变尖对变位齿轮的限制

随着变位系数 x 的增大，齿形会逐渐变尖。为了保证齿顶的强度，要求齿顶厚 $s_a \geqslant (0.25\sim0.4)m$，齿轮材料组织均匀的取下限，齿面经硬化处理的取上限。如果不满足这一条件，应适当地减小变位系数，重新进行设计。齿顶厚

$$s_a = s\frac{r_a}{r} - 2r_a(\mathrm{inv}\alpha_a - \mathrm{inv}\alpha) \tag{4-10}$$

式中　r——分度圆半径；
　　　α——分度圆上的压力角，一般 $\alpha=20°$；
　　　s——分度圆上的齿厚。

$$s = \frac{\pi m}{2} + 2xm\tan\alpha \tag{4-11}$$

3. 重合度对变位系数的限制

齿轮的重合度 ε 随着变位系数 x 的增大而减小。选择变位系数时，应保证齿轮传动的重合度大于等于许用重合度 $[\varepsilon]$。设 ε_α 为端面重合度，ε_β 为斜齿轮的轴面重合度，则对于直齿圆柱齿轮传动，一般应使 $\varepsilon=\varepsilon_\alpha \geqslant 1.2$；对于斜齿圆柱齿轮传动，一般应使 $\varepsilon = \varepsilon_\alpha+\varepsilon_\beta \geqslant 2$。$\varepsilon_\alpha$ 的计算公式为

$$\varepsilon_\alpha = \frac{1}{2\pi}[z_1(\tan\alpha_{a1} - \tan\alpha') + z_2(\tan\alpha_{a2} - \tan\alpha')] \tag{4-12}$$

式中　$\alpha_{a1}=\arccos(r_{b1}/r_{a1})$，$\alpha_{a2}=\arccos(r_{b2}/r_{a2})$；
　　　α'——啮合角。

若为斜齿轮，求端面重合度 ε_α 时应将其端面参数带入式（4-12）。斜齿轮的轴面重合度

$$\varepsilon_\beta = B\sin\beta/(\pi m_n) \tag{4-13}$$

式中　B——斜齿轮齿宽；
　　　β——斜齿轮分度圆柱上的螺旋角；

m_n——斜齿轮法向模数。

4. 齿轮干涉对变位系数的限制

一对齿轮啮合传动时，如果一齿轮齿顶的渐开线与另一齿轮齿根的过渡曲线接触，由于过渡曲线不是渐开线，故两齿廓在接触点的公法线不能通过固定的节点 P，因而引起了传动比的变化，还可能使两轮卡住不动，这种现象称为"过渡曲线干涉"。当变位系数 x 的绝对值过大时，会发生这种干涉。选择变位系数时，要保证任一齿轮的齿顶不与相啮合齿轮的齿根过渡曲线干涉。当用齿条形刀具切制齿轮时，外啮合直齿圆柱齿轮 1 不产生干涉的条件为

$$\tan\alpha' - z_2(\tan\alpha_{a2} - \tan\alpha')/z_1 \geqslant \tan\alpha - \frac{4(h_a^* - x_1)}{z_1\sin2\alpha} \tag{4-14}$$

齿轮 2 不产生干涉的条件为

$$\tan\alpha' - z_1(\tan\alpha_{a1} - \tan\alpha')/z_2 \geqslant \tan\alpha - \frac{4(h_a^* - x_2)}{z_2\sin2\alpha} \tag{4-15}$$

三、选择齿轮变位系数的方法

工程上常用的变位系数选择方法有图表法、封闭图法和计算机编程计算法等。

1. 图表法

按照选择变位系数各原则将计算结果列成表格的形式，设计者可根据具体工作条件参照表4-2查出齿轮的变位系数。满足不同条件的变位系数见表4-3、表4-4、表4-5、表4-6、表4-7和表4-8。

表4-2　外啮合圆柱齿轮传动变位系数的选择

齿轮种类	变位目的	应　　用	变位方式	变　位　系　数
直齿轮	避免根切	为使齿轮传动紧凑而采用齿数少的轻载齿轮	高度变位	齿条形刀具加工的 $h_a^*=1$、$\alpha=20°$ 的齿轮，$x\geqslant(17-z_1)/17$
	提高接触强度	中等载荷的高速齿轮	角度变位	表4-3
	提高弯曲强度	低速重载的齿轮	高度变位	表4-4
			角度变位	表4-5
	提高抗胶合耐磨性及传动平稳性	中等载荷的齿轮及精密传动齿轮	高度变位	表4-6
			角度变位	表4-7
	配凑中心距	中心距已确定时	角度变位	根据表4-8确定 x_Σ，按传动要求分配 x_1、x_2
斜齿轮	变位系数可按直齿轮的选择方法选择，但要用当量齿数 $z_v=z/\cos^3\beta$ 代替 z，求得的是法向变位系数 x_n			

表4-3　角度变位齿轮对于接触强度有利的变位系数 (x_1, x_2)

z_1	x	z_2													
		12	15	18	22	28	34	42	50	65	80	100	125	155	190
12	x_1	0.38	0.30	0.30	0.30	0.30	0.30	0.30	0.30	0.30	0.30	0.30			
	x_2	0.38	0.50	0.61	0.66	0.88	1.03	1.30	1.43	1.69	1.96	2.30			
15	x_1		0.45	0.34	0.38	0.26	0.13	0.20	0.25	0.26	0.30	0.35			
	x_2		0.45	0.64	0.75	1.04	1.42	1.53	1.65	1.87	2.14	2.32			

（续）

z_1	x	12	15	18	22	28	34	42	50	65	80	100	125	155	190
18	x_1			0.54	0.60	0.40	0.30	0.29	0.32	0.41	0.48	0.52			
	x_2			0.54	0.64	1.02	1.30	1.48	1.63	1.89	2.08	2.31			
22	x_1				0.68	0.59	0.48	0.40	0.43	0.53	0.61	0.65	0.75		
	x_2				0.68	0.94	1.20	1.48	1.60	1.80	1.99	2.19	2.43		
28	x_1					0.86	0.80	0.72	0.64	0.70	0.75	0.80	0.83	0.82	
	x_2					0.86	1.08	1.48	1.60	2.33	2.04	2.26	2.47	2.66	
34	x_1						1.01	0.90	0.80	0.83	0.89	0.94	1.00	1.05	1.03
	x_2						1.01	1.30	1.58	1.79	1.97	2.22	2.46	2.67	2.90
42	x_1							1.17	1.11	1.05	1.09	1.12	1.36	1.34	1.39
	x_2							1.17	1.41	1.75	1.95	2.20	2.52	2.72	2.99
50	x_1								1.34	1.32	1.26	1.28	1.44	1.44	1.43
	x_2								1.34	1.60	1.89	2.13	2.42	2.62	2.78
65	x_1									1.58	1.57	1.55	1.54	1.50	1.50
	x_2									1.58	1.83	2.10	2.32	2.48	2.60
80	x_1										1.82	1.76	1.70	1.63	1.57
	x_2										1.82	2.00	2.16	2.33	2.48
100	x_1											1.90	1.79	1.71	1.65
	x_2											1.90	2.05	2.19	2.38

表 4-4　高度变位齿轮对于弯曲强度有利的变位系数（x_1）

z_2	z_1										
	12	15	18	22	28	34	42	50	65	80	100
12											
15											
18	0.19	0.13	0.09								
	—	—	-0.09								
22	0.24	0.20	0.17	0.15							
	—	—	-0.07	-0.15							
28	0.29	0.27	0.24	0.21	0.18						
	—	0.03	-0.04	-0.10	-0.18						
34	0.34	0.32	0.30	0.28	0.24	0.20					
	—	0.05	0.00	-0.07	-0.15	-0.20					
42	0.38	0.36	0.34	0.32	0.29	0.27	0.26				
	—	0.07	0.03	-0.04	-0.13	-0.18	-0.26				
50	0.42	0.41	0.39	0.37	0.35	0.33	0.30	0.29			
	—	0.09	0.05	-0.02	-0.10	-0.16	-0.22	-0.29			
65	0.48	0.47	0.46	0.45	0.44	0.42	0.40	0.38	0.38		
	—	0.12	0.07	0.00	-0.07	-0.14	-0.20	-0.27	-0.38		

（续）

z_2	z_1										
	12	**15**	**18**	**22**	**28**	**34**	**42**	**50**	**65**	**80**	**100**
80	0.54	0.52	0.52	0.51	0.50	0.48	0.47	0.45	0.46	0.46	
	—	0.15	0.09	0.02	-0.05	-0.13	-0.18	-0.26	-0.38	-0.46	
100	0.52	0.57	0.56	0.56	0.56	0.55	0.55	0.54	0.55	0.58	0.60
	—	0.16	0.11	0.04	-0.03	-0.12	-0.17	-0.26	-0.38	-0.50	-0.60
125				0.56	0.56	0.55	0.55	0.54	0.55	0.58	0.60
				0.04	-0.03	-0.12	-0.17	-0.26	-0.38	-0.50	-0.60
155					0.56	0.55	0.55	0.54	0.55	0.58	0.60
					-0.03	-0.12	-0.17	-0.26	-0.38	-0.50	-0.60
190						0.55	0.55	0.54	0.55	0.58	0.60
						-0.12	-0.17	-0.26	-0.38	-0.50	-0.60

注：表中上面的数字用于 z_1 齿轮为主动轮时的 x_1 值，下面的数字用于 z_1 齿轮为从动轮时的 x_1 值。

表 4-5　角度变位齿轮对于弯曲强度有利的变位系数（x_1，x_2）

z_2	x	z_1										
		12	**15**	**18**	**22**	**28**	**34**	**42**	**50**	**65**	**80**	**100**
12	x_1	0.47										
	x_2	0.23										
15	x_1	0.53	0.58									
	x_2	0.22	0.28									
18	x_1	0.57	0.64	0.72								
	x_2	0.25	0.29	0.34								
22	x_1	0.62	0.73	0.81	0.95							
	x_2	0.28	0.32	0.38	0.39							
28	x_1	0.70	0.79	0.89	1.04	1.26						
	x_2	0.26	0.35	0.38	0.40	0.42						
34	x_1	0.76	0.83	0.93	1.08	1.30	1.38					
	x_2	0.22	0.34	0.37	0.38	0.36	0.34					
42	x_1	0.75	0.92	1.02	1.18	1.24	1.31	1.35				
	x_2	0.21	0.32	0.36	0.38	0.31	0.27	0.20				
50	x_1	0.58	0.97	1.05	1.22	1.22	1.25	1.30	1.34			
	x_2	-0.16	0.31	0.36	0.42	0.25	0.20	0.12	0.04			
65	x_1	0.55	0.80	1.10	1.17	1.19	1.23	1.25	1.28	1.32		
	x_2	-0.35	0.40	0.40	0.36	0.20	0.15	0.02	-0.05	-0.12		
80	x_1	0.51	0.73	1.14	1.15	1.16	1.19	1.20	1.21	-1.24	1.25	
	x_2	-0.54	-0.15	0.40	0.26	0.12	0.07	-0.06	-0.15	-0.22	-0.32	

（续）

z_2	x	12	15	18	22	28	34	42	50	65	80	100
100	x_1	0.53	0.71	1.00	1.12	1.14	1.15	1.15	1.14	1.17	1.18	1.18
	x_2	-0.76	-0.22	0.28	0.22	0.08	0.01	-0.14	-0.22	-0.35	-0.45	-0.45
125	x_1				1.11	1.12	1.20	1.12	1.13	1.14	1.14	1.15
	x_2				0.21	0.07	0.00	-0.15	-0.22	-0.35	-0.46	-0.54
155	x_1				1.08	1.10	1.10	1.10	1.10	1.10	1.10	1.10
	x_2				0.05	-0.03	-0.16	-0.23	-0.36	-0.48	-0.56	
190	x_1						1.09	1.10	1.11	1.11	1.11	1.11
	x_2						-0.04	-0.16	-0.23	-0.36	-0.48	-0.56

表 4-6　高度变位齿轮对于抗胶合、耐磨损及传动平稳性有利的变位系数（x_1）

z_1	17	18	19	20	21	22	24	27	28	32	34	40	42	50	60	65	72	80	90	100
10									0.458	0.475	0.480	0.499	0.507	0.529	0.535	0.554	0.570	0.576	0.582	0.588
11								0.408	0.430	0.436	0.460	0.470	0.495	0.503	0.520	0.540	0.547	0.554	0.559	0.563
12							0.328	0.357	0.389	0.396	0.422	0.432	0.460	0.466	0.487	0.510	0.518	0.527	0.534	0.537
13						0.264	0.283	0.313	0.347	0.356	0.385	0.398	0.427	0.434	0.457	0.479	0.488	0.499	0.507	0.511
14					0.199	0.220	0.239	0.271	0.308	0.318	0.360	0.363	0.395	0.404	0.427	0.450	0.461	0.472	0.479	0.485
15				0.134	0.159	0.181	0.201	0.235	0.271	0.281	0.315	0.329	0.363	0.372	0.398	0.423	0.434	0.445	0.454	0.462
16		0.062	0.094	0.120	0.144	0.165	0.199	0.232	0.249	0.282	0.296	0.333	0.342	0.373	0.397	0.408	0.421	0.428	0.440	0.448
17	0.000	0.032	0.060	0.086	0.110	0.131	0.165	0.205	0.216	0.251	0.265	0.306	0.316	0.348	0.374	0.385	0.398	0.408	0.418	0.428
18		0.000	0.036	0.056	0.080	0.101	0.136	0.178	0.189	0.224	0.238	0.282	0.288	0.326	0.353	0.364	0.378	0.390	0.400	0.408
19			0.000	0.027	0.052	0.073	0.019	0.132	0.163	0.200	0.215	0.260	0.270	0.305	0.334	0.347	0.361	0.373	0.382	0.390
20				0.000	0.025	0.047	0.085	0.128	0.140	0.178	0.194	0.240	0.250	0.285	0.316	0.329	0.344	0.355	0.365	0.373
21					0.000	0.023	0.052	0.107	0.119	0.159	0.175	0.222	0.234	0.268	0.299	0.312	0.328	0.341	0.350	0.357
22						0.000	0.041	0.087	0.100	0.141	0.158	0.205	0.216	0.251	0.283	0.297	0.313	0.326	0.335	0.342
24							0.000	0.051	0.064	0.110	0.130	0.173	0.184	0.219	0.252	0.266	0.281	0.310	0.305	
27								0.000	0.017	0.065	0.085	0.129	0.141	0.176	0.212	0.226	0.243	0.257	0.267	
28									0.000	0.051	0.070	0.116	0.128	0.164	0.199	0.214	0.231	0.245	0.255	
30										0.025	0.047	0.089	0.101	0.038	0.178	0.192	0.208	0.222	0.235	

表 4-7　角度变位齿轮对于抗胶合、耐磨损及传动平稳性有利的变位系数（x_1，x_2）

z_1	x	z_2													
		12	15	18	22	28	34	42	50	65	80	100	125	155	190
12	x_1	0.36	0.43	0.49	0.53	0.57	0.60	0.63	0.63	0.64	0.65	0.65			
	x_2	0.36	0.34	0.35	0.38	0.48	0.53	0.67	0.77	1.00	1.18	1.42			
15	x_1		0.44	0.48	0.55	0.60	0.63	0.66	0.66	0.67	0.67	0.66			
	x_2		0.44	0.46	0.54	0.63	0.72	0.88	1.02	1.22	1.36	1.70			
18	x_1			0.54	0.60	0.63	0.67	0.68	0.70	0.71	0.71	0.71			
	x_2			0.54	0.63	0.72	0.82	0.94	1.11	1.35	1.16	1.90			
22	x_1				0.67	0.71	0.74	0.76	0.76	0.76	0.76	0.76	0.76		
	x_2				0.67	0.81	0.90	1.03	1.17	1.44	1.73	1.98	2.38		
28	x_1					0.85	0.86	0.88	0.91	0.88	0.87	0.86	0.86	0.84	
	x_2					0.85	1.00	1.12	1.26	1.56	1.85	2.12	2.40	2.60	
34	x_1						1.00	1.00	1.00	0.99	0.98	0.97	0.92	0.85	0.82
	x_2						1.00	1.16	1.31	1.55	1.81	2.15	2.40	2.53	2.76
42	x_1							1.15	1.16	1.17	1.14	1.12	1.03	0.96	0.82
	x_2							1.15	1.32	1.59	1.86	2.18	2.37	2.50	2.60
50	x_1								1.31	1.32	1.28	1.20	1.06	0.98	0.86
	x_2								1.31	1.58	1.84	2.09	2.22	2.40	2.50
65	x_1									1.56	1.54	1.44	1.30	1.15	0.92
	x_2									1.56	1.84	2.04	2.22	2.32	2.30
80	x_1										1.81	1.67	1.45	1.24	1.08
	x_2										1.81	1.98	2.05	2.15	2.24
100	x_1											1.90	1.68	1.42	1.24
	x_2											1.90	2.00	2.07	2.16

表 4-8　角度变位 a'/a、α 及 x_Σ/z_Σ

a'/a	啮合角 α	x_Σ/z_Σ	a'/a	啮合角 α	x_Σ/z_Σ
0.950	8°26′31″	−0.018994	0.958	11°13′09″	−0.016982
0.951	8°50′30″	−0.018774	0.959	11°30′59″	−0.016695
0.952	9°13′22″	−0.018545	0.960	11°48′21″	−0.016399
0.953	9°35′09″	−0.018306	0.961	12°05′16″	−0.016096
0.954	9°56′07″	−0.018058	0.962	12°21′45″	−0.015787
0.955	10°16′20″	−0.017801	0.963	12°37′52″	−0.015470
0.956	10°35′52″	−0.017537	0.964	12°53′38″	−0.015148
0.957	10°54′49″	−0.017263	0.965	13°09′03″	−0.014818

注：a、a'、x_Σ、z_Σ 分别为标准中心距、实际中心距、变位系数之和以及齿数之和。

2. 封闭图法

在以变位系数 x_1 和 x_2 为坐标轴的直角坐标系中，将各项传动质量指标和限制条件以曲线形式表示出来，构成一个"闭廓"的图形，图中的每一点代表着一个变位系数的选择方案（x_1，x_2），借助于封闭图即可选择合理的变位系数。

3. 计算机编程计算法

按上述原则和有关计算公式，通过计算机编程计算，可得到需要的变位系数。其优点是精确度高，程序一旦调试通过，选择变位系数的速度快，改变参数也很方便。缺点是从建立数学模型、设计框图、编制程序到上机调试通过，需要的工作量比图表法大。此外，变位系数的选择还受到许多传动质量的限制，在设计程序时应考虑到这些问题。现以按照抗胶合和耐磨损最有利选择变位系数为例说明其过程。

（1）建立数学模型 关于根据抗胶合和耐磨损最有利的质量指标选择变位系数的问题，目前一般认为应使啮合齿在开始啮合时主动齿轮齿根处的滑动系数 η_1 与结束啮合时从动齿轮齿根处的滑动系数 η_2 相等，即

$$\eta_1 = \eta_2 \tag{4-16}$$

根据滑动系数是滑动弧与齿廓所走过弧长之比的极限的概念，以及一对齿轮的开始啮合点是主动轮的齿根和从动轮的齿顶相接触，结束啮合点是主动轮的齿顶和从动轮的齿根相接触，经适当推导可得 η_1 和 η_2 的计算公式分别为

$$\eta_1 = \frac{\tan\alpha_{a2} - \tan\alpha'}{(1 + z_1/z_2)\tan\alpha' - \tan\alpha_{a2}}\left(1 + \frac{z_1}{z_2}\right) \tag{4-17}$$

$$\eta_2 = \frac{\tan\alpha_{a1} - \tan\alpha'}{(1 + z_2/z_1)\tan\alpha' - \tan\alpha_{a1}}\left(1 + \frac{z_2}{z_1}\right) \tag{4-18}$$

式中 α_{a1}——主动轮齿顶圆上的压力角；

α_{a2}——从动轮齿顶圆上的压力角；

α'——啮合角。

当齿轮传动的实际中心距 a' 由结构或其他条件给定时，啮合角为

$$\alpha' = \arctan\left(\frac{\sqrt{1 - (a\cos\alpha/a')^2}}{a\cos\alpha/a'}\right) \tag{4-19}$$

式中 α——分度圆上的压力角；

a——标准中心距。

两轮的变位系数之和 x_Σ 可由无侧隙啮合方程式导出。

$$x_\Sigma = x_1 + x_2 = \frac{z_1 + z_2}{2\tan\alpha}(\tan\alpha' - \alpha' - \tan\alpha + \alpha) \tag{4-20}$$

当求 α_{a1} 和 α_{a2}，用到齿顶圆半径 r_{a1} 和 r_{a2} 时，可用下式求出

$$r_{ai} = r_i + (h_a^* + x_i - \sigma)m \qquad i = 1,\ 2 \tag{4-21}$$

式中，齿顶高降低系数 σ 和求 σ 时用到的分度圆分离系数 y 为

$$\left.\begin{array}{l} \sigma = x_\Sigma - y \\ y = (a' - a)/m \end{array}\right\} \tag{4-22}$$

由此可知，两齿轮齿根的滑动系数 η_1 和 η_2 与两齿轮的变位系数有关。在实际中心距 a' 给定的情况下，x_1 与 x_2 两个变位系数中仅有一个是独立的。若取 x_1 为独立变量，则 η_1 和 η_2 两个齿根滑动系数均是 x_1 的函数。令

$$f(x_1) = \eta_1 - \eta_2 \qquad (4-23)$$

则使两齿轮齿根滑动系数相等的问题，就成为以 x_1 为变量求方程（4-23）的根的问题。

解非线性方程，除了用 Newton-Raphson 法外，还可用 0.618 法求根，该方法的原理如图 4-1 所示。设有单调函数 $f(x)$ 在已知区间 $[A_0, B_0]$ 内有根，则其根的求法如下：

1）取 $[A_0, B_0]$ 区间的 0.618 点 x_1 作为根 x^* 的近似值，即

$$x_1 = A_0 + 0.618(B_0 - A_0) \qquad (4-24)$$

2）求出误差

$$\delta = f(x_1) \qquad (4-25)$$

3）如果 $|\delta|$ 小于要求的精度，则 x_1 即为所求并输出。否则，如果 $\delta>0$，就将 A_0 用 x_1 的值代替；如果 $\delta<0$，就将 B_0 用 x_1 的值代替。然后回到第 1）步求出新的 $[A_0, B_0]$ 区间的 0.618 点，依次进行下去，直到求出符合精度要求的根为止。

此处，用 0.618 法求根的区间取为 $[-3, 5]$。主动轮根切对变位系数的限制在求根的过程中加以考虑，而从动轮根切和其他传动质量的限制则需加以检验。

（2）框图设计 框图设计结果如图 4-2 所示。

（3）程序设计（用 Visual Basic 语言编制程序）

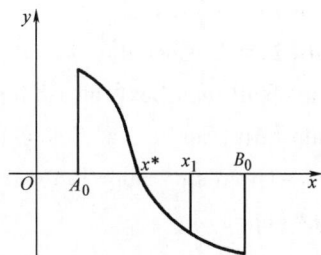

图 4-1

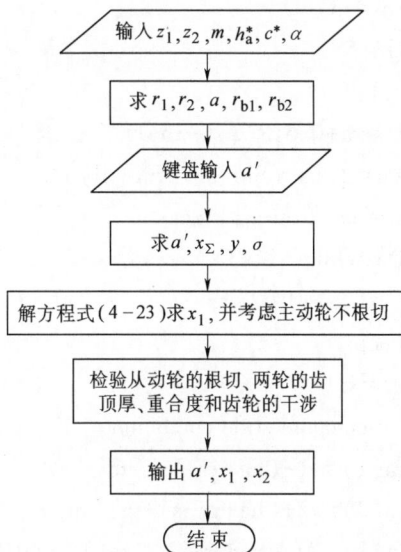

图 4-2

```
Option Explicit
Private Const Pi = 3.141593
Private Sub Command1_Click()
  Dim rb(2),ra(2),la(2),at(2),sa(2) As Single
  Dim t,xx,tg,y,ap,a,z1,z2,m,ha,ct,al,r1,r2,alp,xa,xb,xi,zm,x3,x1,t1,t2,t3,t4 As Single
  Dim cc,x2,x4,eps,ss,s1,s2,si,e,k1,k2,k4,k3 As Single
  z1 = Val(InputBox("please input the value of the variable of z1"))
  z2 = Val(InputBox("please input the value of the variable of z2"))
  m = Val(InputBox("please input the value of the variable of m"))
  ha = Val(InputBox("please input the value of the variable of ha"))
  ct = Val(InputBox("please input the value of the variable of ct"))
  t = 180#/Pi
  al = 20#/t
  Print"z1 = ";z1,"z2 = ";z2,"m = ";m
  Print"ha = ";ha,"ct = ";ct,"al = ";al * t
```

```
r1 = 0. 5 * m * z1
r2 = 0. 5 * m * z2
a = r1+r2
rb( 1) = r1 * Cos( al)
rb( 2) = r2 * Cos( al)
ap = Val( InputBox(″please input the value of the variable of a‴) )
alp = Atn( Sqr( 1−( a * Cos( al)/ap)^2) * ap/( a * Cos( al) ) )
xx = ( Tan( alp) −alp−Tan( al) +al) * ( z1+z2)/( 2 * Tan( al) )
y = ( ap−a)/m
tg = xx−y
'to find x1 by equation of the equal root slide coefficient
xa = −3
xb = 5
Loop1:
xi = xa+0. 618 * ( xb−xa)
zm = 2 * ha/( Sin( al) * Sin( al) )
x3 = ha * ( zm−z1)/zm
Do While( xi<x3)
    xi = xi+0. 02 * x3
Loop
x1 = xi
'to compute slide coefficient
ra( 1) = r1+( ha+x1−tg) * m
ra( 2) = r2+( ha+xx−x1−tg) * m
la( 1) = Atn( Sqr( ra( 1) * ra( 1) −rb( 1) * rb( 1) )/rb( 1) )
la( 2) = Atn( Sqr( ra( 2) * ra( 2) −rb( 2) * rb( 2) )/rb( 2) )
t1 = z1/z2
t2 = Tan( la( 2) )
t3 = Tan( alp)
t4 = Tan( la( 1) )
at( 1) = ( 1+t1) * ( t2−t3)/( t3 * t1−t2+t3)
at( 2) = ( 1+1/t1) * ( t4−t3)/( t3 * ( 1+1/t1) −t4)
cc = at( 1) −at( 2)
xi = x1
If( Abs( cc) > = 0. 0001) Then
   If( cc<= 0) Then
     xb = xi
     GoToLoop1
   End If
```

```
      xa = xi
    GoToLoop1
End If
x1 = xi
x2 = xx−x1
'check gear transmission quality index
x4 = ha * ( zm−z2) / zm
If( x2<x4) Then
    Print"x2 =" ; x2 ;"          x2min =" ; x4
    Print"because x2<x2min return"
    GoTo Loop2
End If
eps = Val( InputBox( "please input the value of the variable of eps") )
ss = Val( InputBox( "please input the value of the variable of ss") )
Print"[ eps] =" ; eps ;"   Samin/m =" ; ss
e = ( z1 * ( Tan( la( 1) ) −Tan( alp) ) +z2 * ( Tan( la( 2) ) −Tan( alp) ) ) / ( 2 * Pi)
If( e<eps) Then
    Print"e =" ; e ;"[ eps] =" ; eps
    Print"because e<[ eps] return"
    GoTo Loop2
End If
s1 = 0. 5 * Pi * m+2 * x1 * m * Tan( al)
s2 = 0. 5 * Pi * m+2 * x2 * m * Tan( al)
sa( 1) = s1 * ra( 1) / r1−2 * ra( 1) * ( Tan( la( 1) ) −la( 1) −Tan( al) +al)
sa( 2) = s2 * ra( 2) / r2−2 * ra( 2) * ( Tan( la( 2) ) −la( 2) −Tan( al) +al)
si = ss * m
If( sa( 1) <si) Then
    Print"sa1 =" ; sa( 1) ;"Samin =" ; si
    Print"because sa1<Samin return"
    GoTo Loop2
End If
If( sa( 2) <si) Then
    Print"sa2 =" ; sa( 2) ;"Samin =" ; si
    Print"because sa2<Samin return"
    GoTo Loop2
End If
k1 = Tan( alp) −z2/z1 * ( Tan( la( 2) ) −Tan( alp) )
k2 = Tan( al) −4 * ( ha−x1) / ( z1 * Sin( 2 * al) )
If( k1<k2) Then
```

```
    Print″k1 =″;k1;″        k2 =″;k2
    Print″because the gear 1 interference return″
    GoTo Loop2
End If
k3 = Tan( alp) −z1/z2 *( Tan( la( 1 ) ) −Tan( alp) )
k4 = Tan( al) −4 *( ha−x2) /( z2 * Sin( 2 * al) )
If( k3<k4) Then
    Print″k3 =″;k3;″        k4 =″;k4
    Print″because the gear 2 interference return″
    GoTo Loop2
End If
Loop2：
    Print″a′ =″;ap;″x1 =″;x1;″x2 =″;x2
End Sub
```

（4）计算结果

z1,z2,m,ha,ct =?　　26,78,4,1,0. 25

z1,z2,m = 26　　　　78　　　　4

ha,ct,al = 1　　　　. 25　　　　20

a′ =?　216. 5

［eps］,Samin/m =?　1. 2,0. 3

［eps］= 1. 2　　　Samin/m = 0. 3

a′ = 216. 5　　　　x1 = . 801 131 05　　　x2 = 1. 613 322 87

（5）标识符

程序中的符号	公式中的符号	说　明	程序中的符号	公式中的符号	说　明
z1, z2	z_1, z_2	齿数	tg	σ	齿顶高降低系数
m	m	模数	xa	x_A	x_1 的下限
ha	h_a^*	齿顶高系数	xb	x_B	x_1 的上限
ct	c^*	顶隙系数	x1, x2	x_1, x_2	变位系数
al	α	分度圆上的压力角	xi	x_i	解方程过程中的 x_1
r1, r2	r_1, r_2	分度圆半径	zm	z_{min}	不发生根切的最少齿数
a	a	标准中心距	x3	x_{1min}	1 轮的最小变位系数
rb (1), rb (2)	r_{b1}, r_{b2}	基圆半径	ra (1), ra (2)	r_{a1}, r_{a2}	齿顶圆半径
ap	a'	实际中心距	la (1), la (2)	α_{a1}, α_{a2}	齿顶圆压力角
alp	α'	啮合角	at (1), at (2)	η_1, η_2	齿根滑动系数
xx	x_Σ	变位系数之和	cc	c_c	解方程所取精度
y	y	分度圆分离系数	x4	x_{2min}	2 轮的最小变位系数

（续）

程序中的符号	公式中的符号	说　明	程序中的符号	公式中的符号	说　明
eps	$[\varepsilon]$	许用重合度	s1, s2	s_1, s_2	分度圆上的齿厚
ss	s_{amin}/m	最小齿顶厚系数	sa (1), sa (2)	s_{a1}, s_{a2}	齿顶圆齿厚
e	ε	实际重合度	si	s_{amin}	最小齿顶厚

第三节　齿轮啮合图的绘制

齿轮啮合图是将齿轮各部分尺寸按一定的比例尺画出轮齿啮合关系的一种图形。它可以直观地表达一对齿轮的啮合特性和啮合参数，并可借助图形作某些必要的分析。

一、渐开线的画法

渐开线齿廓按渐开线的形成原理绘制，如图 4-3 所示。以小齿轮轮廓曲线为例，其步骤如下：

1）按表 4-1 所列公式计算出各圆直径 d_b、d、d'、d_f 及 d_a，相应画出各圆。

2）连心线与节圆的交点为节点 P。过点 P 作基圆的切线，与基圆相切于点 N_1，则 $\overline{N_1 P}$ 即为理论啮合线的一段，也是渐开线发生线的一段。

3）将线段 $\overline{N_1 P}$ 分成若干等份：$\overline{P1}$、$\overline{12}$、$\overline{23}\cdots$。

4）根据渐开线 $\overparen{N_1 0'} = \overline{N_1 P}$ 的特性，因弧长不易测量，可按

$$\overline{N_1 0'} = d_b \sin\left(\frac{\overline{N_1 P}}{d_b}\frac{180°}{\pi}\right) \qquad (4\text{-}26)$$

计算 $\overparen{N_1 0'}$ 所对应的弦长 $\overline{N_1 0'}$，再按此弦长在基圆上取 $0'$ 点。

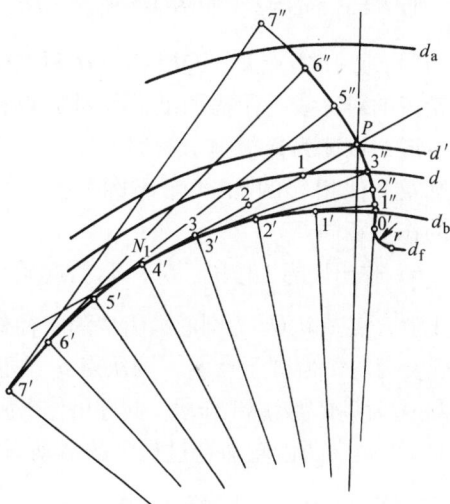

图　4-3

5）将基圆上的弧 $\overparen{N_1 0'}$ 同样等分，得基圆上的对应分点 $1'$、$2'$、$3'$。

6）过点 $1'$、$2'$、$3'$ 作基圆的切线，并在这些切线上分别截取线段，使其 $\overline{1'1''} = \overline{1P}$、$\overline{2'2''} = \overline{2P}$、$\overline{3'3''} = \overline{3P}$，得 $1''$、$2''$、$3''$ 诸点。光滑连接 $0'$、$1''$、$2''$、$3''$ 各点的曲线即为节圆以下部分的渐开线。

7）将基圆上的分点向左延伸，作出 $5'$、$6'$、$7'\cdots$，取 $\overline{5'5''} = 5 \cdot \overline{P1}$，$\overline{6'6''} = 6 \cdot \overline{P1}\cdots$，可得节圆以上的渐开线各点 $5''$、$6''\cdots$，直至画到（或略超出）齿顶圆为止。

8）当 $d_f < d_b$ 时，基圆以下一段齿廓取为径向线，在径向线与齿根圆之间以 $r = 0.2m_n$ 为半径画出过渡圆角；当 $d_f > d_b$ 时，在渐开线与齿根圆之间直接画出过渡圆角。

二、啮合图的绘制步骤

1）选取比例尺 μ_L（m/mm），使齿高在图样上有 30～50mm 的高度为宜。定出齿轮中心 O_1、O_2，如图 4-6 所示。分别以 O_1、O_2 为圆心作出基圆、分度圆、节圆、齿根圆、齿顶圆。

2）画出工作齿廓的基圆内公切线，它与连心线 $\overline{O_1O_2}$ 的交点为节点 P，又是两节圆的切点，内公切线与过点 P 的节圆切线间夹角为啮合角 α'_t，应与按式（4-1）或式（4-2）计算所得值相符。

3）过节点 P 分别画出两齿轮在顶圆与根圆之间的齿廓曲线。

4）按已算得的齿厚和齿距 p 计算对应的弦线长度 $\bar{s}$ 和 $\bar{p}$

$$\bar{s} = d\sin\left(\frac{s}{d}\frac{180°}{\pi}\right) \tag{4-27}$$

$$\bar{p} = d\sin\left(\frac{p}{d}\frac{180°}{\pi}\right) \tag{4-28}$$

按 $\bar{s}$ 和 $\bar{p}$ 在分度圆上截取弦长得点 A、点 C，则 $\overset{\frown}{AB}=s$，$\overset{\frown}{AC}=p$，如图 4-4 所示。

5）取 $\overset{\frown}{AB}$ 中点 D，连接 O_1、D 两点得到轮齿的对称线。用描图纸描下对称线右半齿形，以此为模板画出对称的左半部分齿廓及其他相邻的 3～4 个齿廓。另一齿轮的作法相同。

6）作出齿廓工作段。B_1、B_2 为起始与终止啮合点，以 O_1 为圆心，$\overline{O_1B_2}$ 为半径作圆弧交齿轮 1 齿廓于点 b_1，则从点 b_1 到齿顶圆一段齿廓为齿廓工作段。同理可作出齿轮 2 的齿廓工作段。

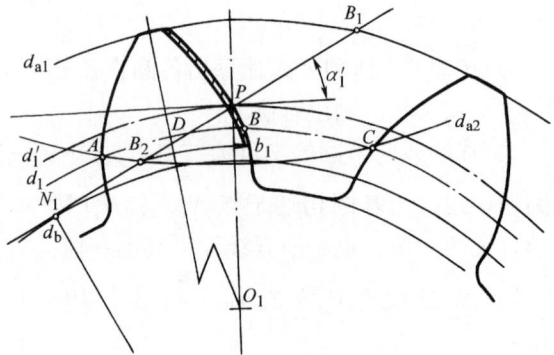

图 4-4

7）画出两齿轮啮合过程中的滑动系数变化曲线。滑动系数计算公式为

$$\eta_1 = 1 + \frac{z_1}{z_2}\left(1 - \frac{l}{l_x}\right) \tag{4-29}$$

$$\eta_2 = \frac{z_1}{z_2} + \left(1 - \frac{l}{l - l_x}\right) \tag{4-30}$$

在线段 $\overline{N_1N_2}$ 上，按计算值取点 B_2、P、B_1，自点 N_1 量起，按适当的间距取 l_x 值，按式（4-29）、式（4-30）计算出不同 l_x 值所对应的各位置处两齿轮齿面滑动系数 η_1 和 η_2，画出如图 4-5 所示的滑动系数曲线图。参考文献［13］给出了一种使用方便的滑动系数图解计算法。

一般情况下，轮齿的齿廓工作段最低点具有绝对值最大的滑动系数，其值为

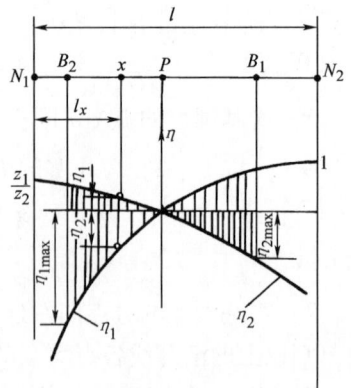

图 4-5

$$\eta_{1max} = 1 + \frac{z_1}{z_2}\left(1 - \frac{l}{\overline{N_1B_2}}\right) \tag{4-31}$$

$$\eta_{2max} = \frac{z_1}{z_2} + \left(1 - \frac{l}{\overline{B_1N_2}}\right) \tag{4-32}$$

由啮合图上直接量取 l、$\overline{N_1B_2}$、$\overline{B_1N_2}$ 代入上式即可算出 η_{1max}、η_{2max}。

三、啮合图举例

一幅啮合图图例如图 4-6 所示。其基本参数为：$m = 10mm$，$z_1 = 11$，$z_2 = 30$，$\alpha = 20°$，$h_a^* = 1.0$，$c^* = 0.25$，$\beta = 0$，$x_1 = 0.66$，$x_2 = 0.501$。

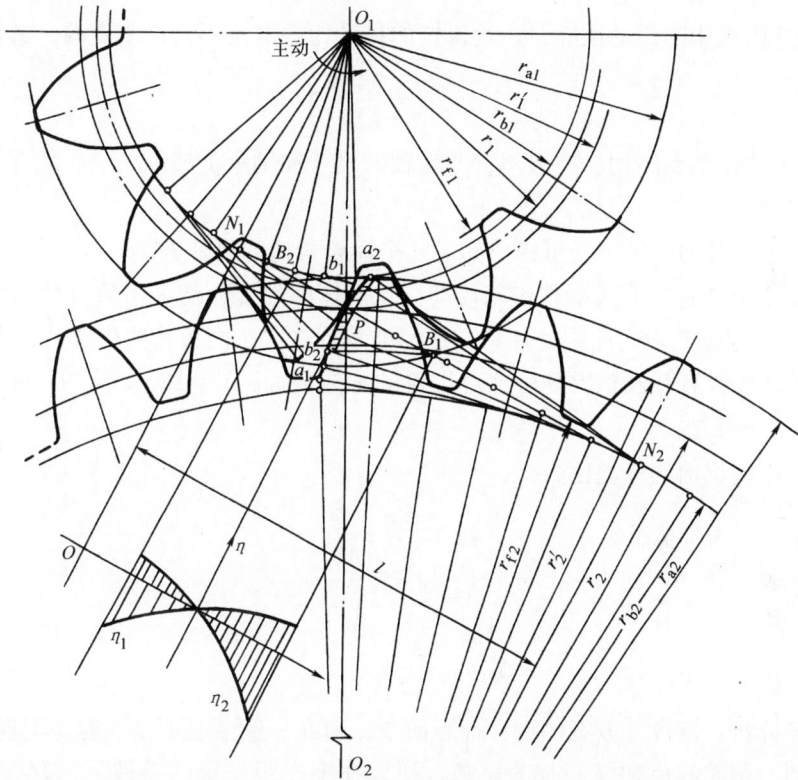

图 4-6

第四节　变位齿轮机构设计

在某金属切削机床的变速箱里，有一对渐开线齿轮机构如图 4-7 所示。原设计齿轮机构的齿根弯曲强度偏低，致使小齿轮轮齿经常发生折断，造成使用寿命短，常常需要更换齿轮而提前维修等状况。为了彻底解决这一问题，要求在不改变原机床轴系结构及传动性能的前提下，重新设计该齿轮机构。

经测量已损坏齿轮及查对有关标准得知，该齿轮传动为渐开线标准直齿圆柱齿轮，其基本参数为：$z_1 = 22$，$z_2 = 44$，$\alpha = 20°$，$m = 2\text{mm}$，$h_a^* = 1$，$c^* = 0.25$。

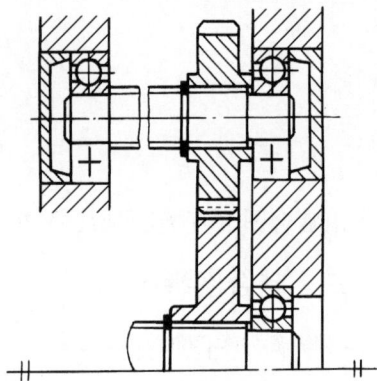

图　4-7

一、设计方案选择

1. 方案选择条件

根据不改变原机床轴系结构和传动性能的要求，设计方案应满足以下三个具体条件：

1）首先要保证该齿轮传动中心距不变，即

$$a = \frac{m}{2}(z_1 + z_2) = \frac{2}{2} \times (22 + 44)\text{mm} = 66\text{mm}$$

2）为保持原机床的传动性能，齿轮机构的传动比一般是不允许改变的，其数值为

$$i_{12} = \frac{z_2}{z_1} = \frac{44}{22} = 2$$

3）为了不改变轴系结构，一般不宜改变轴的尺寸和轴承类型。

2. 设计方案

在满足上述条件的前提下，可提出如下几个齿轮机构的设计方案：

（1）采用渐开线标准直齿圆柱齿轮传动　轮齿弯曲强度靠增加齿轮模数的方法来提高，新的齿轮模数 m' 根据轮齿弯曲强度计算并按标准系列选取。两齿轮的齿数 z_1'、z_2' 由新模数按原中心距和传动比计算并圆整得到。这对齿轮的参数应为：$z_1' = 15$，$z_2' = 29$，$m' = 3\text{mm}$，$\alpha = 20°$，$h_a^* = 1$，$c^* = 0.25$。

显然，新齿轮机构的传动比为

$$i_{12}' = \frac{z_2'}{z_1'} = \frac{29}{15}$$

传动比误差为

$$\Delta i_{12} = \frac{i_{12} - i_{12}'}{i_{12}} = \frac{1}{30}$$

设计方案分析：该设计方案的设计计算简单，但在一般情况下是不容易实现的。因为模数有标准系列，两轮的齿数又必须为整数，所以在中心距一定的条件下，有时根本不能实现。而且，该设计方案还存在传动比误差。

（2）采用渐开线斜齿齿轮机构　用增加模数 m 的方法来提高齿轮轮齿的弯曲强度，用调整斜齿轮螺旋角 β 的方法解决齿轮的齿数不为整数的问题。由中心距方程

$$a = \frac{m}{2\cos\beta}(z_1' + z_2') = 66\text{mm}$$

知，当根据弯曲强度并考虑到斜齿轮重合度大等特点，选取 $m' = 2.5\text{mm}$，再由传动比条件并通过试算取两齿轮齿数分别为 $z_1' = 17$、$z_2' = 34$ 时，斜齿轮的螺旋角为

$$\beta = \arccos\frac{m'(z_1' + z_2')}{2a} = \arccos\frac{2.5 \times (17 + 34)}{2 \times 66} = 15°$$

设计方案分析：该设计方案的设计计算简单，并且在满足给定中心距 a 及传动比 i_{12} 的条件下能够较容易地实现设计要求。但有螺旋角 β 存在，会产生轴向推力，需要采取适当的办法解决轴承承受轴向力的问题。

（3）采用渐开线变位齿轮机构　有如下两种形式可供选取：

1）采用正变位方法来提高齿轮轮齿的弯曲强度和实现无侧隙啮合。首先按传动比要求选取齿轮齿数为 $z_1'=21$、$z_2'=42$，则标准中心距为

$$a = \frac{m}{2}(z_1' + z_2') = \frac{2}{2} \times (21 + 42)\,\mathrm{mm} = 63\,\mathrm{mm}$$

而给定中心距为 $a'=66\,\mathrm{mm}$，为实现无侧隙啮合，啮合角 α' 应满足

$$\cos\alpha' = \frac{a}{a'}\cos\alpha$$

根据 α' 值计算两齿轮的变位系数和 x_1+x_2，有

$$x_1 + x_2 = \frac{z_1' + z_2'}{2\tan\alpha}(\mathrm{inv}\alpha' - \mathrm{inv}\alpha)$$

再分配变位系数 x_1、x_2，按所得到的基本参数计算齿轮的尺寸。

2）在增加模数 m 的同时采用正变位方法来提高齿轮轮齿的弯曲强度和实现无侧隙啮合。首先按轮齿弯曲强度要求选取齿轮标准模数为 $m'=2.5\,\mathrm{mm}$，按传动比要求选取齿轮齿数为 $z_1'=17$、$z_2'=34$，则标准中心距为

$$a = \frac{m'}{2}(z_1' + z_2') = \frac{2.5}{2} \times (17 + 34)\,\mathrm{mm} = 63.75\,\mathrm{mm}$$

而给定中心距 $a'=66\,\mathrm{mm}$，为实现无侧隙啮合，啮合角 α' 应满足

$$\cos\alpha' = \frac{a}{a'}\cos\alpha$$

根据 α' 值计算两齿轮的变位系数和 x_1+x_2，有

$$x_1 + x_2 = \frac{z_1' + z_2'}{2\tan\alpha}(\mathrm{inv}\alpha' - \mathrm{inv}\alpha)$$

再分配变位系数 x_1、x_2，按所得到的基本参数计算齿轮的尺寸。

设计方案分析：该设计方案可以全面地满足给定中心距 a 不变、给定传动比 i_{12} 不变及提高齿轮轮齿弯曲强度的要求，并且轴系结构没有改变，缺点是设计计算稍显繁复。

（4）采用新型齿轮传动　根据给定的中心距 a 和传动比 i_{12}，按强度要求选定小齿轮齿廓 Γ_1，然后用平面齿轮啮合原理求解共轭齿廓 Γ_2，即大齿轮的齿廓。

设计方案分析：该设计方案可以全面满足给定中心距 a 不变、给定传动比 i_{12} 不变及提高齿轮轮齿弯曲强度的要求，但需要专用刀具及相应的加工设备，是不经济的。

上述四个设计方案中，第（1）、（2）设计方案只能部分地满足设计要求，不宜选用；第（4）方案虽然能够全面地满足设计要求，但是用于单件生产的改装设计是很不经济的，在一般情况下也不宜选用；第（3）方案既能全面地满足设计要求，又可用通常的方法方便地加工出来，所以是比较理想的设计方案。

二、齿轮机构的几何设计

齿轮机构几何设计的要求为：在满足给定传动质量的条件下进行齿轮机构的几何尺寸计

算；根据计算得到的参数，以几何图形表示出所设计的一对齿轮的轮齿啮合情况，绘制一对齿轮的轮齿啮合图。

现在仍以上述实例加以说明，通过对可行的设计方案进行分析，决定采用渐开线变位齿轮机构，这种设计方案有两种形式可供选取。

（1）改变齿数　为满足上例条件，原始数据为：$m=2\text{mm}$，$\alpha=20°$，$h_a^*=1$，$c^*=0.25$，$a'=66\text{mm}$，$i_{12}=2$，并选取 $z_1=21$、$z_2=42$。

1）计算标准中心距 a。

$$a=\frac{m}{2}(z_1+z_2)=\frac{2}{2}\times(21+42)\text{mm}=63\text{mm}$$

2）计算啮合角 α'。

$$\cos\alpha'=\frac{a}{a'}\cos\alpha=\frac{63}{66}\times\cos20°=0.8910 \qquad \alpha'=26.236°$$

3）计算变位系数和 x_1+x_2。

$$x_1+x_2=\frac{z_1+z_2}{2\tan\alpha}(\text{inv}\alpha'-\text{inv}\alpha)$$
$$=\frac{21+42}{2\tan20°}(0.034927-0.014904)=1.7329$$

4）用图表法来分配两齿轮的变位系数 x_1、x_2。在基本满足齿轮传动质量的前提下，重点考虑提高小齿轮弯曲强度的要求。根据表 4-5，变位系数之和 $x_1+x_2\leqslant1.52$，而实际要求 $x_1+x_2=1.732$，当前设计不能满足齿轮传动质量的要求。

（2）改变模数　为满足上例条件，原始数据为：$\alpha=20°$，$h_a^*=1$，$c^*=0.25$，$i_{12}=2$，$a'=66\text{mm}$，为增加齿轮的弯曲强度，选定模数 $m=2.5\text{mm}$。由于

$$a'=\frac{m}{2}(z_1+z_2)\frac{\cos\alpha}{\cos\alpha'}=\frac{mz_1}{2}(1+i_{12})\frac{\cos\alpha}{\cos\alpha'}$$

故可得

$$z_1\approx\frac{2a'}{m(1+i_{12})}=\frac{2\times66}{2.5\times(1+2)}=17.6$$

因齿轮的齿数为整数，所以把 z_1、z_2 圆整成相近的整数，取 $z_1=18$、$z_2=36$ 和 $z_1=17$、$z_2=34$ 进行两组试算。

第一组　$z_1=18$、$z_2=36$，标准中心距为

$$a=\frac{m}{2}(z_1+z_2)=\frac{2.5}{2}\times(18+36)\text{mm}=67.5\text{mm}$$

显然 $a'<a$。根据无齿侧间隙要求，需要采用负传动，是不可取的。

第二组　$z_1=17$、$z_2=34$，标准中心距为

$$a=\frac{m}{2}(z_1+z_2)=\frac{2.5}{2}\times(17+34)\text{mm}=63.75\text{mm}$$

$a'>a$，根据无齿侧间隙要求，需要采用正传动，适合本设计的要求，故确定 $z_1=17$、$z_2=34$。则有设计步骤如下：

1）计算啮合角 α'。

$$\cos\alpha'=\frac{a}{a'}\cos\alpha=\frac{63.75}{66}\cos20°=0.9077 \qquad \alpha'=24.816°$$

2）计算变位系数和 x_1+x_2。

$$x_1 + x_2 = \frac{z_1 + z_2}{2\tan\alpha}(\mathrm{inv}\alpha' - \mathrm{inv}\alpha)$$

$$= \frac{17 + 34}{2\tan 20°}(0.02927 - 0.014904) = 1.0065$$

3）分配变位系数 x_1 及 x_2。在基本满足齿轮传动质量的前提下，并重点考虑提高小齿轮弯曲强度的要求。参考表 4-3 确定 $x_1 = 0.76$、$x_2 = 0.24$。

4）计算分度圆分离系数 y。

$$y = \frac{a' - a}{m} = \frac{66 - 63.75}{2.5} = 0.9$$

5）计算齿顶高变动系数 δ。

$$\delta = (x_1 + x_2) - y = 1 - 0.9 = 0.1$$

6）根据基本参数 z_1、z_2、m、α、h_a^*、c^*、x_1、x_2 及 δ，计算齿轮的几何尺寸。

$$d_1 = mz_1 = 2.5 \times 17\mathrm{mm} = 42.5\mathrm{mm}$$

$$d_2 = mz_2 = 2.5 \times 34\mathrm{mm} = 85\mathrm{mm}$$

$$d_{b1} = d_1\cos\alpha = 42.5\cos 20°\mathrm{mm} = 39.937\mathrm{mm}$$

$$d_{b2} = d_2\cos\alpha = 85\cos 20°\mathrm{mm} = 79.874\mathrm{mm}$$

$$d_{a1} = d_1 + 2(h_a^* + x_1 - \delta)m$$
$$= [42.5 + 2 \times (1 + 0.76 - 0.1) \times 2.5]\mathrm{mm} = 50.8\mathrm{mm}$$

$$d_{a2} = d_2 + 2(h_a^* + x_2 - \delta)m$$
$$= [85 + 2 \times (1 + 0.24 - 0.1) \times 2.5]\mathrm{mm} = 90.7\mathrm{mm}$$

$$d_{f1} = d_1 - 2(h_a^* + c^* - x_1)m$$
$$= [42.5 - 2 \times (1 + 0.25 - 0.76) \times 2.5]\mathrm{mm} = 40.05\mathrm{mm}$$

$$d_{f2} = d_2 - 2(h_a^* + c^* - x_2)m$$
$$= [85 - 2 \times (1 + 0.25 - 0.24) \times 2.5]\mathrm{mm} = 79.95\mathrm{mm}$$

7）计算齿顶厚 s_a。先计算齿顶圆压力角 α_a，有

$$\cos\alpha_{a1} = \frac{r}{r_{a1}}\cos\alpha = \frac{21.25}{25.4}\cos 20° = 0.786 \quad \alpha_{a1} = 38.172°$$

$$\cos\alpha_{a2} = \frac{r}{r_{a2}}\cos\alpha = \frac{42.5}{45.35}\cos 20° = 0.881 \quad \alpha_{a2} = 28.281°$$

计算分度圆齿厚 s，有

$$s_1 = \left(\frac{\pi}{2} + 2x_1\tan\alpha\right)m = \left(\frac{\pi}{2} + 2 \times 0.76\tan 20°\right) \times 2.5\mathrm{mm} = 5.31\mathrm{mm}$$

$$s_2 = \left(\frac{\pi}{2} + 2x_2\tan\alpha\right)m = \left(\frac{\pi}{2} + 2 \times 0.24\tan 20°\right) \times 2.5\mathrm{mm} = 4.364\mathrm{mm}$$

由 α_a 和 s 计算齿顶厚 s_a，有

$$s_{a1} = s_1\frac{r_{a1}}{r_1} - 2r_{a1}(\mathrm{inv}\alpha_{a1} - \mathrm{inv}\alpha)$$

$$= \left[5.31 \times \frac{25.4}{21.25} - 2 \times 25.4 \times (0.119904 - 0.014904) \right] \text{mm}$$

$$= 1.013\text{mm}$$

$$s_{a2} = s_2 \frac{r_{a2}}{r_2} - 2r_{a2}(\text{inv}\alpha_{a2} - \text{inv}\alpha)$$

$$= \left[4.364 \times \frac{45.35}{42.5} - 2 \times 45.35 \times (0.04442 - 0.014904) \right] \text{mm}$$

$$= 1.98\text{mm}$$

8）验算重合度 $\varepsilon > [\varepsilon]$。将计算得到的有关数据代入重合度计算式得

$$\varepsilon = \frac{1}{2\pi} \left[z_1(\tan\alpha_{a1} - \tan\alpha') + z_2(\tan\alpha_{a2} - \tan\alpha') \right]$$

$$= \frac{1}{2\pi} \times \left[17 \times (\tan 38.172° - \tan 24.816°) + 34 \times (\tan 28.281° - \tan 24.816°) \right]$$

$$= \frac{1}{2\pi} \times \left[17 \times (0.786 - 0.462) + 34 \times (0.538 - 0.462) \right] = 1.288$$

通过计算，该方案能满足其他质量要求，因此是较为理想的设计方案。

三、绘制齿轮啮合图

齿轮啮合图的绘制步骤参考第三节，此处不再赘述。

第五章

<<<<<<<

机械系统动力性能的分析与飞轮设计

第一节　机械的等效动力学模型及其实例

机械系统处于过渡过程（起动和停车）时，常需分析过渡过程中产生的动载荷和过渡过程需要的时间等，如对具有较大转动惯量的重型机械系统的起动和制动过程的研究等。

机械系统的运动不仅在起动和停止阶段是变化的，而且在稳定运动阶段，对于大部分机器来说也是变化的，其结果是降低了机器的效率和工作可靠性，影响了机器的工作精度。因此，必须设法加以调节，使速度波动被限制在允许的范围内。

机械系统动力学研究的基本问题是在外力作用下机械的真实运动规律，以及机械运转时速度波动的调节方法。机械系统动力学分析通常按以下步骤进行：把实际机械系统简化成等效的力学模型；根据力学模型建立机器运动方程式；求解机器运动方程式，并对求出的解进行分析；找出速度波动的调节方法。对于机器的周期性速度波动，调节的方法一般是加一个具有适当转动惯量的飞轮。

一、机械的等效动力学模型

为了求出机器中原动件的真实运动规律，必须求解由机器中各个构件的质量 m_i、转动惯量 J_i 和作用于机器中各个构件上的外力 F_i、外力矩 M_i 所决定的机器的运动方程式。由于机器中构件多，变量更多，因此机器的运动方程式会是非常复杂的，所以必须将其简化。对于具有一个自由度的机器，描述机器的运动只需要一个独立的广义坐标；确定机器在外力作用下的真实运动，只需要确定该独立坐标随时间变化的规律即可，这就是运动方程简化的依据。因此，可以将整个机器的运动问题转化为具有独立坐标的构件的运动问题。该过程称为建立机器的等效动力学模型，其中的构件称为等效构件。等效构件可以是移动件，也可以是转动件。

1. 等效力 F_e 和等效力矩 M_e

机械的等效动力学模型的建立必须使机器的运动不因此而改变，即用一个作用在等效构件上的假想力 F_e（等效构件为移动件）或假想的力矩 M_e（等效构件为转动件）代替作用在该机器上的所有外力和力矩，并保证在研究可能的位移时，假想力 F_e 或力矩 M_e 所做的功或所产生的功率等于所有被代替的力和力矩所做的功或所产生的功率之和。该假想力称为等效力，等效力作用在等效构件上的点称为等效点，该假想力矩称为等效力矩。

根据作用于等效构件上的等效力（等效力矩）所产生的功率等于机器中所有外力和外力矩所产生的功率之和，得等效力 F_e 和等效力矩 M_e 的计算公式为

$$F_e = \sum_{i=1}^{n} \left[F_i \cos\alpha_i \left(\frac{v_i}{v} \right) \right] + \sum_{i=1}^{n} \left[\pm M_i \left(\frac{\omega_i}{v} \right) \right] \tag{5-1}$$

$$M_e = \sum_{i=1}^{n} \left[F_i \cos\alpha_i \left(\frac{v_i}{\omega} \right) \right] + \sum_{i=1}^{n} \left[\pm M_i \left(\frac{\omega_i}{\omega} \right) \right] \tag{5-2}$$

式中　n——机器中运动构件的数目；

　　　F_i——作用于第 i 个构件上的外力；

　　　v_i——F_i 作用点的速度；

　　　α_i——F_i 与 v_i 之间的夹角；

　　　M_i——作用于第 i 个构件上的外力矩；

　　　ω_i——第 i 个构件的角速度；

　　　v——等效构件的线速度；

　　　ω——等效构件的角速度。

公式中 M_i 前面的正负号由 M_i 与 ω_i 是同向还是反向来确定，方向相同时取正号，相反时取负号。

2. 等效质量 m_e 和等效转动惯量 J_e

在建立机械的等效动力学模型时，用集中在等效构件上选定点的一个假想质量 m_e（等效构件为移动件）或转动惯量 J_e（等效构件为转动件）来代替整个机器所有运动构件的质量和转动惯量，并保证该假想的集中质量或转动惯量的动能等于机器中所有运动构件的动能之和。该假想质量称为等效质量，等效质量所集中的点称为等效点，该假想的转动惯量称为等效转动惯量。

根据等效构件所具有的动能等于机器中所有运动构件所具有的动能之和，得等效质量 m_e 和等效转动惯量 J_e 的计算公式为

$$m_e = \sum_{i=1}^{n} \left[m_i \left(\frac{v_{S_i}}{v} \right)^2 \right] + \sum_{i=1}^{n} \left[J_{S_i} \left(\frac{\omega_i}{v} \right)^2 \right] \tag{5-3}$$

$$J_e = \sum_{i=1}^{n} \left[m_i \left(\frac{v_{S_i}}{\omega} \right)^2 \right] + \sum_{i=1}^{n} \left[J_{S_i} \left(\frac{\omega_i}{\omega} \right)^2 \right] \tag{5-4}$$

式中　n——机器中运动构件的数目；

　　　m_i——第 i 个构件的质量；

　　　v_{S_i}——第 i 个构件质心的速度；

　　　J_{S_i}——第 i 个构件绕质心的转动惯量；

　　　ω_i——第 i 个构件的角速度；

　　　v——等效构件的线速度；

ω——等效构件的角速度。

显然，等效力 F_e 和等效质量 m_e 适用于等效构件为移动件，而等效力矩 M_e 和等效转动惯量 J_e 适用于等效构件为转动件。

为了求机器中原动件（即等效构件）的真实运动，必须首先建立机器的等效动力学模型，求出等效力矩 M_e（或等效力 F_e）和等效转动惯量 J_e（或等效质量 m_e）。由式（5-1）~式（5-4）可知，用程序计算法求解 M_e（或 F_e）和 J_e（m_e）的关键是求出速比 v_i/ω、ω_i/ω 和 $\dfrac{v_{s_i}}{\omega}$（或 v_i/v、ω_i/v 和 $\dfrac{v_{s_i}}{v}$），故只要掌握机构运动分析的程序计算法，这些问题便迎刃而解。

二、实例分析

如图 5-1 所示的偏置曲柄滑块机构为一振动器的主运动机构，简称振动机构。设已知连杆 2 的质量 $m_2 = 1\text{kg}$，滑块 3 的质量 $m_3 = 20\text{kg}$，曲柄 1 对于转轴 A 的转动惯量 $J_1 = 0.3\text{kg·m}^2$，连杆 2 对其质心 S_2 的转动惯量 $J_{S_2} = 0.5\text{kg·m}^2$；构件的尺寸 $l_{AB} = 0.3\text{m}$，$l_{BC} = 0.9\text{m}$，偏距 $e = 0.15\text{m}$，$l_{BS_2} = 0.6\text{m}$。要求确定以曲柄 1 为等效构件时的等效转动惯量 J_e 和滑块 3 的重力 G_3 的等效力矩 M_{eg}。

1. 建立数学模型

由图 5-1 中的封闭矢量多边形 $ABCD$，可得矢量方程

$$AB + BC = AD + DC \tag{a}$$

投影在 x、y 两坐标轴上可得

$$s = l_{AB}\cos\varphi_1 + l_{BC}\cos\varphi_2 \tag{b}$$

$$-e = l_{AB}\sin\varphi_1 + l_{BC}\sin\varphi_2 \tag{c}$$

由式（c）可得

$$\sin\varphi_2 = (-e - l_{AB}\sin\varphi_1)/l_{BC} \tag{d}$$

设

$$R = (-e - l_{AB}\sin\varphi_1)/l_{BC} \tag{5-5}$$

则

$$\varphi_2 = \arctan(R/\sqrt{1-R^2}) \tag{5-6}$$

将式（d）对时间求一次导，再经恒等变换可得

$$\omega_2/\omega_1 = -l_{AB}\cos\varphi_1/(l_{BC}\cos\varphi_2) \tag{5-7}$$

将式（b）对时间求一次导，再将两边同时除以 ω_1 可得

$$v_C/\omega_1 = -l_{AB}\sin\varphi_1 - l_{BC}\sin\varphi_2(\omega_2/\omega_1) \tag{5-8}$$

由图 5-1 得构件 2 质心 S_2 的 x、y 坐标分别为

$$x_{S_2} = l_{AB}\cos\varphi_1 + l_{BS_2}\cos\varphi_2 \tag{e}$$

$$y_{S_2} = l_{AB}\sin\varphi_1 + l_{BS_2}\sin\varphi_2 \tag{f}$$

将式（e）和式（f）分别对时间求一次导后两边同时除以 ω_1，并考虑到构件 2 质心 S_2 处的线速度可分解为 v_{S_2x}、v_{S_2y} 可得

$$v_{S_2x}/\omega_1 = -l_{AB}\sin\varphi_1 - l_{BS_2}\sin\varphi_2(\omega_2/\omega_1) \tag{5-9}$$

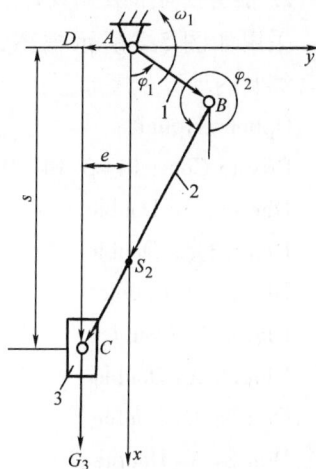

图　5-1

$$v_{S_{2y}}/\omega_1 = l_{AB}\cos\varphi_1 + l_{BS_2}\cos\varphi_2(\omega_2/\omega_1)$$

$$(5\text{-}10)$$

由式（5-9）和式（5-10）并考虑到 $v_{S_2}^2 = v_{S_{2x}}^2 + v_{S_{2y}}^2$ 可得

$$(v_{S_2}/\omega_1)^2 = (v_{S_{2x}}/\omega_1)^2 + (v_{S_{2y}}/\omega_1)^2$$

$$(5\text{-}11)$$

由式（5-2）和式（5-4）可得

$$M_{eg} = m_3 \times 9.8 \ (v_C/\omega_1) \qquad (5\text{-}12)$$

$$J_e = J_1 + m_2 \ (v_{S_2}/\omega_1)^2 + J_{S_2} \ (\omega_2/\omega_1)^2 + m_3 \ (v_C/\omega_1)^2$$

$$(5\text{-}13)$$

2. 框图设计和程序设计

采用如图 5-2 所示框图，用 Visual Basic 语言编制的计算程序如下：

图　5-2

```
Option Explicit
Private Const Pi = 3. 1415926535
Dim m2 As Double        ' m2 是连杆 2 的质量，即公式中的 m₂
Dim m3 As Double        ' m3 是滑块 3 的质量，即公式中的 m₃
Dim j1 As Double        ' 曲柄 1 的转动惯量，即公式中的 J₁
Dim js As Double        ' 连杆 2 的转动惯量，即公式中的 J_S₂
Dim ab As Double        ' 曲柄 1 的长度，即公式中的 l_AB
Dim bc As Double        ' 连杆 2 的长度，即公式中的 l_BC
Dim bs As Double        ' S₂ 点处的定位尺寸，即公式中的 l_BS₂
Dim e As Double         ' 偏距，即公式中的 e
Dim p1 As Double        ' 曲柄 1 的位置角，即公式中的 φ₁
Dim p2 As Double        ' 连杆 2 的位置角，即公式中的 φ₂
Dim je As Double        ' 曲柄 1 为等效构件时的等效转动惯量
Dim meg As Double       ' 滑块 3 的重力 G₃ 的等效力矩 M_eg
Private Sub Command1_ Click （ ）
Dim r As Double         ' 即公式中的 R
Dim vr As Double        ' 即公式中的 v_C/ω₁
Dim r1 As Double        ' 即公式中的 v_S₂ₓ/ω₁
Dim r2 As Double        ' 即公式中的 v_S₂ᵧ/ω₁
Dim wr As Double        ' 即公式中的 ω₂/ω₁
Dim sr As Double        ' 即公式中的 （v_S₂/ω₁）²
Dim tmp As Double
tmp = Pi/180#
m2 = Val （InputBox （" please input the value of the variable of m2" ） ）
m3 = Val （InputBox （" please input the value of the variable of m3" ） ）
```

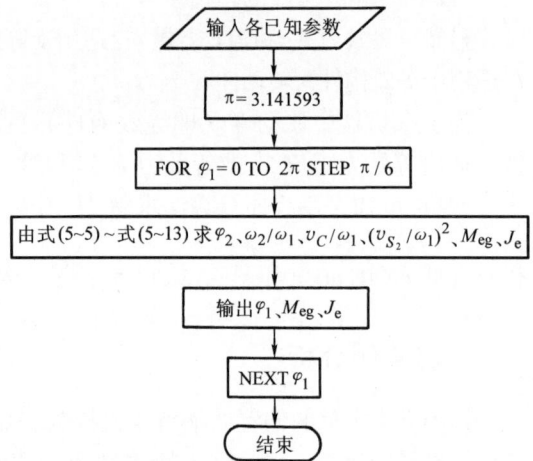

```
        j1 = Val（InputBox（" please input the value of the variable of j1"））
        js = Val（InputBox（" please input the value of the variable of js"））
        ab = Val（InputBox（" please input the value of the variable of ab"））
        bc = Val（InputBox（" please input the value of the variable of bc"））
        e = Val（InputBox（" please input the value of the variable of e"））
        bs = Val（InputBox（" please input the value of the variable of bs"））
        For p1 = 0 To 2 * Pi Step 30 * tmp
            r =（-e-ab * Sin（p1））/bc：          p2 = Atn（r/Sqr（1-r^2））
            wr = -ab * Cos（p1）/（bc * Cos（p2））：  vr = -ab * Sin（p1）-bc * Sin（p2）* wr
            r1 = -ab * Sin（p1）-bs * Sin（p2）* wr：  r2 = ab * Cos（p1）+bs * Cos（p2）* wr
            sr = r1^2+r2^2：                      meg = m3 * 9.8 * vr
            je = j1+m2 * sr+js * wr^2+m3 * vr^2
            Print" p1 =";Format（p1/tmp," ###"）;";meg =";Format（meg," ##.###"）;";je =";Format（je," ##.###"）
        Next p1
End Sub
```

3. 计算结果

p1 = 0；meg = -9.939；je = 0.42

p1 = 30；meg = -47.404；je = 1.569

p1 = 60；meg = -65.959；je = 2.682

p1 = 90；meg = -58.8；je = 2.19

p1 = 120；meg = -35.886；je = 1.034

p1 = 150；meg = -11.396；je = 0.43

p1 = 180；meg = 9.939；je = 0.42

p1 = 210；meg = 29.4；je = 0.822

p1 = 240；meg = 47.308；je = 1.543

p1 = 270；meg = 58.8；je = 2.19

p1 = 300；meg = 54.536；je = 1.939

p1 = 330；meg = 29.4；je = 0.822

第二节　机械系统的运动方程式及其求解

一、机械系统的运动方程式

1. 动能形式的运动方程式

建立机械系统的等效动力学模型以后，机械系统的运动方程式是针对其等效构件而言的。常把作用于系统的所有驱动力（包括驱动力矩）和所有阻力（包括阻力矩）分别等效到等效构件上，求出其等效驱动力 F_{ed}（或等效动力矩 M_{ed}）的等效阻力 F_{er}（或等效阻力矩 M_{er}）。在任一时间间隔内，由机械系统的功能关系可得到动能形式的运动方程式为

$$\frac{1}{2}m_\text{e}v^2 - \frac{1}{2}m_\text{e0}v_0^2 = \int_0^s F_\text{e}\text{d}s = \int_0^s (F_\text{ed} - F_\text{er})\text{d}s \tag{5-14}$$

$$\frac{1}{2}J_\text{e}\omega^2 - \frac{1}{2}J_\text{e0}\omega_0^2 = \int_0^\varphi M_\text{e}\text{d}\varphi = \int_0^\varphi (M_\text{ed} - M_\text{er})\text{d}\varphi \tag{5-15}$$

式中　m_e0——该时间间隔开始（即 $t=0$、$\varphi=0$ 或 $s=0$）时，等效构件的等效质量；

v_0——该时间间隔开始（即 $t=0$、$\varphi=0$ 或 $s=0$）时，等效构件的线速度；

J_e0——该时间间隔开始（即 $t=0$、$\varphi=0$ 或 $s=0$）时，等效构件的等效转动惯量；

ω_0——该时间间隔开始（即 $t=0$、$\varphi=0$ 或 $s=0$）时，等效构件的角速度；

m_e——该时间间隔结束（即时间为 t、转角为 φ 或线位移为 s）时，等效构件的等效质量；

v——该时间间隔结束（即时间为 t、转角为 φ 或线位移为 s）时，等效构件的线速度；

J_e——该时间间隔结束（即时间为 t、转角为 φ 或线位移为 s）时，等效构件的等效转动惯量；

ω——该时间间隔结束（即时间为 t、转角为 φ 或线位移为 s）时，等效构件的角速度。

式（5-14）用于等效构件为移动构件的情况，式（5-15）用于等效构件为转动构件的情况。

2. 力或力矩形式的方程式

上述机械系统运动方程式是以动能形式表示的，为了便于对某些问题求解，将式（5-14）两边对 s 求导，式（5-15）两边对 φ 求导，即可得到力和力矩形式的运动方程式

$$F_\text{e} = m_\text{e}\frac{\text{d}v}{\text{d}t} + \frac{v^2}{2}\frac{\text{d}m_\text{e}}{\text{d}s} = m_\text{e}a^\text{t} + \frac{v^2}{2}\frac{\text{d}m_\text{e}}{\text{d}s} \tag{5-16}$$

式中　a^t——等效点的切向加速度。

$$M_\text{e} = J_\text{e}\frac{\text{d}\omega}{\text{d}t} + \frac{\omega^2}{2}\frac{\text{d}J_\text{e}}{\text{d}\varphi} = J_\text{e}\alpha + \frac{\omega^2}{2}\frac{\text{d}J_\text{e}}{\text{d}\varphi} \tag{5-17}$$

式中　α——等效点的角加速度。

式（5-16）用于等效构件为移动构件的情况，式（5-17）用于等效构件为转动构件的情况。

二、运动方程式的求解

不同的机械系统是由不同的原动机与执行机构组合而成的。原动机不同，则产生的驱动力就可能是不同运动参数的函数，如蒸汽机、内燃机等原动机产生的驱动力是活塞位置的函数，电动机产生的驱动力矩是转子角速度 ω 的函数等。执行机构按其机械特性可分为五类：第一类，工作阻力是常数，如起重机、轧钢机、刨床、造纸机等；第二类，阻力随速度变化，如鼓风机、排烟机、离心泵、离心分离器、螺旋桨等；第三类，阻力随位移变化，如活

塞式压缩机和泵、金属切割机、矿井升降机、振动输送机、曲柄压力机等；第四类，阻力随位移与速度变化，如高速运输机；第五类，阻力随时间变化，如碎石机、球磨机、揉面机等。综上所述，各种执行机构的机械特性各不相同，等效力矩可能是位移、速度或时间的函数。此外，等效力矩可以用函数式表示，也可以用曲线或数值表格表示。因此，运动方程式的求解方法也不尽相同，一般有解析法、数值计算法和图解法等。图解法步骤详见参考文献［11］。下面将介绍解析法和数值计算法。

内燃机驱动的活塞式压缩机的机械系统属于等效转动惯量和等效力矩均为位移的函数的情况。此时，内燃机产生的驱动力矩 M_d 和压缩机所受到的阻力矩 M_r 都可视为位移的函数，即 $M_d = M_d(\varphi)$，$M_r = M_r(\varphi)$，故等效力矩 M_e 也是位移的函数，即 $M_e = M_e(\varphi)$。另外，等效转动惯量 J_e 也是位移的函数，即 $J_e = J_e(\varphi)$。在此情况下，假设等效力矩的函数形式 $M_e = M_e(\varphi)$ 可以积分，且其边界条件已知，即当 $t = t_1$ 时，$\varphi = \varphi_1$，$\omega = \omega_1$，$J_e = J_e(\varphi_1)$；当 $t = t_2$ 时，$\varphi = \varphi_2$，$\omega = \omega_2$，$J_e = J_e(\varphi_2)$，则根据动能形式的运动方程式可得

$$\int_{\varphi_1}^{\varphi_2} M_e(\varphi)\,\mathrm{d}\varphi = \frac{1}{2}J_e(\varphi_2)\omega_2^2 - \frac{1}{2}J_e(\varphi_1)\omega_1^2$$

从而可求得

$$\omega_2 = \sqrt{\frac{J_e(\varphi_1)}{J_e(\varphi_2)}\omega_1^2 + \frac{2}{J_e(\varphi_2)}\left[\int_{\varphi_1}^{\varphi_2} M_e(\varphi)\,\mathrm{d}\varphi\right]}$$

将上式写成普遍式

$$\omega_k = \pm\sqrt{\frac{J_e(\varphi_i)}{J_e(\varphi_k)}\omega_i^2 + \frac{2}{J_e(\varphi_k)}\left[\int_{\varphi_i}^{\varphi_k} M_e(\varphi)\,\mathrm{d}\varphi\right]} \tag{5-18}$$

式中　M_e——等效力矩；

　　　J_e——等效转动惯量；

　　　ω_i——$t = t_i$ 时的瞬时角速度，逆时针方向为正，顺时针方向为负；

　　　ω_k——$t = t_k$ 时的瞬时角速度，逆时针方向为正，顺时针方向为负。

不断地由 ω_i、φ_i 求出 ω_k、φ_k，再将 ω_k、φ_k 作为新的 ω_i、φ_i 算出新的 ω_k，就可得到 $\omega = \omega(\varphi)$ 的一系列数值。

令

$$\omega_{ik} \approx \frac{1}{2}(\omega_i + \omega_k) \tag{5-19}$$

而

$$\omega_{ik} = \frac{\varphi_k - \varphi_i}{t_k - t_i} = \frac{\Delta\varphi_{ik}}{t_k - t_i} \tag{5-20}$$

故可得

$$t_k = t_i + \frac{\Delta\varphi_{ik}}{\omega_{ik}} \tag{5-21}$$

式（5-18）中的定积分可用数值积分法近似求出。采用数值积分法中的矩形法，可得

$$\int_{\varphi_i}^{\varphi_k} M_e(\varphi)\,\mathrm{d}\varphi \approx \frac{1}{2}(M_i + M_k)\Delta\varphi_{ik} \tag{5-22}$$

将式(5-22)代入式(5-18)可得

$$\omega_k = \pm\sqrt{\frac{J_e(\varphi_i)}{J_e(\varphi_k)}\omega_i^2 + \frac{\Delta\varphi_{ik}}{J_e(\varphi_k)}(M_i + M_k)} \tag{5-23}$$

若采用数值积分法中的辛普森法(SIMPSON'S METHOD),则

$$\int_{\varphi_C}^{\varphi_D} M_e(\varphi)\,\mathrm{d}\varphi = \frac{h}{3}\big[M_0 + M_{2N} + 4(M_1 + M_3 + \cdots + M_{2N-1}) \\ + 2(M_2 + M_4 + \cdots + M_{2N-2})\big]$$

式中　　　(φ_C, φ_D)——积分区间;

N——积分区间(φ_C, φ_D)的等分数;

h——每个等分长度之半,即

$$h = (\varphi_D - \varphi_C) / (2N) \tag{5-24}$$

M_0和M_{2N}——积分区间起点和终点对应的M_e值;

M_1、M_2、$\cdots$、M_{2N-1}——积分区间内每半等分段φ坐标对应的M_e值。如图5-3所示,图中

$N = 4$

$$h = (\varphi_D - \varphi_C) / 8$$

$$\int_{\varphi_C}^{\varphi_D} M_e(\varphi)\,\mathrm{d}\varphi = \frac{h}{3}\big[M_0 + M_8 \\ + 4(M_1 + M_3 + M_5 + M_7) \\ + 2(M_2 + M_4 + M_6)\big]$$

辛普森法的积分精度较矩形法高。

下面以牛头刨床主运动机构为例,详细说明当等效力矩和等效转动惯量均是等效构件的位移函数时,如何求解原动件的真实运动。

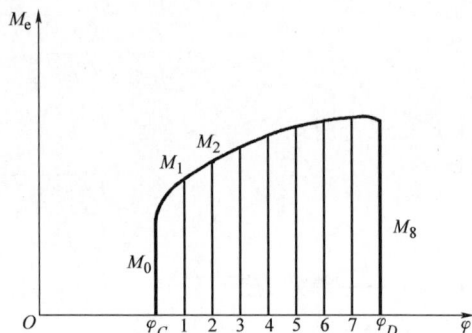

图　5-3

在如图5-4a所示牛头刨床的主运动机构中,设备构件的尺寸$l_{O_2A} = 0.1174\mathrm{m}$, $l_{O_3B} = 0.728\mathrm{m}$, $l_{O_2O_3} = 0.38\mathrm{m}$;原动件曲柄1的平均角速度$\omega_1 = 13.6135\mathrm{rad/s}$,方向为顺时针;滑枕5的冲程$H = 0.45\mathrm{m}$,重力$G_5 = 620\mathrm{N}$;极位夹角$\theta = 36° = 0.628318\mathrm{rad}$;所受的切削阻力$F_r = 1600\mathrm{N}$,方向和变化规律如图5-4所示;导杆3的重力$G_3 = 200\mathrm{N}$,相对质心$S_3$的转动惯量$J_{S_3} = 1.1\mathrm{kg}\cdot\mathrm{m}^2$,质心的位置尺寸$l_{O_3S_3} = 0.364\mathrm{m}$;曲柄1相对质心$S_1$(点$S_1$和点$O_2$重合)的转动惯量$J_{S_1} = 64\mathrm{kg}\cdot\mathrm{m}^2$,作用在其上的驱动力矩$M_d$为常数。其他构件的质量和转动惯量忽略不计,求一个运动循环中,原动件曲柄1的真实运动规律。

1. 建立数学模型

求曲柄1的真实运动规律,首先需要建立机构的等效动力学数学模型。为此,选取曲柄1为等效构件,设v_{S_3}和v_5分别为点S_3和滑枕5的速度,ω_3为构件3的角速度,则等效构件1的等效转动惯量J_e和等效力矩M_e与速比v_{S_3}/ω_1、ω_3/ω_1和v_5/ω_1有关,需首先求这些速比。

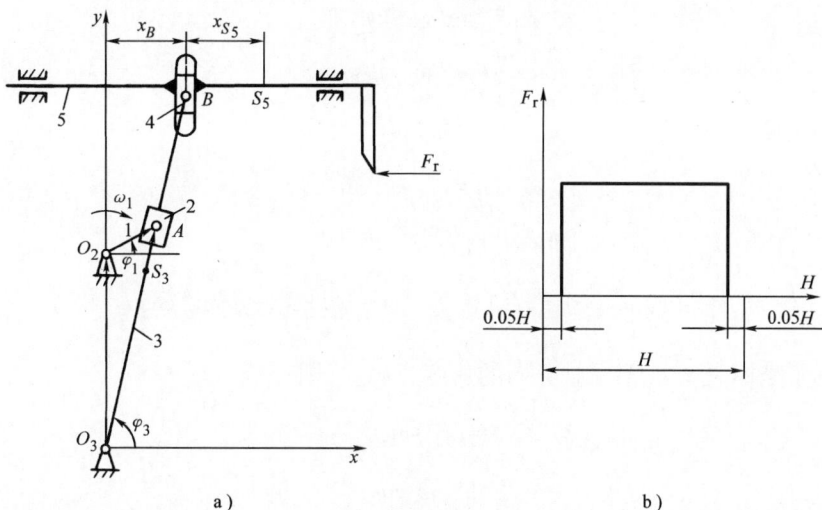

图　5-4

由图 5-4a 中的三角形 O_3O_2A 可得

$$l_{O_3A} = \sqrt{l^2_{O_2A} + l^2_{O_3O_2} - 2l_{O_2A}l_{O_3O_2}\cos\ (\pi/2 + \varphi_1)}$$

即

$$l_{O_3A} = \sqrt{l^2_{O_2A} + l^2_{O_3O_2} + 2l_{O_2A}l_{O_3O_2}\sin\varphi_1} \qquad (5\text{-}25)$$

由图 5-4a 中的封闭矢量多边形 O_3O_2A，可得矢量方程

$$\boldsymbol{O_3O_2 + O_2A = O_3A} \qquad (\text{a})$$

将该矢量方程投影在 y 轴和 x 轴上，可得

$$l_{O_3O_2} + l_{O_2A}\sin\varphi_1 = l_{O_3A}\sin\varphi_3 \qquad (\text{b})$$

$$l_{O_2A}\cos\varphi_1 = l_{O_3A}\cos\varphi_3 \qquad (\text{c})$$

由式（b）和式（c）可得

$$\varphi_3 = \arctan\ \left[\ (l_{O_3O_2} + l_{O_2A}\sin\varphi_1)/(l_{O_2A}\cos\varphi_1)\ \right] \qquad (5\text{-}26)$$

将式（b）对时间求导可得

$$l_{O_2A}\omega_1\cos\varphi_1 = l_{O_3A}\omega_3\cos\varphi_3 \qquad (\text{d})$$

将图 5-4a 所示的 xO_3y 坐标系绕 O_3 点逆时针转 φ_3 角，则由式（d）可得

$$l_{O_2A}\omega_1\cos(\varphi_1 - \varphi_3) = l_{O_3A}\omega_3\cos\ (\varphi_3 - \varphi_3)$$

故

$$\omega_3/\omega_1 = l_{O_2A}\cos(\varphi_1 - \varphi_3)/l_{O_3A} \qquad (5\text{-}27)$$

设构件 3 上点 B 的 x 坐标为 x_B，速度为 v_B，则

$$x_B = l_{O_3B}\cos\varphi_3 \qquad (5\text{-}28)$$

因滑块 4 相对于滑枕 5 沿 x 方向无相对运动，故滑枕 5 的速度

$$v_5 = -\omega_3 l_{O_3B} \sin\varphi_3$$

即
$$v_5/\omega_1 = -(\omega_3/\omega_1) l_{O_3B} \sin\varphi_3 \tag{5-29}$$

因点 S_3 的速度
$$v_{S_3} = l_{O_3S_3} \omega_3$$

故
$$v_{S_3}/\omega_1 = l_{O_3S_3} \omega_3/\omega_1 \tag{5-30}$$

设等效阻力矩为 M_{er}，G_3 与 v_{S_3} 间的夹角为 α_3，则

$$M_{er} = F_r(v_5/\omega_1)\cos\pi + G_5(v_5/\omega_1)\cos\pi/2 + G_3(v_{S_3}/\omega_1)\cos\alpha_3 \tag{e}$$

设点 S_3 的 y 坐标为 y_{S_3}，沿 y 轴方向的速度为 $v_{S_{3y}}$，则

$$y_{S_3} = l_{O_3S_3} \sin\varphi_3$$

$$v_{S_{3y}} = l_{O_3S_3} \omega_3 \cos\varphi_3$$

$$v_{S_{3y}}/\omega_1 = l_{O_3S_3}(\omega_3/\omega_1)\cos\varphi_3 \tag{5-31}$$

将 v_{S_3} 沿 x、y 两坐标轴方向分解，得

$$v_{S_3} = v_{S_{3x}}\cos\alpha_{3x} + v_{S_{3y}}\cos\alpha_{3y} \tag{f}$$

因 G_3 与 $v_{S_{3x}}$ 间的夹角 $\alpha_{3x} = \pi/2$，所以 $\cos\alpha_{3x} = 0$。G_3 与 $v_{S_{3y}}$ 间的夹角为 α_{3y}，则当 $v_{S_{3y}} > 0$ 时，$\alpha_{3y} = \pi$，所以 $\cos\alpha_{3y} = -1$；而当 $v_{S_{3y}} < 0$ 时，$\alpha_{3y} = 0$，所以 $\cos\alpha_{3y} = 1$。

因 G_3 与 F_r 的方向都与坐标轴的正向相反，ω_1 为顺时针方向，故均应代入负值，从而由式（e）得

$$M_{er} = -F_r v_5/\omega_1 - G_3 v_{S_{3y}}/\omega_1 \tag{5-32}$$

因为在一个运动循环中，等效驱动力矩所做的功与等效阻力矩所做的功相等，又已知 M_d 为常数，所以

$$M_{ed} = M_d = \left(\int_0^{-2\pi} M_{er}(\varphi_1)\,\mathrm{d}\varphi_1 \right) \Big/ (2\pi) \tag{5-33}$$

由式(5-4) 得等效转动惯量

$$J_e = m_3(v_{S_3}/\omega_1)^2 + J_{S_3}(\omega_3/\omega_1)^2 + m_5(v_5/\omega_1)^2 + J_1 \tag{5-34}$$

因这里求出的 M_{er} 为负值，故等效力矩

$$M_e = M_{ed} + M_{er} \tag{5-35}$$

等效构件的瞬时角速度可由式（5-23）计算出，因为 ω_1 的方向是顺时针方向，故根式前面应取负号。为了较精确地求出等效驱动力矩 M_{ed}，式（5-33）中的定积分用辛普森方法求出。

2. 框图设计

主程序和子程序 MJ 的框图设计结果分别如图 5-5a、b 所示。

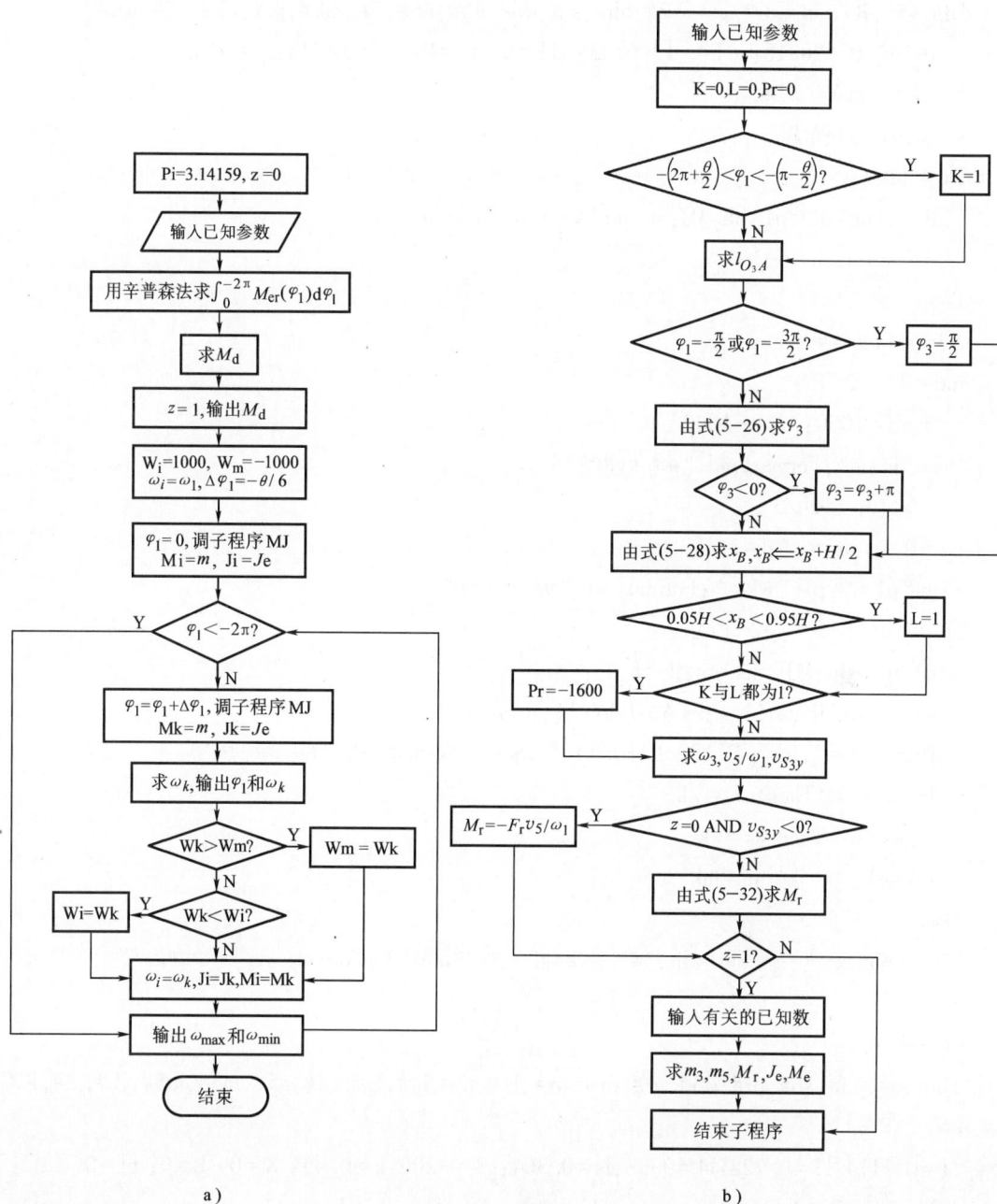

图 5-5

3. 程序设计

```
Option Explicit
Private Const Pi = 3. 14159
Dim th#, mr#, m#, j#, p1#, n#, w1#, z#, md#
Private Sub Command1_Click( )
```

```
Dim s5#,RT#,K#,L#,x1#,x2#,hh#,si#,wo#,dp#,mi#,ji#,mk#,jk#,wk#,wi#,wm#
z=0:th=0.628318:w1=-13.6135:RT=0:x1=0:x2=-2*Pi:n=45
hh=(x2-x1)/(2*n)
si=0:p1=x1:MJ
Do While(n>0)
    si=si+mr:p1=p1+hh:MJ:si=mr*4+si:p1=p1+hh:MJ
    si=mr+si:n=n-1
Loop
RT=si*hh/3#
md=RT/(2*Pi)
z=1:wi=1000:wm=-1000
Print"md=";Format(md,"##.#####")
wo=w1:dp=-th/3
p1=0:MJ:mi=m:ji=j
Print"p1=";p1;"wk=";Format(w1,"##.#####")
Do While(p1>=(-2*Pi))
    p1=p1+dp:MJ:mk=m:jk=j
    wk=-Sqr(ji*wo*wo/jk+Abs(dp)*(mi+mk)/jk)
    Print"p1=";Int(p1*180/Pi+0.5),"wk=";Format(wk,"##.#####")
    If(wk>wm)Then wm=wk
    If(wk<wi)Then wi=wk
    wo=wk:ji=jk:mi=mk
Loop
Print"Wmax=";Format(wm,"##.#####");"Wmin=";Format(wi,"##.#####")
End Sub
Private Sub MJ()
    Dim sa#,p3#,xb#,pr#,w3#,vr#,dy#,wr#,l1#,l3#,l4#,ls#,g3#,g5#,m3#,m5#,j1#,j3#,K#,
L#,h#
    l1=0.1174:l3=0.728:l4=0.38:ls=0.364:g3=-200:h=0.45:K=0:L=0:pr=0
    If((p1<-(Pi-th/2))And(p1>-(2*Pi+th/2)))Then K=1
    sa=Sqr(11^2+14^2+2*14*11*Sin(p1))
    If((p1=-Pi/2)Or(p1=-3*Pi/2))Then
        p3=Pi/2
    Else
        p3=Atn((l4+l1*Sin(p1))/(l1*Cos(pI)))
    End If
    If(p3<0)Then p3=Pi+p3
```

xb = 13 * Cos(p3)

xb = xb+h/2

If((xb>=0. 05 * h) And(xb<=h * 0. 95)) Then L = 1

If((K = 1) And(L = 1)) Then pr = -1600

w3 = l1 * w1 * Cos(p1-p3) /sa

vr = -13 * Sin(p3) * w3/w1

dy = 1s * Cos(p3) * w3

If((z = 0) And(dy<0)) Then

    mr = -pr * vr

Else

    mr = -pr * vr-g3 * dy/w1

End If

If(z = 1) Then

    g5 = -620 ;j1 = 64 ;j3 = 1. 1

    m3 = Abs(g3) /9. 8 ;m5 = Abs(g5) /9. 8

    wr = w3/w1

    j = j1+m3 * (1s * wr) ^2+j3 * wr^2+m5 * vr^2

    m = md+mr

End If

End Sub

4. 计算结果

md = 104. 00975

p1 = 0	wk = -13. 6135	p1 = -180	wk = -13. 98202
p1 = -12	wk = -13. 6627	p1 = -192	wk = -13. 95275
p1 = -24	wk = -13. 68669	p1 = -204	wk = -13. 89906
p1 = -36	wk = -13. 66497	p1 = -216	wk = -13. 83948
p1 = -48	wk = -13. 57545	p1 = -228	wk = -13. 77874
p1 = -60	wk = -13. 41317	p1 = -240	wk = -13. 72015
p1 = -72	wk = -13. 22042	p1 = -252	wk = -13. 66611
p1 = -84	wk = -13. 0919	p1 = -264	wk = -13. 6185
p1 = -96	wk = -13. 11524	p1 = -276	wk = -13. 57882
p1 = -108	wk = -13. 29124	p1 = -288	wk = -13. 54829
p1 = -120	wk = -13. 53313	p1 = -300	wk = -13. 52791
p1 = -132	wk = -13. 74571	p1 = -312	wk = -13. 51842
p1 = -144	wk = -13. 8857	p1 = -324	wk = -13. 52028
p1 = -156	wk = -13. 95738	p1 = -336	wk = -13. 53345
p1 = -168	wk = -13. 98263	p1 = -348	wk = -13. 55698
		W max = -13. 0919	W min = -13. 98263

5. 标识符

程序中符号	公式中符号	说　明	程序中符号	公式中符号	说　明
mr	M_r	等效阻力矩	p1	φ_1	构件 1 的位置角
h	H	滑枕 5 的冲程	p3	φ_3	构件 3 的位置角
th	θ	极位夹角	j	J_e	等效转动惯量
md	M_d	等效驱动力矩	mk	M_k	k 处的等效力矩
l4	$l_{O_3O_2}$	O_3、O_2 间的长度	g3	G_3	构件 3 的重力
j3	J_{S_3}	构件 3 的转动惯量	jk	J_k	k 处的等效转动惯量
l3	l_{O_3B}	构件 3 的长度	g5	G_5	滑枕 5 的重力
dp	$\Delta\varphi_{ik}$	积分步长	wk	ω_k	k 处的角速度
l1	l_{O_2A}	构件 1 的长度	j1	J_{S_1}	构件 1 的转动惯量
mi	M_i	i 处的等效力矩	w0	ω_i	i 处的角速度
ls	$l_{O_3S_3}$	杆 3 上 O_3S_3 的长度	m3	m_3	构件 3 的质量
ji	J_i	i 处的等效转动惯量	pr	F_r	切削阻力
w1	ω_1	曲柄 1 的平均角速度	m5	m_5	构件 5 的质量
m	M_e	等效力矩	Sa	l_{O_3A}	O_3A 的瞬时长度
RT	$\int_0^{2\pi} M_r \mathrm{d}\varphi_1$	等效阻力矩	hh	h	积分步长之半
xb	x_B	滑枕 5 的位置尺寸	x1	φ_C	积分区间的上限
w3	ω_3	构件 3 的角速度	x2	φ_D	积分区间的下限
dy	v_{S_3y}	S_3 点的 y 向速度	n	N	积分区间的等分数

6. 编程应注意的问题

由图 5-4b 可知, 切削阻力 F_r 只有在工作行程中, 且 $0.05H \leqslant x_B + H/2 \leqslant 0.95H$ 时才存在, 其他位置均为零。在程序中应设立两个开关控制 F_r 的赋值。

在子程序中, 先求出等效阻力矩 M_r, 然后求等效力矩 M_e 和等效转动惯量 J_e。在主程序中求等效驱动力矩 M_d 前调这个子程序时, 只需求出 M_r 就应返回; 而求出 M_d 以后调这个子程序时, 需将 M_r、M_e 和 J_e 全部求出后再返回。针对此问题, 应设置一个开关来控制子程序从不同处返回主程序。

对于重力, 重心上升时为阻力, 重心下降时为驱动力。在主程序中, 求 M_d 前调子程序求 M_r 时, 应去掉重心下降的情况。

第三节　机械系统中飞轮的调速作用

一、产生速度波动的原因

机械系统在运转过程中, 由于等效驱动力矩与等效阻力矩并不时刻保持相等, 因而某阶段产生盈功, 某阶段发生亏功。功的变化会导致机械系统动能的改变, 从而造成机器主轴的速度波动。按盈亏功变化情况的不同, 机械系统的速度波动分为周期性速度波动和非周期性速度波动两种, 它们的调节方法也不同。

　　若机械系统的等效驱动力矩和等效阻力矩都按同一周期做周而复始的变化，在该周期内驱动力功和阻力功相等，则机械主轴的速度波动是周期性的，这样的运转称周期稳定运转。在周期性速度波动的情况下，平均速度为一常数。但在一个周期的任一时间间隔内，驱动力功与阻力功不一定相等，因而产生周期性的速度波动。这种速度波动的程度可用飞轮来控制。

　　若机械系统在运转过程中，机械做功的变化并不具有一定的规律而是随机改变的，则机械主轴的速度波动为非周期性的。这种速度波动需用调速器调节。

　　本章只讨论在周期性速度波动情况下，使机械主轴的运转速度的波动程度小于某一预期值的飞轮设计问题。

二、飞轮的简易设计方法

1. 飞轮调速的基本原理

　　原动机的等效驱动力（或力矩）和工作机的等效阻力（或阻力矩）可以是位移、速度或时间的函数，其可能的组合是很多的。但就大多数机械系统而言，力（或力矩）多是常数或机构位置（位移）的函数，且当主轴角速度变化不大时，速度函数形式的驱动力矩（如交流异步电动机）或阻力矩（如鼓风机）也可近似地认为是常数。因此，这里只介绍力（或力矩）是机构位置函数或常数时飞轮的设计方法。

　　取某机械系统的主轴为等效构件。设该系统的等效驱动力矩、等效阻力矩及等效转动惯量都是机构位置的函数，分别以 $M_{ed}(\varphi)$、$M_{er}(\varphi)$ 及 $J_e(\varphi)$ 表示，飞轮的转动惯量 J_F 为常量。在不考虑构件弹性变形能的情况下，取位置间隔 (φ_0, φ)，系统力矩所做的功等于它的动能增量，即

$$\int_{\varphi_0}^{\varphi} [M_{ed}(\varphi) - M_{er}(\varphi)] \mathrm{d}\varphi = \frac{1}{2}[J_e(\varphi) + J_F]\omega^2 - \frac{1}{2}[J_e(\varphi_0) + J_F]\omega_0^2 \tag{5-36}$$

令

$$\int_{\varphi_0}^{\varphi} [M_{ed}(\varphi) - M_{er}(\varphi)] \mathrm{d}\varphi = \Delta W$$

为主轴在 (φ_0, φ) 位置间隔内，力矩所做的盈功或亏功，又令

$$\frac{1}{2}[J_e(\varphi_0) + J_F]\omega_0^2 = E(\varphi_0)$$

为系统在主轴处于周期起始位置 φ_0 时的动能，则式(5-36) 可写作

$$\frac{1}{2}J_F\omega^2 = \Delta W + E(\varphi_0) - \frac{1}{2}J_e(\varphi)\omega^2 \tag{5-37}$$

　　设在一个周期中，机械主轴的最大、最小角速度分别为 ω_{max}、ω_{min}，对应的主轴位置角为 $\varphi_{(max)}$、$\varphi_{(min)}$，从 φ_0 到对应位置系统力矩所做的盈亏功为 $\Delta W_{(max)}$、$\Delta W_{(min)}$，按式（5-37），在这两个位置有

$$\frac{1}{2}J_F\omega_{max}^2 = \Delta W_{(max)} + E(\varphi_0) - \frac{1}{2}J(\varphi_{(max)})\omega_{max}^2 \tag{5-38a}$$

$$\frac{1}{2}J_F\omega_{min}^2 = \Delta W_{(min)} + E(\varphi_0) - \frac{1}{2}J(\varphi_{(min)})\omega_{min}^2 \tag{5-38b}$$

　　令最大盈亏功 $\Delta W_{(max)} - \Delta W_{(min)} = [W]$，系统的等效转动惯量 $J_e(\varphi) = J_C + J_Z$，并考虑平

均角速度 $\omega_m = (\omega_{max} + \omega_{min})/2$ 和运转不均匀系数 $\delta = (\omega_{max} - \omega_{min})/\omega_m$，则式（5-38a）与式（5-38b）相减，整理后可得

$$J_F = \frac{[W]}{\omega_m^2 \delta} - J_C - \frac{J_Z(\varphi_{(max)})(1-\delta) - J_Z(\varphi_{(min)})(1-\delta)}{2\delta} \tag{5-39}$$

式中　J_C——与主轴有等速比的构件的等效转动惯量（$kg \cdot m^2$）；

　　　J_Z——与主轴有变速比的构件的等效转动惯量（$kg \cdot m^2$）。

2. 飞轮转动惯量的近似计算

在一般机械中，由于 J_Z 比 J_C、J_F 小得多，且计算比较复杂，因此在近似计算中常将它忽略不计，则飞轮转动惯量的近似计算公式为

$$J_F = \frac{[W]}{\omega_m^2 \delta} - J_C \tag{5-40}$$

分析式（5-40），在机械系统的等效力矩已给定的情况下，最大盈亏功 $[W]$ 是一个确定值，J_C 为一常量；当要求机械主轴在给定的平均角速度 ω_m 附近运转时，增大飞轮转动惯量 J_F 即可有效地减小 δ，从而控制主轴速度波动的程度。当机械出现盈功时，飞轮将此盈功以动能形式储存起来，由于惯量很大，因此主轴速度升高的幅度会很小；反之，当机械出现亏功时，飞轮释放出动能以弥补功的不足，且依靠其大惯量而使主轴速度下降的幅度很小。于是，飞轮减小了机械运转速度波动的程度，从而达到调速的目的。

3. 飞轮尺寸的确定

求得飞轮的转动惯量以后，就可以进而确定其尺寸。飞轮常做成如图 5-6 所示形状。它由轮缘 1、轮毂 2 和轮辐 3 三部分组成。因与轮缘比较，轮辐及轮毂的转动惯量较小，故常略去不计。设 G_A 为轮缘的重力，D_1、D_2 和 D 分别为轮缘的外径、内径与平均直径，则轮缘转动惯量近似为

$$J_F \approx J_A = G_A(D_1^2 + D_2^2)/(8g) \approx G_A D^2/(4g)$$

或

$$G_A D^2 = 4g J_F \tag{5-41}$$

式中　J_F——飞轮的转动惯量；

　　$G_A D^2$——飞轮的飞轮矩。

图 5-6

1—轮缘　2—轮毂　3—轮辐

由式（5-41）可知，当选定飞轮轮缘的平均直径 D 后，即可求出飞轮轮缘的重力 G_A。至于平均直径 D 的选择，一方面需考虑飞轮在机械中的安装空间，另一方面还需使其圆周速度不致过大，以免轮缘因离心力过大而破裂。

设轮缘的平均直径为 $D(m)$，厚度为 $H(m)$，宽度为 $b(m)$，材料单位体积的重力为 $\gamma(N/m^3)$，则轮缘的重力 $G_A(N)$ 为

$$G_A = \pi D H b \gamma \tag{5-42}$$

于是

$$Hb = G_A/(\pi D \gamma)$$

当飞轮的材料及比值 H/b 选定后，由式（5-42）即可求得轮缘的横断面尺寸 H 和 b。

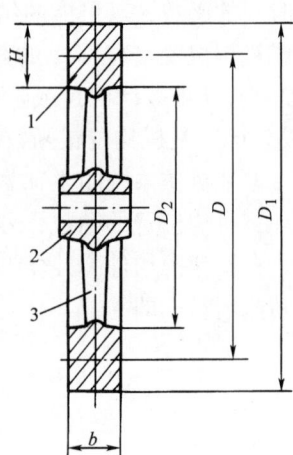

第四节　飞轮转动惯量的计算及飞轮设计举例

一、图解法计算飞轮转动惯量的步骤

对一般机械系统来说，飞轮转动惯量的计算不必要求很高的精确度，常用图解法确定最大盈亏功，用式（5-40）计算 J_F。下面就力矩是位置的函效的情况介绍图解法。

1. 一般已知数据

1）在一个稳定运转的循环中，等效驱动力矩 $M_{ed}(\varphi)$ 和等效阻力矩 $M_{er}(\varphi)$ 的函数或数值表（如果题目未给出等效力矩的值，则需按式（5-33）和式（5-32）计算等效驱动力矩或等效阻力矩值）。

2）机械的许用运转不均匀系数 $[\delta]$。

3）机械主轴的转速 n。

4）与主轴有等速比的构件的转动惯量 J_c。

2. 图解的步骤

1）确定初始位置 φ_0，选定适当的力矩比例尺 μ_M（N·m/mm）和主轴转角比例尺 μ_φ（rad/mm），在 φ-M 直角坐标系中绘制等效驱动力矩 $M_{ed}(\varphi)$ 与等效阻力矩 $M_{er}(\varphi)$ 曲线。

在某些情况下，其中某一力矩为常数（如交流异步电动机的等效驱动力矩可认为是常数、起重铰车的等效阻力矩是常数等），此时该常数力矩值是未知的，可通过等效驱动力矩与等效阻力矩在一个周期内做功相等的原则求出，故暂不能画出。

2）用参考文献［2］所提供的图解积分方法，如图 5-7 所示，由力矩曲线 $M_{ed}(\varphi)$、$M_{er}(\varphi)$ 在 φ-W 直角坐标系中作出积分曲线，积分式为

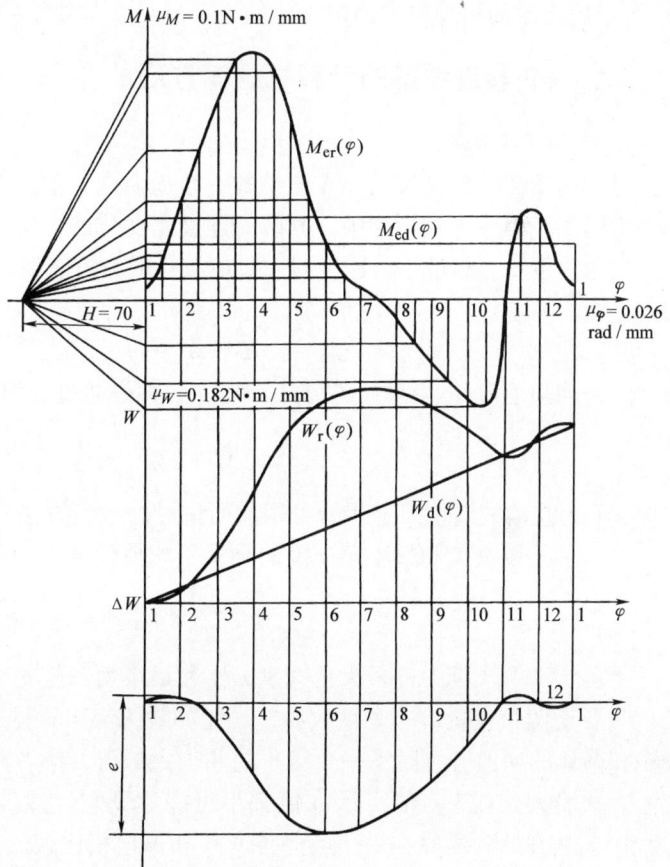

图　5-7

$$W_d(\varphi) = \int_{\varphi_0}^{\varphi} M_{ed}(\varphi)\,\mathrm{d}\varphi \qquad W_r(\varphi) = \int_{\varphi_0}^{\varphi} M_{er}(\varphi)\,\mathrm{d}\varphi$$

作图时注意，由于在一个周期内驱动力功与阻力功是相等的，因此，积分曲线 $M_{ed}(\varphi)$ 与 $M_{er}(\varphi)$ 在一个周期的始末各汇交于同一点。

当驱动力矩或阻力矩中有一个为常数时，则只需画出其中变化力矩的曲线所对应的功曲线，而另一常数力矩的曲线所对应的功曲线必定是通过变化力矩的功曲线始末两点的斜直线，可由此求得常数力矩之值。

功曲线的比例尺（J/mm）计算式为

$$\mu_W = H\mu_M\mu_\varphi \tag{5-43}$$

式中，H参考图5-7。

3）在φ-ΔW直角坐标系中，按$W_d(\varphi)$、$W_r(\varphi)$作盈亏功曲线$\Delta W(\varphi)$。

4）与$\Delta W(\varphi)$曲线的最高点相对应的即为具有最大角速度ω_{max}的主轴转角位置$\varphi_{(max)}$，其最低点对应的即为具有最小角速度的位置$\varphi_{(min)}$。于是，最大盈亏功$[W]$（J）对应的即为$\Delta W(\varphi)$曲线最高与最低点之间的纵坐标差值$e(mm)$，则有

$$[W] = e\mu_W \tag{5-44}$$

5）按式(5-40)计算飞轮转动惯量J_F。

6）按飞轮的结构要求确定飞轮的主要尺寸及其他结构尺寸。

二、飞轮转动惯量的计算机计算方法

1. 计算方法概述

对于周期性的速度波动，在波动的一个周期内，输入功等于总耗功，因此机械具有稳定的平均速度。但在一个周期中，其瞬时速度是变化的，机械运转的不均匀程度用一个周期中的最大角速度ω_{max}和最小角速度ω_{min}的差与其平均角速度ω_m的比值δ表示，称为运转不均匀系数，即

$$\delta = (\omega_{max} - \omega_{min})/\omega_m \tag{5-45}$$

其中，平均角速度ω_m可用两种方法求得。一种是通过定积分求其较精确的值，即

$$\omega_m = \frac{1}{T}\int_0^T \omega dt \tag{5-46}$$

式中，T为波动的周期，定积分可用前面讲过的数值方法（辛普生法或矩形法）求得。

另一种是以最大和最小角速度的算术平均值代替，即

$$\omega_m = \frac{1}{2}(\omega_{max} + \omega_{min}) \tag{5-47}$$

要确定一个周期中的最大角速度ω_{max}和最小角速度ω_{min}，用计算机计算法是很容易实现的。只要设两个变量，一个存放ω_{max}，比如设为WM；另一个存放ω_{min}，比如设为WU。给WM和WU的初值分别赋予一个很小的和很大的数，小者小到任一点的实际ω值都不可能比它小，大者大到任一点的实际ω值都不可能达到它。然后，在计算等效构件的真实运动的过程中，从开始到最后，每一点都与WM和WU相比较。只要ω_m大于WM，就将ω_m的值赋予WM；只要ω_m小于WU，就将其值赋予WU；若两种条件都不满足，则保持WM和WU中的值不变。这样，到一个周期结束时，WM中必然存放着ω_{max}，而WU中必然存放着ω_{min}。

2. 计算机计算的方法步骤

1）假设一个较小的J_F，用前面讲过的方法求出等效构件此时的真实运动规律，选出一个周期中各计算点中的最大角速度ω_{max}和最小角速度ω_{min}，并由此求出平均角速度ω_m和运转不均匀系数δ。

2）若求出的 δ 大于其许用值 $[\delta]$，则将 J_F 增大一倍或某一适当的数值，重复第 1）步的过程，直至 $\delta \leqslant [\delta]$ 时为止。

3）为了使 J_F 不致过大，还可以设定 $A \leqslant \delta \leqslant [\delta]$。在计算中，若 $\delta > [\delta]$，则将 J_F 增大到某一倍数或某一适当的数值；若 $\delta < A$，则将 J_F 减去某一数值，然后重复第 1）步的过程，直至 δ 符合要求为止。

3. 实例分析

下面以曲柄滑块机构为例，说明用该方法计算的详细过程。

在如图 5-8 所示的曲柄滑块机构中，已知连杆 2 和滑块 3 的质量分别为 $m_2 = 10kg$，$m_3 = 30kg$；曲柄 1 对于转轴 A 的转动惯量 $J_1 = 8kg \cdot m^2$；连杆 2 相对其质心 S_2 的转动惯量 $J_{S_2} = 1kg \cdot m^2$；各构件尺寸 $l_{AB} = 0.2m$，$l_{BC} = 0.6m$，$l_{BS_2} = 0.2m$；曲柄的初始角速度 $\omega_0 = 10rad/s$；作用于曲柄 1 上不变的驱动力矩和阻力矩分别为 $M_d = 50N \cdot m$ 和 $M_r = 20N \cdot m$。若要求曲柄 1 速度波动的不均匀系数 $1/25 \leqslant \delta \leqslant 1/20$，试求飞轮的转动惯量 J_F 和装飞轮后曲柄的真实运动规律。

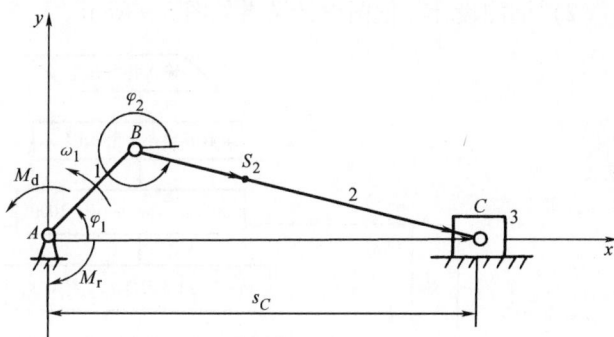

图 5-8

（1）建立数学模型 选曲柄 1 为等效构件，首先求机构的等效转动惯量 J_F。设

$$r = l_{AB}/l_{BC} \tag{5-48a}$$

$$rr = \sin\varphi_2 = -r\sin\varphi_1 \tag{5-48b}$$

由运动分析可得

$$\varphi_2 = \arctan\left(rr/\sqrt{1-(rr)^2}\right) \tag{5-49}$$

$$\omega_2/\omega_1 = -r\cos\varphi_1/\cos\varphi_2 \tag{5-50}$$

$$v_C/\omega_1 = -l_{AB}\sin\varphi_1 - l_{BC}(\omega_2/\omega_1)\sin\varphi_2 \tag{5-51}$$

式中 φ_2 和 ω_2——连杆 2 的位置角和角速度；

$\quad\quad v_C$——滑块 3 的线速度；

$\quad\quad \omega_1$——曲柄 1 的角速度。

由图 5-8 可得点 S_2 的 x 和 y 坐标分量分别为

$$x_{S_2} = l_{AB}\cos\varphi_1 + l_{BS_2}\cos\varphi_2 \tag{a}$$

$$y_{S_2} = l_{AB}\sin\varphi_1 + l_{BS_2}\sin\varphi_2 \tag{b}$$

将式（a）和式（b）分别对时间求导后，再除以 ω_1 得

$$v_{S_{2x}}/\omega_1 = -l_{AB}\sin\varphi_1 - l_{BS_2}(\omega_2/\omega_1)\sin\varphi_2 \tag{5-52}$$

$$v_{S_{2y}}/\omega_1 = l_{AB}\cos\varphi_1 + l_{BS_2}(\omega_2/\omega_1)\cos\varphi_2 \tag{5-53}$$

$$(v_{S_2}/\omega_1)^2 = (v_{S_{2x}}/\omega_1)^2 + (v_{S_{2y}}/\omega_1)^2 \tag{5-54}$$

将式（5-4）用于该曲柄滑块机构可得

$$J_e = J_1 + m_2(v_{S_2}/\omega_1)^2 + J_{S_2}(\omega_2/\omega_1)^2 + m_3(v_C/\omega_1)^2 \tag{5-55}$$

因为驱动力矩 M_d 和阻力矩 M_r 均为常数，且均作用在等效构件上，所以等效力矩 M_e 也

为常数，即

$$M_e = M_d - M_r$$

设等效构件 t_i、t_k 时的瞬时角速度分别为 ω_i 和 ω_k，则由式（5-18）可得

$$\omega_k = \sqrt{\frac{J_e(\varphi_i)}{J_e(\varphi_k)}\omega_i^2 + \frac{2M_e\Delta\varphi_{ik}}{J_e(\varphi_k)}} \tag{5-56}$$

平均角速度 ω_m 和不均匀系数 δ 分别由式（5-47）和式（5-45）求出。

（2）框图设计　框图设计结果如图5-9所示。

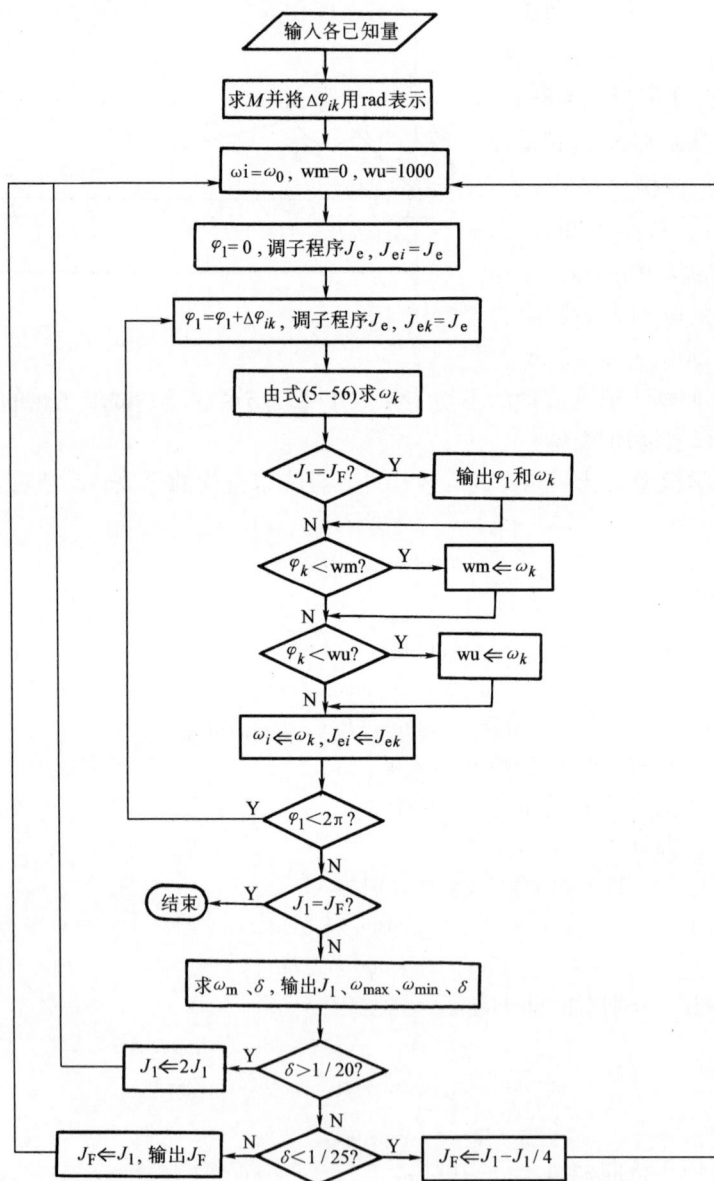

图　5-9

（3）程序与计算结果　用 Visual Basic 语言编制的计算程序如下：

```
Option Explicit
Private Const Pi = 3. 1415926
Dim p1, j1, j, m As Single
Private Sub Command1_Click( )
    Rem 子程序用于计算运动不均匀系数、飞轮转动惯量及 k 点处的角速度
    Dim wu,wm,dp,wi,m,jk,wk,ji,jf,mw,dl As Double
    Dim w0,lt,ld,mr,md As Double
    Dim i As Integer
    w0 = 10：lt = 0. 04：ld = 0. 05：mr = 20：md = 50：j1 = 8#
    m = md-mr
    dp = Pi/180# * 15#
    Do While( True)
        wi = w0
        wu = 1000
        wm = 0
        p1 = 0
        Je
        ji = j
        Do While( p1+0. 0000001<2 * Pi)
            p1 = p1+dp
            Je
            jk = j
            wk = Sqr( ji * wi * wi/jk+2 * m * dp/jk)
            If( j1 = jf) Then
            Print" p1 = "；Fix( p1 * 180/Pi+0. 5) ," wk = "；Format( wk," ##. #######" )
            End if
            If( wk>wm) Then wm = wk
            If( wk<wu) Then wu = wk
            wi = wk
            ji = jk
        Loop
        If( j1 = jf) Then Exit Do
        mw = ( wm+wu)/2
        dl = ( wm-wu)/mw
        Print" j1 = "；j1
        Print" Wmax = "；Format( wm," ##. #######" ) ;" Wmin = "；Format( wu," ##. #######" ) ;
```

```
            " DELTA = " ; Format( dl , " ##. ####### " )
        If( dl>ld) Then
            j1 = j1 * 2
        ElseIf( dl<lt) Then
            j1 = j1−j1/4
        Else
            jf = j1
            Print" jf = " ; jf
        End If
    Loop
End Sub
Private Sub Je( )
    Rem 子程序用于计算等效转动惯量
    Dim ab , bc , rr , p2 , vr , wr , r1 , r2 , m2 , m3 , js , r , sr , bs As Double
    ab = 0. 2： bc = 0. 6： m2 = 10#： m3 = 30#： js = 1#
    bs = 0. 2
    r = ab/bc
    rr = −r * Sin( p1 )
    p2 = Atn( rr/Sqr( 1−rr * rr ) )
    wr = −r * Cos( p1 )/Cos( p2 )
    vr = −ab * Sin( p1 )−bc * Sin( p2 ) * wr
    r1 = −ab * Sin( p1 )−bs * Sin( p2 ) * wr
    r2 = ab * Cos( p1 )+bs * Cos( p2 ) * wr
    sr = r1 * r1+r2 * r2
    j = j1+m2 * sr+js * wr * wr+m3 * vr * vr
End Sub
```

计算结果：

j1 = 8

| Wmax = 12. 0615713 | Wmin = 9. 6122288 | DELTA = . 2260187 |

j1 = 16

| Wmax = 11. 0970296 | Wmin = 9. 7898806 | DELTA = . 1251644 |

j1 = 32

| Wmax = 10. 5676661 | Wmin = 9. 8903419 | DELTA = . 066216 |

j1 = 64

| Wmax = 10. 2890241 | Wmin = 9. 943943 | DELTA = . 0341108 |

j1 = 48

| Wmax = 10. 3830147 | Wmin = 9. 9258113 | DELTA = . 0450251 |

jf = 48

p1 = 15	wk = 10. 0002102	p1 = 195	wk = 10. 2050686
p1 = 30	wk = 9. 9756212	p1 = 210	wk = 10. 2080976
p1 = 45	wk = 9. 9443195	p1 = 225	wk = 10. 2018382
p1 = 60	wk = 9. 9258113	p1 = 240	wk = 10. 1869255
p1 = 75	wk = 9. 931917	p1 = 255	wk = 10. 1673052
p1 = 90	wk = 9. 9627701	p1 = 270	wk = 10. 1517044
p1 = 105	wk = 10. 0093772	p1 = 285	wk = 10. 1520127
p1 = 120	wk = 10. 0601452	p1 = 300	wk = 10. 1776025
p1 = 135	wk = 10. 106467	p1 = 315	wk = 10. 2285754
p1 = 150	wk = 10. 1443793	p1 = 330	wk = 10. 2929742
p1 = 165	wk = 10. 1731694	p1 = 345	wk = 10. 3507349
p1 = 180	wk = 10. 1933065	p1 = 360	wk = 10. 3830147

(4)标识符

程序中符号	公式中符号	说　明	程序中符号	公式中符号	说　明
Pi	π	圆周率	jf	J_F	最后的等效转动惯量
w0	ω_0	曲柄 1 的初始角速度	mw	ω_m	平均角速度
lt	1/25	不均匀系数的下限	dl	δ	运动不均匀系数
ld	1/20	不均匀系数的上限	ab	l_{AB}	曲柄 1 的长度
mr	M_r	等效阻力矩	bc	l_{BC}	连杆 2 的长度
md	M_d	等效驱动力矩	m2	m_2	连杆 2 的质量
m	M_e	等效力矩	m3	m_3	滑块 3 的质量
j1	J_1	曲柄 1 的转动惯量	js	J_{S_2}	连杆 2 的转动惯量
dp	$\Delta\varphi_{ik}$	计算步长	bs	l_{BS_2}	点 S_2 的定位尺寸
wi	ω_i	i 处的角速度	r	r	l_{AB}/l_{BC}
wu	ω_{min}	最小角速度	rr	rr	$-r\sin\varphi_1$
wm	ω_{max}	最大角速度	p2	φ_2	连杆 2 的位置角
ji	J_{ei}	i 处的等效转动惯量	wr	ω_2/ω_1	
p1	φ_1	曲柄 1 的位置角	vr	v_C/ω_1	
jk	J_{ek}	k 处的等效转动惯量	r1	v_{S_2x}/ω_1	
wk	ω_k	k 处的角速度	r2	v_{S_2y}/ω_1	
j	J_e	中间的等效转动惯量	sr	$(v_{S_2}/\omega_1)^2$	

第六章

机械运动方案与创新设计

第一节　机械设计概述

一、机械设计的概念

机械设计是根据使用要求对机械的工作原理、结构、运动方式、力和能量的传递方式、各个零件的材料和形状尺寸以及润滑方法等进行构思、分析和计算，并将其转化为制造依据的工作过程。

机械设计是机械工程的重要组成部分，是机械生产的第一步，是决定机械特性最主要的因素。设计过程蕴含着创新和发明。

二、机械设计的一般程序

机械产品设计是一项复杂而细致的工作，为了提高机械设计质量，必须有一套设计程序。虽然不可能列出一个在任何情况下都有效的程序，但根据人们设计机械的长期经验，机械设计的一般程序可用表 6-1 所示的框图程序表示。

三、机械设计类型

对机械产品设计，可以根据情况不同分为下述三类不同的设计。

（1）开发性设计　在设计原理、结构等完全未知的情况下，应用成熟的科学技术或实验证明为可行的新技术，设计过去没有过的新型机械（新产品）。这是一种完全的创新设计。最初的蒸汽机车设计就属于开发性设计。这也叫做从"零"——→"原型"的创新开发。

（2）适应性设计　在原理方案基本保持不变的前提下，对产品作局部的变更或设计一个新部件，使产品在质和量方面更能满足使用要求。例如，内燃机安装增压器后就可使输出功率增大，安装节油器后就可节约燃料，这种设计就属于适应性设计。

（3）变型设计　在工作原理和功能结构都不变的情况下，变更产品的结构配置和尺寸，使之适应于更多容量的要求。这里的容量含义很广，如功率、转矩、加工对象的尺寸、传动比范围等。例如，由于需要传递的转矩或速比改变而重新设计减速器的传动尺寸，就属于变型设计。

在机械产品设计中，开发性设计总是少量的，为了充分发挥现有机械的潜力，适应性设计和变型设计是很重要的。作为一个设计者，应在"创新"上下功夫，从而提高机械的工作性能。

第二节　机械运动方案设计

机械运动方案设计是机械产品设计的重要阶段，也是机械设计工作的基础。机械运动方案设计的好坏，对机械完成预期的工作任务的程度、工作质量的优劣以及产品在国际市场上竞争力的大小，都起着决定性的作用。机械运动方案设计的过程，可用表 6-1 和图 6-1 所示的框图来表示。

表 6-1　机械设计的一般程序框图

设计阶段	设计程序、内容与设计步骤	阶段设计目标

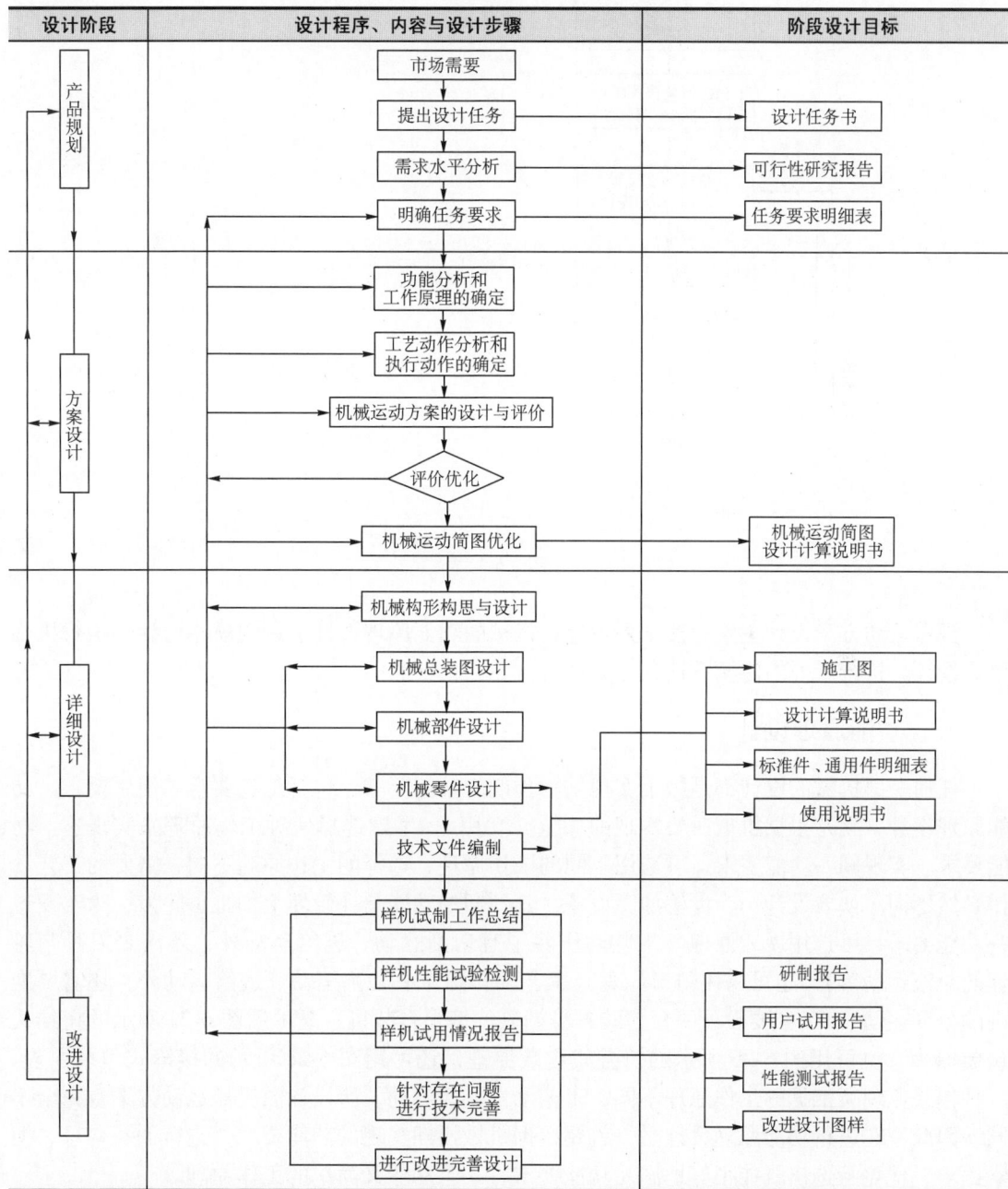

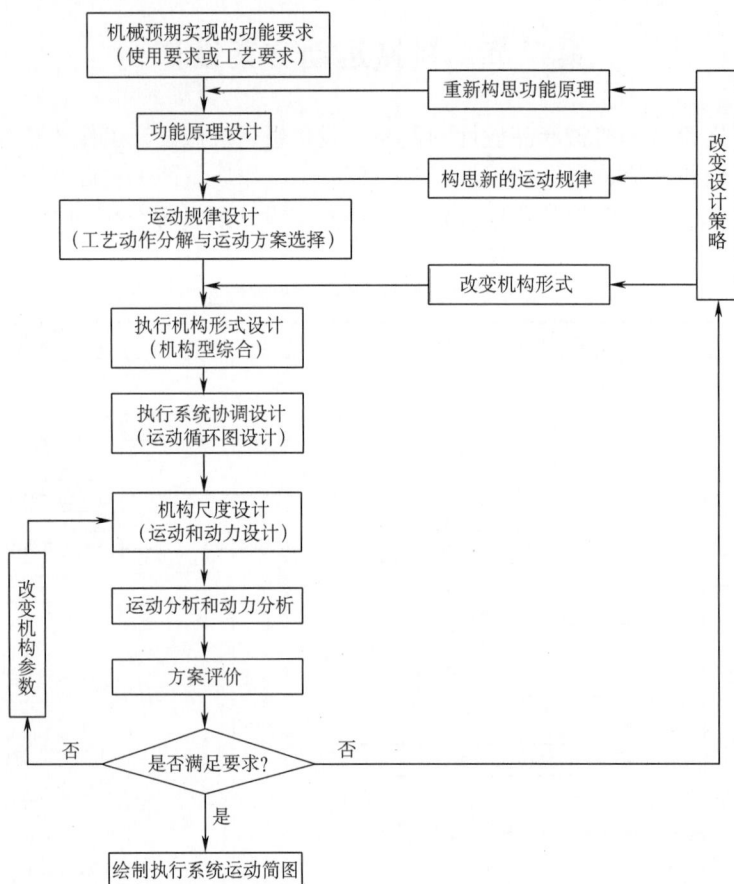

图　6-1

机械运动方案设计主要包括下列内容：机械的功能原理设计、运动规律设计、执行机构形式设计、执行系统的协调设计和方案评价。

一、功能原理设计

任何一部机械的设计都是为了实现某一预期的功能要求，包括工艺要求和使用要求。功能原理设计，就是根据机械所要实现的功能（功用），考虑选择何种工作原理来实现这一功能要求。实现同一功能要求，可选用不同的工作原理，选择的工作原理不同，需要的工艺动作必然不同。如要设计一个齿轮加工设备，其预期的功能是在轮坯上加工出轮齿，为实现这一功能要求，可选用展成原理（工艺动作除了有切削运动、进给运动外，还需要刀具与轮坯的对滚运动等），也可采用仿形原理（工艺动作除了有切削运动、进给运动外，还需要准确的分度运动）。又如要设计一台包装颗粒糖果的糖果包装机，既可用图 6-2a 所示的扭结式包装原理，也可用图 6-2b 所示的折叠式包装原理，还可用图 6-2c 所示的接缝式包装原理。三种包装原理所依据的工作原理不同，工艺动作显然不同，所设计的机械运动方案也完全不同。因此，在进行功能原理设计时，就要根据机械预期实现的功能要求，进行创新构思、搜索探求，优化筛选出既能很好地满足功能要求，工艺动作又简单的工作原理。

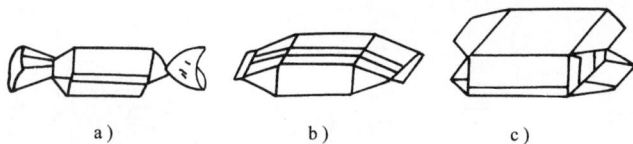

图　6-2

二、运动规律设计

机械工作原理确定后，就需要进行运动规律设计。运动规律设计是指为实现上述工作原理，而决定选择何种运动规律。这一工作通常是通过对工作原理所提出的工艺动作的分解来进行的。工艺动作分解方法不同，所得到的运动规律也各不相同，机械运动方案也就不同。如图 6-3 所示为折叠式包装工艺动作的一种分解过程，图中的包装材料由上而下地供送到输入工位，将包装的方糖供送到输入工位可采用图示的三种方案，它们的特点分别如下：

1）方案 A 的糖果可以首尾衔接，也可不衔接，比较灵活方便，但供送路线长。

2）方案 B 的糖果供送路线短，但首尾不衔接，将糖果由工位 1 推送到工位 2 的执行构件运动比较复杂。

3）方案 C 的糖果供送路线最短，但需要增加一个将糖果升高的执行机构。

工位 2 完成上、下、前面三个面的包装，工位 3 完成后面及两端折角包装，工位 4 完成两端下面折边，工位 5 完成两端上面折边，工位 6 将按折叠式包装动作包装完成的产品输出。

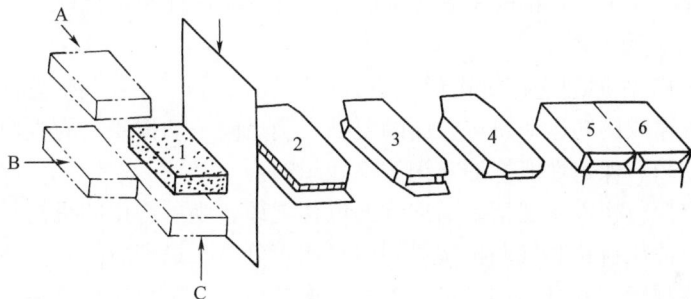

图　6-3

若要求设计一个计算机的绘图机，使其能按照计算机发出的指令绘制出各种平面曲线，则绘制复杂平面曲线的工艺动作可以有不同的分解方法。一种方法是让绘图纸固定不动，而绘图笔作 x、y 两个方向的移动，从而在绘图纸上绘制出复杂的平面曲线。按工艺动作的这种分解方法，就可以得到图 6-4a 所示的小型绘图机的运动方案。工艺动作的另一种分解方法是让绘图笔做 x 方向的移动，而让绘图纸绕在卷筒上并绕 x 轴做往复转动，从而在绘图纸上绘制出复杂的平面曲线。按工艺动作的这种分解方法，就可以得到图 6-4b 所示的大型绘图机的运动方案。

由此可见，机械的工艺动作分解过程，本身就是一个创造性的设计过程。从对以上两个例子的分析可以看出，在完成了机械功能原理设计、选定了机械工作原理后，对工艺方法和工艺动作的分析就成了运动规律设计和运动方案选择的前提。如果工艺动作简单、合理，就可使机械运动方案简单、合理、可靠和完善。机械运动规律设计和运动方案选择所涉及的问题很多，应综合考虑各方面的因素，根据实际情况对各种运动规律和运动方案进行分析和比较，从中选出最佳方案。

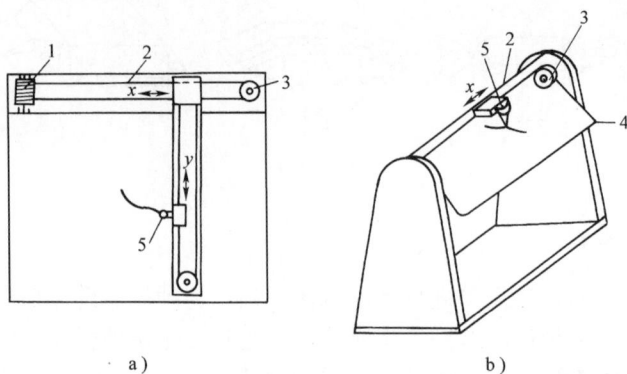

图 6-4

1—主动轮　2—钢丝　3—从动轮　4—绘图纸　5—绘图笔

三、机构的形式设计

机械的工艺动作分解完成后，确定了完成这些动作或功能所需执行构件的数目和各执行构件的运动规律，即可根据所需的运动规律合理选择或创新执行动作的机构形式。这一工作称为机构的形式设计，又称为机构型综合。机构形式设计是机械运动方案设计中的重要部分，机构形式设计的优劣，直接关系到方案的先进性、实用性和可靠性。

1. 机构形式设计的原则

1）按已拟定的工作原理进行机构形式设计时，应满足执行构件所需的运动要求，包括运动形式、运动规律或已知运动轨迹方面的要求。满足同一动作要求的机构类型很多，可多选几个，再进行比较，保留性能好的，淘汰不理想的。

例如，若要求执行构件实现精确而连续的位移规律，则可选用的机构类型很多，有连杆机构、凸轮机构、液压机构和气动机构等。但经比较分析，最理想的还是凸轮机构，因它可以确保准确的位移规律，并且结构简单。若采用连杆机构，则结构稍复杂；若采用液压或气动机构来实现精确的位移规律就不太妥当，因为液体或气体的泄漏，以及环境温度的变化均影响机构运动的准确性。液压、气动机构最适用于要求始、末位置定位准确，而中间其他位置不需要准确定位的情况。

2）应该力求机构结构简单。机构结构简单主要体现在运动链要短，构件和运动副数目要少，机构尺寸要适度，在整体布局上占用空间小且布局紧凑。坚持这个原则，可使材料耗费少，降低制造费用，减轻机械重量。此外，运动副数目少、运动链短可减少由于各零件的制造误差而形成的运动链的累积误差，有利于提高机构的运动精度、机械效率和工作可靠性。

3）要注意选择那些加工制造简单、容易保证较高配合精度的机构。在平面机构中，低副机构比高副机构容易制造；在低副机构中，转动副比移动副制造简单，易保证运动副元素的配合精度。

4）要保证机构高速运转时动力特性良好。动力特性良好主要体现在要保证机械运转时的动平衡，使机械系统的振动降低到最低水平。

5）应注意机械效益和机械效率问题。机械效益是衡量机构省力程度的一个重要标志，机构的传动角越大，压力角越小，机械效益越高。选择时，可采用大传动角的机构，以减小输入轴上的转矩。此外，应尽量少采用移动副，因为这类运动副易发生楔紧或自锁现象。

机械效率反映机器对机械能的有效利用程度。为提高机械效率，机构的运动链要尽量短，机构的动力特性要好，机械效益要高。另外，合适的机构选型也可以提高机械效率。

6）机构形式设计也要考虑动力源的形式。若有气、液源，可利用气动、液压机构，以简化机构结构，也便于调节速度。若采用电动机，则要考虑机构的原动件应为连续转动的构件。

7）必须考虑机械的安全问题，以防止机械损坏或出现生产和人身事故的可能性。

2．机构的选型

机构选型是将现有的各种机构按照动作功能或运动特性进行分类，然后根据设计对象中执行构件所需要的运动特性或动作进行搜索、选择、比较、评价，选出合适形式的执行机构。

实现各种运动要求的现有机构可以从机构手册、图册或资料上查阅获得。为了便于设计人员选用，本书列出了一部分按照执行机构的运动方式及功能进行分类的机构形式及其应用实例，见表6-2，以及常用机构的主要性能与特点，见表6-3。

表6-2　按运动方式及功能对机构进行分类

执行机构运动方式及功能	机构类型	典型应用实例与原理
匀速转动	（1）连杆机构	
	平行四边形机构	机车车轮联动机构、联轴器
	双转块机构	联轴器
	（2）齿轮机构	用于减速、增速和变速
	摆线针轮机构	
	（3）行星轮系	用于减速、增速、运动的合成与分解
	（4）谐波传动机构	减速器
	（5）挠性件传动机构	远距离传动、无级变速
	（6）摩擦轮机构	无级变速
非匀速转动	（1）连杆机构	惯性振动筛
	双曲柄机构	刨床
	转动导杆机构	发动机
	曲柄滑块机构	联轴器
	铰链四杆机构	机床、自动机、压力机
	（2）非圆齿轮机构	
	（3）挠性件传动机构	
	（4）组合机构	
往复移动	（1）连杆机构	
	曲柄滑块机构	用于冲、压、锻等机械装置
	移动导杆机构	缝纫机针头机构
	（2）齿轮齿条机构	可实现匀速运动，用于插床
	（3）凸轮机构	用于控制动作，如配气机构
	（4）楔块机构	压力机械、夹紧装置
	（5）螺旋机构	压力机、车床进给装置
	（6）挠性件传动机构	用于远距离往复移动
	（7）气、液动机构	升降机

（续）

执行机构运动方式及功能	机构类型	典型应用实例与原理
往复摆动	（1）连杆机构 　曲柄摇杆机构 　摇杆滑块机构 　摆动导杆机构 　曲柄摇块机构 　等腰梯形机构 （2）凸轮机构 （3）齿轮齿条机构 （4）非圆齿轮齿条机构 （5）挠性件传动机构 （6）气、液动机构	破碎机 车门启闭机构 具有急回性质，用于牛头刨机构 液压摆缸，用于自动装卸 汽车转向机构
间歇运动	（1）棘轮机构 （2）槽轮机构 （3）凸轮机构 （4）不完全齿轮齿条机构 （5）气、液动机构	机床进给、转位或分度、单向离合器、超越离合器 车床刀架的转位、自动包装机的转位、电影放映机 分度装置、间歇回转工作台 间歇回转、移动工作台 分度、定位

表 6-3　常用机构的主要性能与特点

机构类型	主 要 性 能 特 点	能实现的运动变换
平面连杆机构	结构简单，制造方便，运动副为低副，能承受较大载荷。但平衡困难，不宜用于高速场合，在实现从动杆多种运动规律的灵活性方面不及凸轮机构	转动⟷转动 转动⟷摆动 转动⟷移动 转动⟶平面运动
凸轮机构	结构简单，可实现从动杆各种形式的运动规律。运动副为高副，依靠力或几何封闭保持运动副接触，故不适用于重载场合，常在自动机或控制系统中应用	转动⟷移动 转动⟶摆动
齿轮机构	承载能力和速度范围大，传动比恒定，运动精度高，效率高，但运动形式变换不多。非圆齿轮机构能实现变传动比传动。不完全齿轮机构能传递间歇运动	转动⟷转动 转动⟷移动
轮系	轮系能获得大的传动比或多级传动比。差动轮系可将运动合成与分解	
螺旋机构	结构简单，工作平稳，精度高，反行程有自锁性能，可用于微调和微位移场合。但效率低，螺纹易磨损。如采用滚珠螺旋，可提高效率	转动⟷移动
槽轮机构	常用于分度转位机构，用锁紧盘定位，但定位精度不高。分度转角取决于槽轮的槽数，槽数通常为 4~12。槽数少时，角加速度变化较大，冲击现象较严重，不适用于高速场合	转动⟶间歇转动
棘轮机构	结构简单，可用作单向或双向传动机构，分度转角可以调节。但工作时冲击噪声大，只适用于低速轻载场合。常用于分度转位装置及防止逆转装置中，但要附加定位装置	摆动⟶间歇转动
组合机构	可由凸轮、连杆、齿轮等机构组合而成，能实现多种形式的运动规律，且具有各机构的综合优点。但结构较复杂，设计较困难，常在要求实现复杂动作的场合应用	灵活性较大

　　由于机械运动方案设计的多样性和复杂性，至今没有一套既简便又行之有效的模式可循。为满足同一个运动规律要求，可选不同类型的机构来实现，故机械运动方案设计是一项极具创造性的工作。因此，设计者只有熟悉现有各种机构的运动特性和功能，才能通过类比，选择出合适的机构。此外，一些对机构优缺点的分析具有相对性，在对某具体执行机构进行构型设计时，应综合考虑，统筹兼顾，抓住主要矛盾，有所侧重。

四、执行系统的协调设计

　　当根据生产工艺要求确定了机械的工作原理和执行机构的运动规律，并确定了各执行机构的形式及驱动方式后，还要使各执行机构不仅能完成各自的执行动作，而且能够协调一致，以完成机械预期的功能和生产过程，这方面的设计工作称为执行系统协调设计。如果动作不协调，机构不但不能工作，还会损坏机件和产品，造成事故。因此，执行系统的协调设计是机械运动方案设计不可缺少的一个环节。

　　1. 执行系统协调设计的原则

　　1）各执行机构的动作在时间上协调配合。有些机械要求各执行构件在运动时间的先后上和运动位置的安排方面，必须协调地相互配合。

　　如图 6-5 所示为一干粉料压片机，它由上冲头（六杆机构 8—9—10—11—12—13）、下冲头（双凸轮机构 5—6—7—8）和料筛传送机构（凸轮连杆机构 1—2—3—4—8）所组成。料筛由传送机构把它送至上、下冲头之间，通过上、下冲头加压把粉料压成片状。显然，在送料期间，上冲头不能压到料筛，只有当料筛位于上、下冲头之间，冲头才能加压，所以送料和上、下冲头之间的运动，在时间顺序上有严格的协调要求。

　　2）各执行机构在空间布置上协调配合。为了使执行系统能够完成预期的工作任务，除应保证各执行机构的动作在时间上协调配合外，在空间布置上也必须协调一致。对于有位置制约的执行系统，必须对各执行机构进行空间上的协调设计，以保证在运动过程中，各执行机构之间以及机构与周围环境之间不发生干涉。

　　3）各执行机构的运动速度协调配合。有些机械要求执行构件的运动之间必须保持严格的速比关系，如用展成法加工齿轮时，刀具和工件的展成运动必须保持恒定的转速比。

　　4）多个执行机构完成一个执行动作时，各执行机构之间协调配合。如图 6-6 所示为一

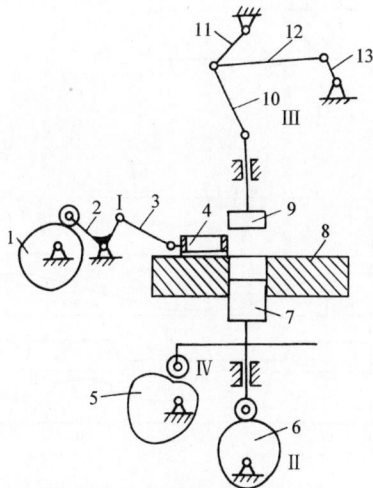

图　6-5

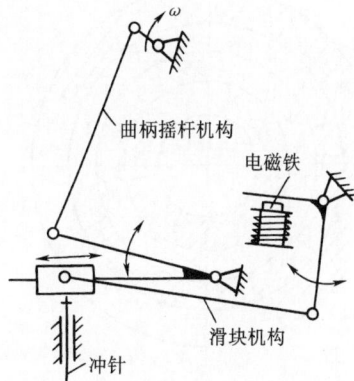

图　6-6

纸板冲孔机构，冲孔工艺动作需要由两个执行机构组合来实现：一个是曲柄摇杆机构，其中摇杆上下摆动，带动冲头滑块上下摆动；另一个是带电磁铁的四杆滑块机构，电磁铁动作，四杆滑块带动滑块冲头在动导路（摆杆）上移动。只有冲头移至冲针上方，同时向下摆动时，才打击冲针，完成冲孔任务。显然，这两个执行机构的运动必须精确地协调配合，否则就会产生空冲现象。

2. 机械运动循环图

为了保证机械在工作时，各执行机构间动作的协调配合关系，在设计机械时应编制所谓工作循环图（也叫运动循环图），用以表明在一个工作循环中各执行构件间的运动配合关系。在编制运动循环图时，要选择一个执行构件作为定标件，用它的运动位置（转角或位移）作为确定机械运动先后次序的基准。运动循环图通常有三种形式，见表6-4。

表6-4　机械运动循环图的形式、绘制方法和特点

形式	绘 制 方 法	特 点
直线式	在一个运动循环中，将各执行构件各行程区段的起止时间和先后顺序，按比例地绘制在直线坐标轴上	绘制方法简单，能清楚地表示出一个运动循环内各执行构件运动的先后顺序和时间（转角）关系；直观性较差，不能显示各执行构件的运动规律
圆周式	以极坐标系原点 O 为圆心作若干个同心圆环，每个圆环代表一个执行构件，由各相应圆环分别引径向直线表示各执行构件不同运动状态的起始和终止位置	直观性强，能比较直接地看出各执行机构主动件在主轴或分配轴上所处的相位，便于各机构的设计、安装和调试；当执行机构数目较多时，同心圆就会很多，不能一目了然，此外也无法显示各执行构件的运动规律
直角坐标式	用横坐标轴表示机械主轴或分配轴转角，以纵坐标轴表示各执行构件的角位移或线位移，为简明起见，各区段之间均用直线连接	直观性最强，不仅能清楚地表示各执行构件动作的先后顺序，而且能表示各执行构件在各区段的运动规律，对指导各执行机构的几何尺寸设计非常便利

如图6-7a、b、c所示分别为干粉料压片机直线式、圆周式和直角坐标式运动循环图。

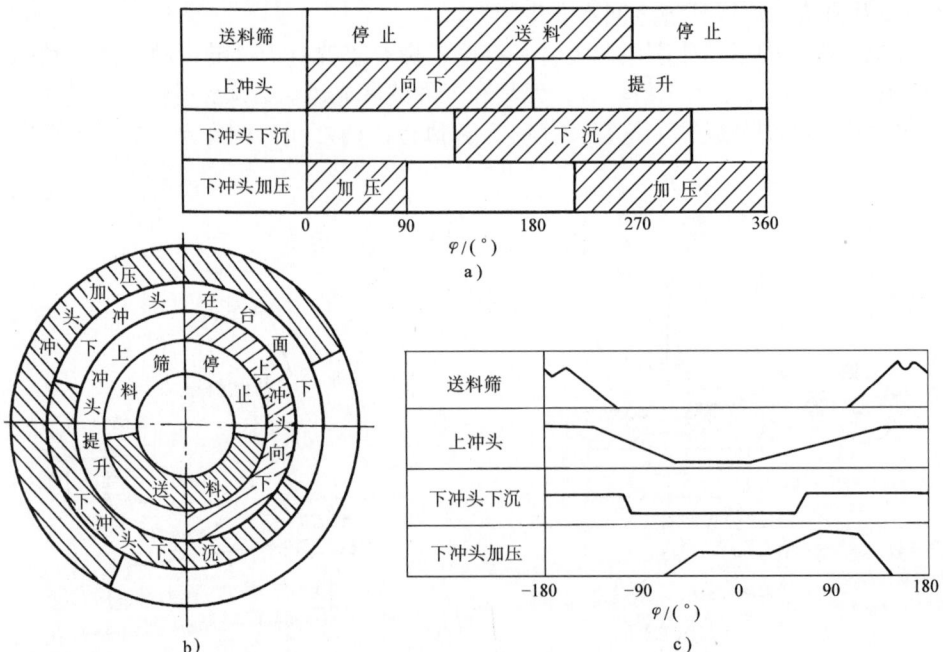

图　6-7

五、机械运动方案评价

1. 方案评价的意义

机械运动方案设计是机械设计全过程的重要阶段，也是对机械设计乃至以后制造和使用最关键的一个阶段，其创新效果如何将直接影响机械产品的功能质量和使用效果。因此，应对这个阶段的工作进行总的评价。

如前所述，要实现同一功能，可以采用不同的工作原理，从而构思出不同的设计方案；采用同一工作原理，工艺动作分解的方法不同，也会产生不同的设计方案；采用相同的工艺动作分解方法，选用的机构形式不同，又会形成不同的设计方案。因此，机械系统的方案设计是一个多解性问题。面对多种设计方案，设计者必须分析、比较各方案的性能优劣、价值高低，并经过科学评价和决策，才能获得最满意的方案。机械系统方案设计的过程，就是一个先通过分析、综合使待选方案数目由少变多，再通过评价、决策使待选方案数目由多变少，最后获得满意方案的过程。因此，需要建立一个评价体系，基于此进行全面、综合的评价，进而得出最优的机械运动方案。

2. 评价指标和评价体系

机械系统设计方案的优劣，通常应从技术、经济、安全可靠三方面予以评价。但是，由于在机械运动方案设计阶段还不可能具体地涉及机械的结构和强度设计等细节，因此评价指标应主要考虑技术方面的因素，即功能和工作性能方面的指标应占有较大的比例。表6-5列出了机械系统功能和性能的各项评价指标及其具体内容。

表 6-5　机械系统功能和性能的各项评价指标及其具体内容

序　号	评 价 指 标	具　体　内　容
1	系统功能	能否实现运动规律或运动轨迹、实现工艺动作的准确性、实现特定功能的能力等
2	运动性能	运转速度、行程可调性、运动精度等
3	动力性能	承载能力、增力特性、传力特性、振动噪声等
4	工作性能	效率高低、寿命长短、可操作性、安全性、可靠性、适用范围等
5	经济性	加工难易、能耗大小、制造成本等
6	结构紧凑性	尺寸、重量、结构复杂性等

表6-5所列的各项评价指标及其具体内容，是根据机械系统设计的主要性能要求和机械设计专家的咨询意见设定的。对于具体的机械系统，这些评价指标和具体内容还需要依据实际情况加以增减和完善，以形成一个比较合适的评价指标。

根据上述评价指标，即可着手建立一个评价体系。所谓评价体系，就是通过一定范围内的专家咨询（在一个班级内，也可以选择若干个学习成绩好的学生作为专家），确定评价指标及其评定方法。需要指出的是，对于不同的设计任务，应根据具体情况，拟定不同的评价体系。例如，对于重载机械，应对其承载能力给予较大的重视；对于加速度较大的机械，应对其振动、噪声和可靠性给予较大的重视；至于适用范围这一项，对于通用机械，适用范围广些为好，而对专用机械，则只需完成设计目标所要求的功能即可。

3. 评价方法

评价方法分为如下三类：

（1）经验评价法　根据评价者的经验，对方案作粗略的定性评价。当方案不多、问题不太复杂时，可采用经验评价法。排除法（淘汰法）是一种较简单的评价方法，就是请专家根据设计要求逐个方案、逐个项目地进行评价，若有一项不满足要求就予以排除，未淘汰的待选方案即可进入下一轮设计。

排队法是将方案两两对比，优者给1分，劣者给0分，求总分后以分高者为佳。该方法一般适用于对创新方案进行初步评价。

（2）数学分析法　运用数学工具进行分析、推导和计算，得到定量的评价参数，供决策者参考。这种方法在评价过程中应用最广泛，有评分法、技术经济评价法和模糊评价法等。其中，模糊评价法用于在方案评价过程中有一部分评价目标（如美观、安全性、舒适性、便于加工等）只能用好、差、受欢迎等"模糊概念"来评价的场合。

（3）试验评价法　对于一些比较重要的方案环节，采用数学分析法评价后仍没有把握时，应通过模拟试验或样机试验，对方案进行试验评价。这种方法得到的评价参数准确，但代价较高。

第三节　机械运动方案中的机构创新设计

机构创新设计是一项创新构思设计，通过借鉴成功的经验及机构实例资料，利用各种"创造技法"去激发创造思维，设计满足运动要求的初始机械运动方案。在初定运动方案后，可以通过以下几种方法构思出更多的机械运动方案。

一、机构变异法

变异法是在维持机构特性不变或略有变化的条件下，通过运动副形状、尺寸或位置的改变而使机构变型的方法。通过变异而获得新功能的机构，称为变异机构。应用变异机构是为了满足实现更多功能的要求，使机构具有更好的性能，并且为机构组合提供更多的基本机构。机构变异的方法很多，下面介绍几种常用的方法。

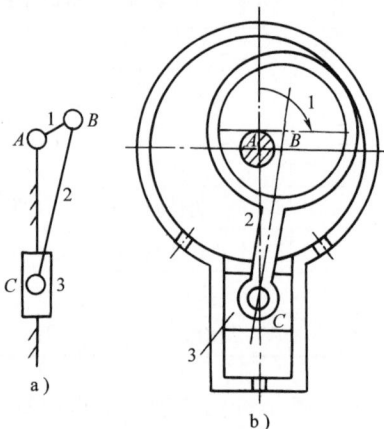

图　6-8

1. 改变运动副尺寸

如图6-8a所示为曲柄滑块机构。当转动副的直径尺寸增大到将转动副A包括在其中时，曲柄1就变成了一个偏心盘，曲柄滑块机构便变异成如图6-8b所示的活塞泵。

2. 改变运动副的形状

如图6-9所示为做间歇直动的槽条机构，该机构是将槽轮变异为了移动形式。

3. 改变构件的结构形状

如图6-10所示为单停歇导杆机构，该机构是在原直线导杆机构的基础上设置一段圆弧槽，其圆弧半径与曲柄长度相等，则导杆将在左极位时做较长时间的停歇。

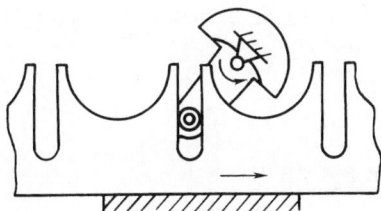

图　6-9

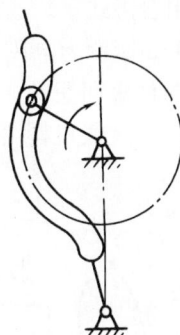

图　6-10

4. 选用不同的构件作为机架

图 6-11 所示为凸轮机构的机架变换及实际应用。图 6-11a 所示为摆动推杆盘形凸轮机构；图 6-11b 所示为机架变换后的凸轮机构；图 6-11c 所示为凸轮-行星机构，是机架变换后凸轮的应用实例。

5. 增加辅助结构

图 6-12 所示是一种推杆可调的凸轮机构。该凸轮机构的推杆上有两个滚子 3 和 4，它们可沿弧形槽移动和固定。改变两滚子之间的中心距，可调节推杆 2 停歇的时间；不改变滚子间的中心距，而只改变滚子在弧形槽内的位置，则可调节推杆上升和下降的时间。

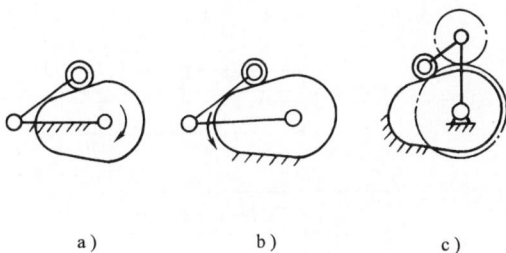

a）　　　　　　　b）　　　　　　　c）

图　6-11

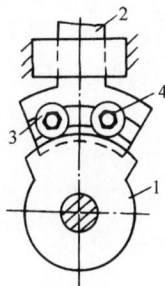

图　6-12

二、机构组合法

机构组合是将几种基本机构组合在一起，组合体的各基本机构还保持各自的特性，但需要各个机构的运动或动作协调配合。

基本机构主要是指连杆机构、凸轮机构、齿轮机构和间歇机构等。这些基本机构的应用非常广泛，但随着机械化、自动化程度的提高，机构运动和动力特性也面对更高的要求，单一的基本机构由于自身的局限性而无法满足多方面的要求。因此，必须进行机构的组合创新设计，使各基本机构的优点得以发挥，不良性能得以改善。运用机构的组合原理，可设计出既满足工作要求，又具有良好运动和动力特性的机构。常见的机构组合方式有串联式、并联式、复合式和装载式组合等。

机构的装载式组合（又称为机构的叠加式组合）是将一个机构安装在另一个机构的活动

构件上的组合形式。装载式组合机构的主要功能是实现特定的输出，完成复杂的工艺动作。

图 6-13a 所示为电风扇摇头机构，风扇装在双摇杆机构的摇杆上。风扇回转时，通过蜗杆传动使摇杆来回摆动。该机构的装载机构是双摇杆机构，被装载机构是电风扇。主动件为风扇的转子，装载机构由被装载机构带动。该机构只有一个自由度，其组合示意框图如图 6-13b 所示。

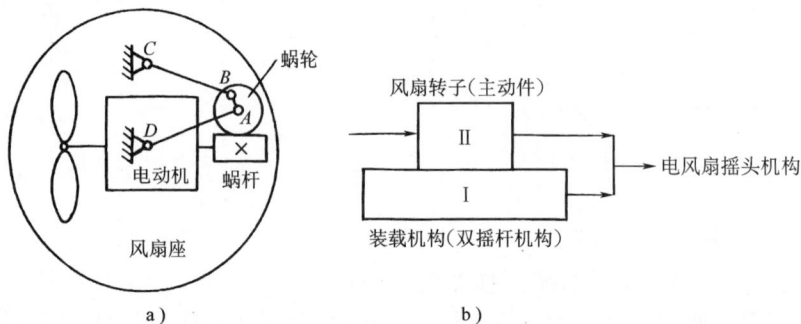

图 6-13

图 6-14a 所示为一液压挖掘机，由三套摆动液压缸机构装载组合而成。第一套液压缸机构 1-2-3-4 以挖掘机机身 1 为机架，输出构件是大转臂 4，该机构的运动可以使大转臂 4 实现俯仰动作；第二套液压缸机构是 4-5-6-7，装载在第一套机构的大转臂 4 上，该机构的输出构件是小转臂 7，运动结果是使小转臂 7 实现伸缩摇摆；第三套机构是由 7-8-9-10 组成的液压缸机构，它装载在第二套机构的小转臂 7 上，最终使铲斗 10 完成复杂的挖掘动作。该机构的组合示意框图如图 6-14b 所示。

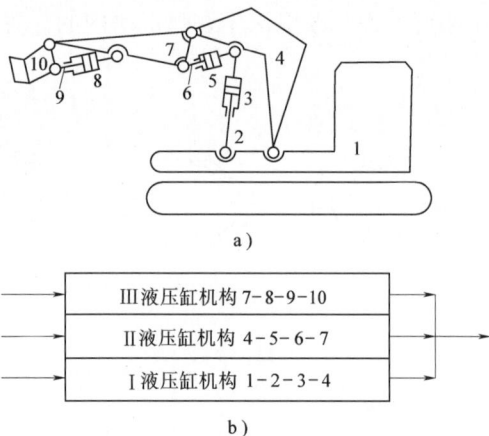

图 6-14

三、机构演绎法

机构演绎法，又称再生运动链法。该方法的一般步骤是：①找出可用的现存设计，并归纳出这些机构的拓扑构造特性；②任意选择一个目前存在的设计作为原始机构，经由一般化程序，把原始机构转化成为只含有连杆和转动副的一般化运动链；③运用数目综合理论，得到具有所需构件和运动副数目的一般化运动链图谱；④根据设计要求，经由特定化程序，指定运动链图谱中每一个运动链构件和运动副的类型，以获得特定化运动链图谱；⑤从所得到的特定化运动链图谱中，找出能满足设计约束条件的可用特定化运动链图谱；⑥经由具体化程序，将每个可用特定运动链转化成为与其相对应的机构，以获得机构图谱；⑦从建立的机构图谱中去掉目前存在的设计，即获得新类型的机构图谱。该方法的详细内容见参考文献［10］。

在机械运动初始方案的基础上，通过机构创新设计构造出更多的机构形式，然后通过对比、评价，选出最佳的机械运动方案。

第七章

机械原理课程设计示例

第一节　刨床刨刀往复运动机构的方案设计

机械方案设计将决定机械未来的面貌，对机械的性能、成本有较大的影响。完成同一生产任务的机器，可以有多种多样的设计方案，而同一种设计方案，又可以有不同的参数组合，设计者可根据具体情况拟定经济可靠、工作效率高的设计方案。

机械方案设计主要包括机构的选型与组合、运动形式的变换与传递，以及机构运动简图、传动系统示意图等的绘制。

现以刨床的刨刀往复运动机构为例，说明如何进行方案设计。

一、主要运动要求

1）为了提高工作效率，在空回行程时，刨刀快速退回，即要有急回作用，行程速比系数要在 1.4 左右。

2）为了提高刨刀的使用寿命和工件的表面加工质量，在工作行程时，刨刀速度要平稳，切削阶段刨刀应近似做匀速运动。

3）曲柄转速为 60r/min，刨刀行程 H 在 300mm 左右为好，切削阻力约为 7000N，其变化规律如图 7-1 所示。

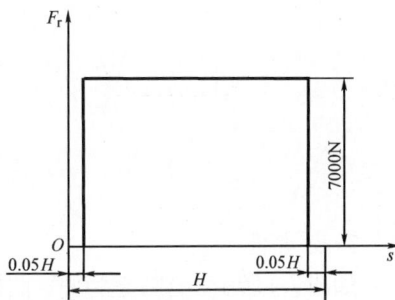

图　7-1

二、机构选型

1. 方案 I

如图 7-2 所示，该方案由两个四杆机构组成。使 $b>a$，构件 1、2、3、6 便构成摆动导杆机构，基本参数为 $a/b=\lambda$。构件 3、4、5、6 构成摇杆滑块机构。该方案具有如下特点：

1）这是一种平面连杆机构，结构简单，加工方便，能承受较大载荷。

2）具有急回作用，其行程速比系数 $k=(180°+\theta)/(180°-\theta)$，而 $\theta=2\arcsin\lambda$。只要正确选择 λ，即可满足行程速比系数 k 的要求。

3）滑块的行程 $H=2L_{CD}\sin(\theta/2)$，θ 已经确定，因此只需选择摇杆 CD 的长度，使其满足行程 H 的要求即可。

4）曲柄主动，构件 2、3 之间的传动角始终为 90°。摇杆滑块机构中，当点 E 的轨迹位

于点 D 所作圆弧高度的平均线上时，构件 4、5 之间有较大的传动角。当 $a = 110\text{mm}$、$b = 380\text{mm}$、$L_{CD} = 540\text{mm}$、$L_{DE} = 135\text{mm}$ 时，可得 $\gamma_{min} = 85.09°$，$k = 1.46$，$H = 312\text{mm}$，构件 4、5 之间有较大的传动角，机构横、纵向运动尺寸为 446.5mm 和 540mm。可见，此方案加工简单，占用面积比较小，传力性能好。

5）工作行程中，能使刨刀速度比较慢，而且变化平缓，符合切削要求。

2. 方案Ⅱ

如图 7-3 所示，将方案Ⅰ中的连杆 4 与滑块 5 的转动副变为移动副，并将连杆 4 变为滑块 4，即得方案Ⅱ。故该方案除具备方案Ⅰ的特点外，因构件 4、5 间的传动角始终为 90°，所以受力更好，结构也更加紧凑。

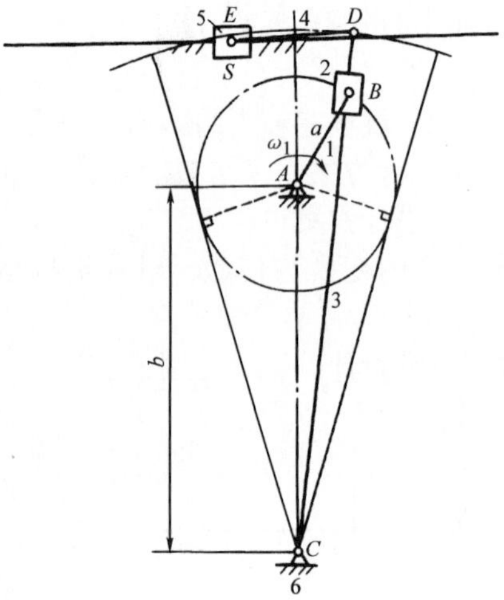

图　7-2

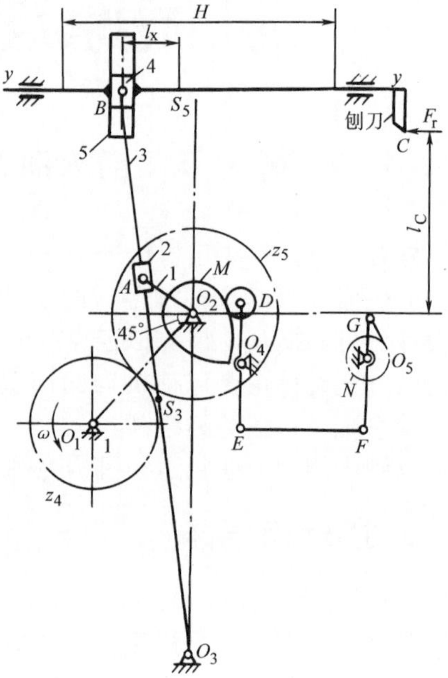

图　7-3

3. 方案Ⅲ

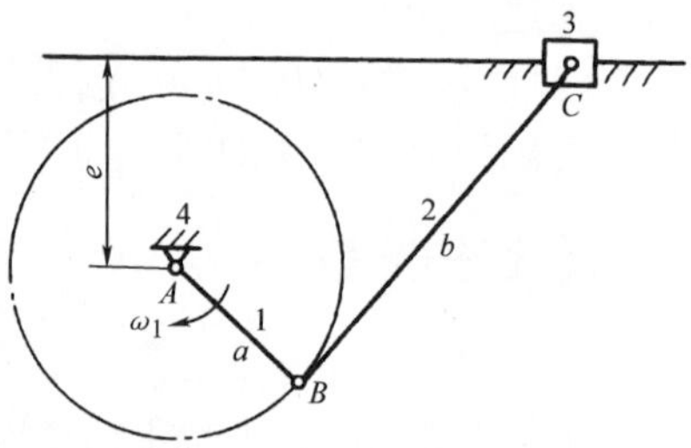

如图 7-4 所示，该方案为偏置曲柄滑块机构，机构的基本尺寸为 a、b、e。该方案具有如下特点：

1）这是四杆机构，其结构较前述方案简单。

2）因极位夹角 $\theta = \arcsin[e/(b-a)] - \arcsin[e/(b+a)]$，故具有急回作用，但急回作用不明显。增大 a 和 e 或减小 b，均能使 k 增大到所需值，但增大 e 或减少 b 会使滑块速度变化剧烈，最大速度、加速度和动载荷增

图　7-4

加，且使最小传动角 γ_{min} 减小，传动性能变坏。此外，在各构件的尺寸满足 $k = 1.46$、$H = 312\text{mm}$ 的条件下，工作行程中最小传动角为 36.9°，空回行程中最小传动角为 28.12°。显然，此方案的传动角不符合要求。同时，横向运动尺寸约为纵向运动尺寸的 2 倍，结构欠匀称。

4. 方案Ⅳ

如图 7-5 所示，该方案由两个四杆机构串联而成（$b < a$）。其中，转动导杆机构的基本参

数为 $a/b=\lambda$，对心曲柄滑块机构的曲柄和连杆长分别为 c 和 L。该方案具有如下特点：

1）因行程速比系数 $k=(180°+\theta)/(180°-\theta)$，而 $\theta=2\beta=2\arcsin(1/\lambda)$，故只要适当选择 λ，使其满足 k 的要求即可。若减小 λ，可使 k 增大，但将使导杆 3 的角速度剧烈变化，产生冲击。

2）滑块 5 的行程 $H=2c$，增大 L 可增大构件 4、5 间的传动角，并使滑块 5 的速度变化平缓。

3）因曲柄 1 和导杆 3 都做整周运动，所以机构的横、纵向运动尺寸较大。另外，构件 4、5 之间的最小传动角一般比方案 Ⅰ、Ⅱ 的小。在各构件的尺寸满足 $k=1.46$、$H=312\mathrm{mm}$ 的条件下，机构的传力性能、工作行程中滑块 5 的速度变化情况和机构的横、纵向运动尺寸均不如方案 Ⅰ、Ⅱ 好。

5. 方案 Ⅴ

如图 7-6 所示，该方案由两个四杆机构组成。构件 1、2、3、6 组成曲柄摇杆机构，构件 3、4、5、6 组成摇杆滑块机构。该方案具有如下特点：

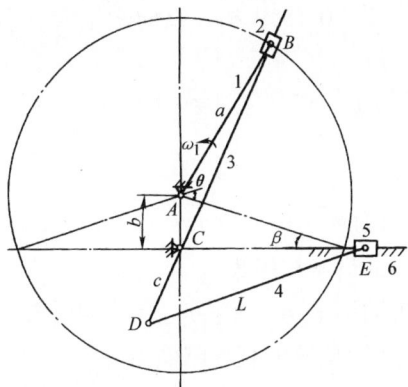
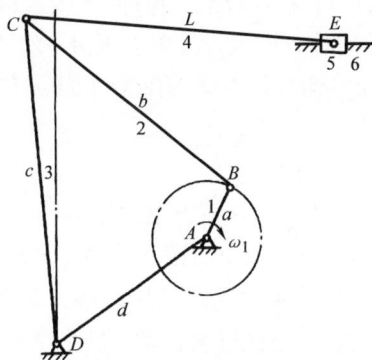

图　7-5　　　　　　　　　　　　图　7-6

1）具有急回作用，极位夹角 θ、摇杆 3 的摆角 ψ 及构件 2、3 之间的最小传动角 $\gamma_{\min}$ 计算式为

$$\theta=\arccos\frac{d^2+(b-a)^2-c^2}{2d(b-a)}-\arccos\frac{d^2+(b+a)^2-c^2}{2d(b+a)}$$

$$\psi=\arccos\frac{c^2+d^2-(b+a)^2}{2cd}-\arccos\frac{c^2+d^2-(b-a)^2}{2cd}$$

$$\gamma_{\min}=\left(\arccos\left|\frac{b^2+c^2-(d\pm a)^2}{2bc}\right|\right)_{\min}$$

由此可知，a、b、c 和 d 对 θ、ψ、$\gamma_{\min}$ 均有影响，设计计算比较麻烦。

2）做往返运动的滑块 5、作平面复杂运动的连杆 BC 和 CE 的动平衡较困难。

3）当各构件的尺寸满足 $k=1.46$、$H=314\mathrm{mm}$ 时，构件 4、5 之间的最小传动角在工作行程和空回行程中分别为 34.47° 和 24.33°，构件 4、5 之间的最小传动角为 88.76°；机构的横、纵向运动尺寸分别为 860mm 和 540mm。

由此可知，此方案的传力性能、横向尺寸和工作行程中滑块 5 的平稳性均不如方案 Ⅰ、Ⅱ 好。

6. 方案 Ⅵ

如图 7-7 所示，该方案由两个四杆机构组成。构件 1、2、3、6 构成双曲柄机构，构件 3、4、5、6 构成曲柄滑块机构。该方案具有如下特点：

1）具有急回作用，因 $\varphi_1 = \arctan(c/d)$，而 $\theta = 180° - 2\varphi_1$，行程速比系数 $k = (180° + \theta)/(180° - \theta) = (180° - \varphi_1)/\varphi_1$。可见，减小 c 或增大 d 都能使 k 增大。

2）因为曲柄 1、3 都能做整周运动，机构的横向与纵向运动尺寸均较大，且点 A 与点 D 处的传动轴均应悬臂安装，否则当机构运动时，轴与曲柄将发生干涉。

3）做往复运动的滑块 5、做平面复杂运动的连杆 EF 和 BC 的动平衡较困难。

4）当各构件的尺寸满足 $k = 1.6$、$H = 312$mm 时，在工作和空回行程中，构件 2、3 之间的最小传动角

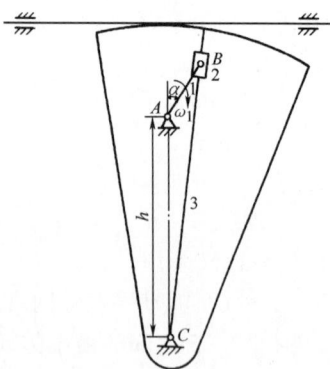

图 7-7

分别为 $51.13°$ 和 $43.85°$；构件 4、5 之间的最小传动角为 $70.18°$；横、纵向运动尺寸分别为 925mm 和 718mm。刨刀的速度也不够平稳。

由此可知，该方案的传力性能、工作行程中速度的平稳性和横、纵向运动尺寸均不如方案 Ⅰ、Ⅱ。

7. 方案 Ⅶ

如图 7-8 所示，该方案由摆动导杆机构和齿轮齿条机构组成。该方案具有如下特点：

1）齿轮齿条的加工比较复杂，特别是制造精度高的齿条较困难。

2）齿轮齿条之间为高副接触，易磨损，磨损后传动不平稳，并将产生噪声和振动。

3）导杆做变速往复摆动，特别是在空回行程中，导杆角速度有较剧烈的变化，会使齿轮机构受到很大的惯性冲击和振动。

4）需解决扇形齿轮的动平衡问题，否则动载荷会增大。

由此可知，齿条在较大冲击载荷下工作，轮齿很容易折断，所以此方案不理想。

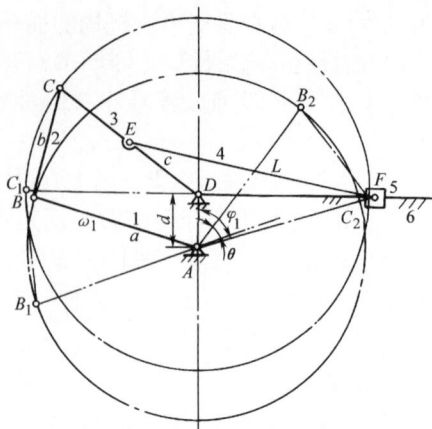

图 7-8

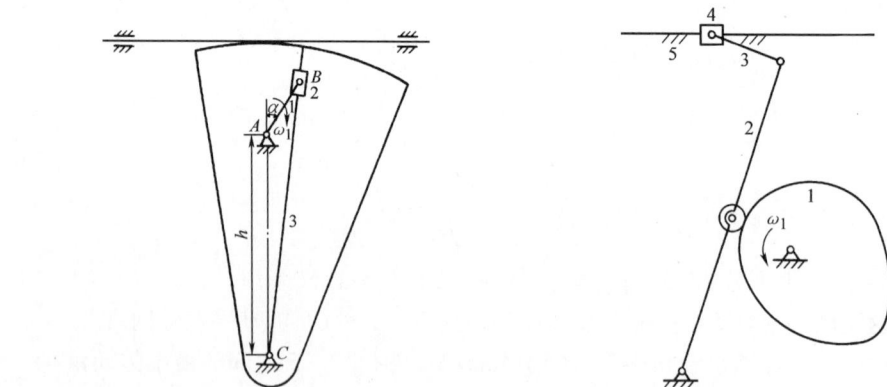

图 7-9

8. 方案 Ⅷ

如图 7-9 所示，该方案由凸轮机构和摇杆滑块机构组成。该方案具有如下特点：

1）凸轮机构虽然可使从动件获得任意的运动规律，但凸轮制造过程复杂，表面硬度要求高，因此加工和热处理的费用较大。

2）凸轮与从动件间为高副接触，只能承受较小载荷；表面磨损较快，磨损后凸轮的廓线形状将发生变化。

3）滑块的急回运动性质会使凸轮机构受到较大冲击。

4）滑块的行程 H 比较大，调节比较困难，这必然使凸轮机构的压力角过大。为了减小压力角，则需增大基圆半径，从而使凸轮和整个机构的尺寸十分庞大。

5）需要用力封闭或几何封闭的方法保持凸轮和从动件始终接触，使结构复杂。

因此，该方案不适用于载荷和行程较大的刨床。

从以上八个方案的比较中可知，为了满足给定的刨刀运动要求，以采用方案Ⅱ为宜。

三、牛头刨床的传动系统

如图 7-10 所示为牛头刨床的机构简图，其传动部分是由电动机经 V 带和齿轮传动，带动曲柄 7 和固接在其上的凸轮 12。刨床工作时，由导杆机构 7-8-9-10-11 带动刨头 11 和刨刀 18 做往复运动。刨头右行时，刨刀进行切削，称为工作行程；刨头左行时，刨刀不切削，称为空回行程。在刨刀每切削完一次的空回行程的时间里，凸轮 12 通过四杆机构 13-14-15 与棘轮带动螺旋机构（图中未画出），使工作台连同工件做一次进给运动，以便刨刀继续切削。

电动机采用绕线转子交流电动机，工作时不调速。初选电动机的转速，再根据曲柄 7 的转速（60r/min），计算传动系统的总传动比，然后进行传动比分配。

四、导杆机构分析与设计

1. 六杆机构的尺寸综合

（1）确定曲柄和导杆的尺寸　　根据行程速比系数 k 求出极位夹角 θ，然后根据已知的 $l_{O_2O_3}$ 用作图法（图 7-11）或解析法确定曲柄和导杆的尺寸（精确到 0.1mm）。

（2）确定滑枕导路的位置　　可根据传力的最有利条件来确定。如图 7-11 所示，导路位置一般基于 EF 的中点来确定。

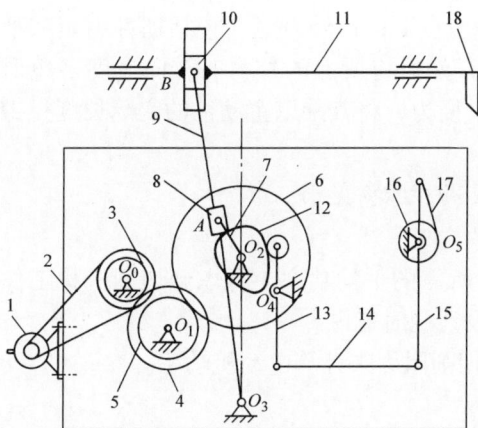

图 7-10

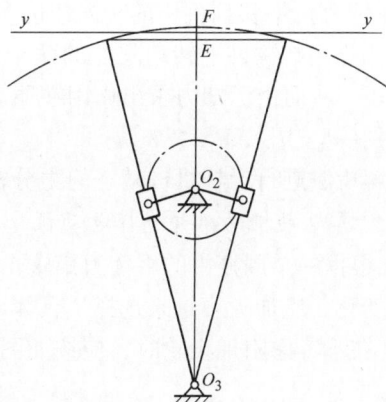

图 7-11

2. 导杆机构的运动分析

（1）画机构位置图　　根据前面求得的六杆机构的各杆尺寸选取比例尺 μ_L，在 1 号图纸上画出机构位置图，每位同学按所分配的两个曲柄位置画出机构的两个相应位置。其中一个位置用粗实线画出，另一个位置则用细实线画出。机构处于上极限位置时，曲柄的 O_2A 位置为起始位置，如图7-3所示。

（2）用相对运动图解法求出所分配的两个位置的速度和加速度　首先列出速度、加速度矢量方程，在矢量方程中标明已知量和待求量，适当选取速度比例尺 μ_v 和加速度比例尺 μ_a，在机构位置图旁画出速度、加速度多边形（先用细实线画出，再用解析法加以验证，确信正确无误后再加深），从而求出机构各运动副处的速度、加速度和各构件的角速度、角加速度。

（3）作导杆机构运动线图　将曲柄回转的一周12等分，求出滑枕在各位置的位移 s_C、速度 v_C 和加速度 a_C。以曲柄的转角为横坐标，以 s_C、v_C、a_C 为纵坐标作出的线图，即为导杆机构运动线图。

以上过程若采用解析法请参考第二章。

3. 六杆机构的动态静力分析

用图解法作六杆机构动态静力分析的求解内容和步骤如下：

1）将六杆机构分解成两个Ⅱ级组和一个原动件。取合适的比例尺绘出杆组和原动件图，将其画在机构位置图所在的1号图纸上，杆组和原动件的位置和机构位置应一致。

2）根据运动分析求得的数据，计算各杆件上所作用的惯性力和惯性力矩，加在杆组中相应的构件上。对于同时存在惯性力和惯性力矩的构件，将惯性力和惯性力矩进行合成，用一合惯性力来表示。

3）在杆组上加上所有外力，并将杆组两个外接运动副的作用力分解成两个分力，使其中一个力沿着杆的方向，而另一个力垂直于杆的方向。根据杆组的静定条件列写出力平衡矢量方程。选择适当的比例尺 μ_F，画出力矢量多边形，求出各运动副中约束反力的大小和方向。对于移动副，还应求出力的作用点。

4）确定加在原动件上的平衡力矩 M_b。

5）用速度多边形杠杆法（茹可夫斯基杠杆法）进行检验。将机构上作用的所有外力（包括惯性力）平移到机构的转向速度多边形的对应点上；将外力矩（包括惯性力矩和平衡力矩）用作用在构件上转动副处的两个力来代替，然后将所有的外力对转向速度多边形的极点取矩，从而由已知力求出作用在原动件上的平衡力，将其乘以主动件的实际长度得 M'_b，要求达到 $(M_b-M'_b)/M_b \leqslant 5\%$。

用解析法进行导杆机构动态静力分析时，方法和步骤参见第二章。

4. 计算电动机功率并选择电动机

1）根据一个周期内的平衡力矩求出导杆机构所需的平均功率，考虑到切削机构工作时载荷有变化，应加大容量来选择，具体应与飞轮设计同时考虑。

2）在不考虑附加飞轮时，应按图7-1所示切削阻力来计算电动机功率。

五、齿轮机构设计

1）根据运动及结构要求确定各轮齿数及主要参数，再确定齿轮传动类型，而后选择变位系数 x_1 和 x_2，除保证两齿轮不产生根切外，变位系数还需根据其他条件确定，具体选择方法见第四章。

2）计算该对齿轮的各部分尺寸（长度尺寸精确到小数点后 1 位，齿厚方向的各部分尺寸精确到小数点后两位），并验算重合度（$\varepsilon_\alpha > 1.2$）和齿顶厚（$s_a > 0.25m$）。

3）绘制齿轮机构传动啮合图。绘出在节点处啮合的一对轮齿，对于齿根圆小于基圆的齿轮，其非渐开线部分齿廓用径向线画出，径向线与齿根圆用半径为 $0.2m$（模数）的圆弧连接。渐开线齿廓部分可近似用齿廓在节点 P 处的曲率半径为半径的圆弧代替。在图上应标注出齿顶圆、分度圆、节圆、基圆、齿根圆、中心距、实际啮合线、理论啮合线、啮合角和齿廓实际工作段。

六、凸轮机构设计

1）根据运动和工作要求选择从动推杆的运动规律，再根据从动推杆的运动规律和许用压力角 $[\alpha]$，用图解法或解析法确定凸轮机构的基圆半径 r_0、凸轮回转中心与摆动推杆摆动中心之间的距离 a，以及摆动推杆在初始位置时的摆角 ψ_0。

2）根据从动推杆的运动规律，设计凸轮轮廓曲线（理论轮廓曲线和实际轮廓曲线），建立理论轮廓曲线曲率半径的数学模型；设计框图，编写计算程序，内容应包括确定理论轮廓曲线上的最小曲率半径 $\rho_{\min}$，并根据 $\rho_{\min}$ 确定滚子半径 r_r，一般取 $r_r \leqslant 0.8\rho_{\min}$。

3）绘制凸轮机构传动图，在图上用点画线画出凸轮理论轮廓曲线，用粗实线画出凸轮实际轮廓曲线和从动推杆，并在图上标出凸轮的转向、升程运动角 δ_0 和回程运动角 δ_0'，以及从动推杆在最远位置停留时凸轮转过的角度 δ_{01}、基圆半径 r_0、中心距 a、摆动推杆的尺寸和起始摆角 ψ_0。

七、对刨床进行动力学分析

1）分析刨床工作过程中的速度波动情况。

2）进行飞轮设计。用图解法求飞轮的设计步骤如下：

①求等效阻力矩。取曲柄为等效构件，不考虑各构件的重力，根据导杆机构运动分析中求出的数据，采用 $M_r\omega_1 = F_r v_C$ 关系式求出曲柄在不同位置时的 M_r 值，然后选取适当的比例尺 μ_M 和 μ_{φ_1}，画出等效阻力矩 $M_r = M_r(\varphi_1)$ 线图。

②求等效力矩所做的功。应用图解积分法（见参考文献[2]）由 $M_r = M_r(\varphi_1)$ 线图作等效阻力矩所做的功 $W_r = W_r(\varphi_1)$ 线图。根据在一个运动周期内等效驱动力矩做的功等于等效阻力矩做的功以及 $W_d = $ 常数，求出等效驱动力矩所做功的 $W_d = W_d(\varphi_1)$ 线图，再通过图解微分法由 $W_d = W_d(\varphi_1)$ 求作等效驱动力矩 $M_d = M_d(\varphi_1)$ 线图。

③求最大盈亏功。不计机构各构件的质量和转动惯量所产生的动能，根据 $\Delta E = W_d - W_r$，由 $W_d = W_d(\varphi_1)$ 和 $W_r = W_r(\varphi_1)$ 线图求解绘出机械动能的增量 $\Delta E = \Delta E(\varphi_1)$ 线图。在线图上找出 $\Delta E_{\max}$ 和 $\Delta E_{\min}$，两者之差则为最大盈亏功。

将上述各线图依次绘在 2 号图纸上。

④由最大盈亏功和有关的已知数据求飞轮的转动惯量。

⑤计算飞轮尺寸。

用解析法求飞轮转动惯量时，具体方法和步骤参见第五章。

3）根据电动机额定力矩选择制动器。

第二节　简易圆盘印刷机的主要机构设计

一、设计要求

简易圆盘印刷机是印刷各种 8 开及以下印刷品的机械，其印刷能力为 30 次/min。它要求能实现以下三个主要运动。

1. 印头 O_2B 的往复摆动

如图 7-12 所示，印头上放置印刷纸张。O_2B_1 是印头合上印刷时的位置，O_2B_2 是印头打开时的位置，这时可以人工取出印刷好的纸和放入待印刷的纸，两位置的夹角 $\psi=60°$。要求印头打开的平均速度大于印头合上的平均速度，即要求印头有急回特性，行程速比系数 k 要求在 1.1 左右。

2. 油辊 E 的上下滚动

当印头打开时（从 O_2B_1 到 O_2B_2 位置），油辊从 O_1E_1 位置沿着固定印刷板运动到 O_1E_2

图　7-12

位置，给固定印刷板上油墨；当印头合上时（从 O_2B_2 到 O_2B_1 位置），油辊从 O_1E_2 位置返回 O_1E_1 位置。油辊两位置的夹角 $\beta=120°$，O_1E 是径向可伸缩的构件。

3. 油盘的间歇转动

为使油墨在油辊上均匀涂敷，要求在油辊自 O_1E_1 位置开始向下运动前，油盘做一次间歇转动，转角大于或等于 45°。

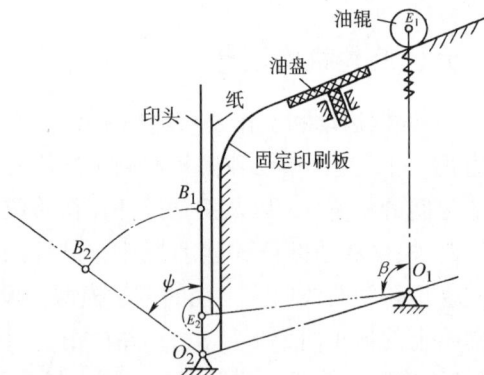

二、机构的设计

（一）各执行机构的方案设计

1. 印头往复摆动的实现机构

若选择电动机为动力源，则此机构具有将连续的回转运动变换为往复摆动的功能。可采用的机构比较如下：

（1）各种摆动从动件的凸轮机构　这种机构可以选择从动件运动规律，以满足急回特性的要求，但当从动件摆角（印头摆角 60°）较大时，为了使机构压力角不超过许用压力角，则需凸轮的基圆半径较大，整个凸轮机构的尺寸也因此较大，同时高副机构易磨损，凸轮加工也较困难。

（2）齿轮齿条机构　先要将电动机输出的连续的回转运动变换为齿条的往复直线运动，然后再将齿条的往复直线运动变换为齿轮的往复摆动，且要实现急回运动，机构结构将很复杂。

（3）曲柄摇块机构和摆动导杆机构　摆动导杆机构是将曲柄摇块机构中摇块与导杆互换而得，其运动性质没有改变，实质上是一个机构。这种低副机构具有受力好、运动副几何封闭、制造简单等优点，且能满足急回特性的要求，但摆动导杆机构中导杆的摆动角度与极位夹角总是相等的，而在圆盘印刷机中印头摆角为 60°，极位夹角也为 60°，则行程速比系数为 2，这会导致回程速度太大，引起冲击、振动等。

（4）曲柄摇杆机构　曲柄摇杆机构具有低副机构的优点，且结构简单，能实现急回运动。

比较上述机构的优缺点，选用曲柄摇杆机构为印头摆动机构较合适。

2. 油辊往复摆动的实现机构

根据设计要求可知，油辊的往复摆动与印头的往复摆动之间有一定的位置协调关系，所以此机构应将摆动的印头作为原动件，具有将印头的往复摆动变换为油辊的往复摆动的功能。可采用的机构比较如下：

（1）齿轮机构　可采用三个外啮合齿轮，其中主动轮与印头固连，从动轮与油辊固连，中间是惰轮，这样可保证印头的摆动与油辊的摆动同步，根据齿轮的齿数比来满足摆角的大小。但当印头摆杆与油辊摆杆的轴线 O_1O_2 距离较大时，齿轮中心距较大，机构尺寸也较大。

（2）双摇杆机构　可以实现印头与油辊的同步摆动，且具有低副机构的结构简单、制造方便的优点，又因油辊摆动仅是给印刷板上油墨，摆角不要求十分精确，故可选用双摇杆机构。

3. 油盘间歇转动的实现机构

棘轮机构、槽轮机构、凸轮式间歇机构以及不完全齿轮机构均可实现间歇转动。由于油盘间歇转动频率是 30 次/min，属于低速机构，故不需要凸轮式间歇机构；又因油盘间歇转动只是为了达到油墨在油辊上均匀涂敷的目的，不需要精确的转位，所以也无需用槽轮机构和不完全齿轮机构，故选用较简单的棘轮机构即可。

（二）各机构动作的协调配合

用运动循环图表示各机构动作的协调配合情况，如图 7-13 所示，以曲柄转 360° 为一个循环周期，以印头打开最大的位置为起始位置。在原动曲柄轴旋转一圈的一个循环中，印头合上的速度比打开的速度慢，所以 $\varphi_1 > \varphi_2$；油盘的间歇转动可取在油辊即将摆到 O_1E_1 的位置和油辊才自 O_1E_1 位置往下摆的时刻，这样油盘的转动不会与油辊的摆动相干涉，根据具体情况取 φ_3 和 φ_4。

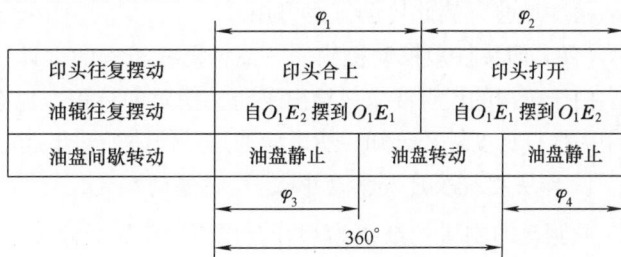

	φ_1		φ_2
印头往复摆动	印头合上		印头打开
油辊往复摆动	自 O_1E_2 摆到 O_1E_1		自 O_1E_1 摆到 O_1E_2
油盘间歇转动	油盘静止	油盘转动	油盘静止
	φ_3		φ_4
	360°		

图　7-13

（三）传动系统的方案设计

1. 预选原动机

根据圆盘印刷机的工作情况和原动机的选择原则，初选三相异步电动机为原动机，额定转速 $n_H = 960\text{r/min}$。因额定功率需在力分析后确定，故电动机的具体型号待定。

2. 计算总传动比

题目要求圆盘印刷机的生产率为 30 次/min，以曲柄每转一周圆盘印刷机印刷一张纸为一个周期，可知从电动机到曲柄的总传动比 i_T 应为

$$i_T = \frac{n_H}{n} = \frac{960}{30} = 32$$

3. 拟定传动系统方案

根据执行系统的工况和初选原动机的工况，以及要实现的总传动比，拟选用带传动机构

和两级齿轮减速传动组成圆盘印刷机的传动系统，并将带传动机构置于系统的高速级，如图7-14所示。

4. 分配各级传动比

根据各级传动机构传动比的推荐值，初定带传动的传动比 $i_1 = 4$，第一级齿轮传动的传动比 $i_2 = 3.21$，第二级齿轮传动的传动比 $i_3 = 2.48$。选择传动参数

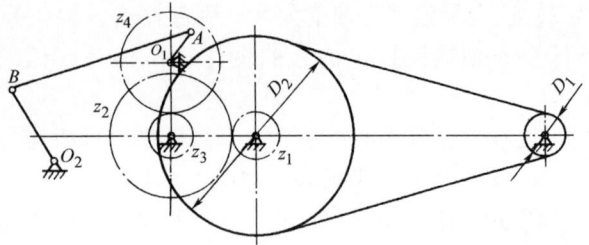

图　7-14

$$D_1 = 140 \text{mm} \quad D_2 = 560 \text{mm} \quad i_1 = 4$$
$$z_1 = 19 \quad z_2 = 61 \quad i_2 = 3.21$$
$$z_3 = 20 \quad z_4 = 50 \quad i_3 = 2.50$$

则实际传动比

$$i_S = i_1 i_2 i_3 = 4 \times 3.21 \times 2.50 = 32.1$$

实际曲柄转速

$$n_S = \frac{n_H}{i_S} = \frac{960}{32.1} \text{r/min} = 29.91 \text{r/min}$$

误差

$$\Delta n = \left| \frac{n_S - n}{n} \right| = \left| \frac{29.91 - 30}{30} \right| \times 100\% = 0.3\%$$

运动精度足够，故此传动方案可用。

（四）印头往复摆动机构——曲柄摇杆机构的设计

由于机构的设计要求只给出了印头摆角和行程速比系数，而设计中需要的其他已知参数，如印头摆杆长度等还未知，所以应通过其他途径初步选定这些参数后再进行机构的完整设计。

1. 印头摆杆长度及摆动中心 O_2 位置的确定

此圆盘印刷机的纸幅为8开及以下，8开纸幅尺寸为420mm×297mm，考虑印刷板边框需要留有一定空间，大约为30mm，所以取印刷板尺寸为480mm×360mm，选定固定印刷板横幅放置，则固定印刷板高度即为360mm。以印头高度中点为铰链点 B，则铰链 B 到印头底部的距离为180mm，考虑结构等因素，初步确定印头摆杆摆动中心 O_2 到印头底部的距离为140mm，则印头摆杆长度为320mm；初定铰链位置 B_1 到固定印刷板端面距离为100mm，则印头摆杆摆动中心 O_2 即确定，如图7-15所示。

2. 机构的设计

根据设计要求，目前已知：印头摆杆的两极限位置 $O_2 B_1$ 和 $O_2 B_2$；摆杆摆角 $\psi = 60°$；行程速比系数 $k = 1.1$；考虑传动角要求，选定 $\gamma_{min} \geq 45°$。可根据按给定的行程速比系数设计四杆机构的方法进行此曲柄摇杆机构的设计。极位夹角

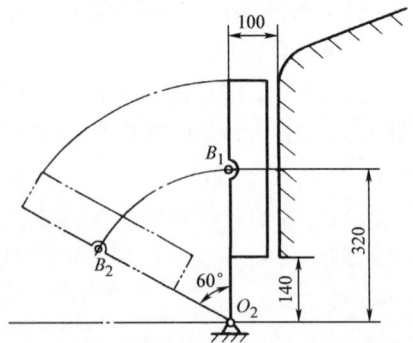

图　7-15

$$\theta = 180° \frac{k-1}{k+1} = 180° \frac{1.1-1}{1.1+1} \approx 8°$$

图解法的设计过程略，设计结果如图 7-16 所示。曲柄转动中心 O_1 应位于固定印刷板端面和 $B_2\gamma_1$、$B_1\gamma_2$ 线所围区域中的圆弧 $\overset{\frown}{ss}$ 上，而且离点 B_1 越近，传动角越大，传力效果越好。但同时，曲柄转动中心 O_1 离固定印刷板端面过近，会引起传动系统的大齿轮超出固定印刷板端面，这样结构上不好。所以，在保证传动角要求的同时，尽量使曲柄转动中心 O_1 离固定印刷板端面远些为好；此外，为了便于加工时划线定位，使曲柄转动中心 O_1 和印头摆杆摆动中心 O_2 的连线 O_1O_2 与水平线成 45° 角，这样便确定了曲柄转动中心 O_1 的位置。

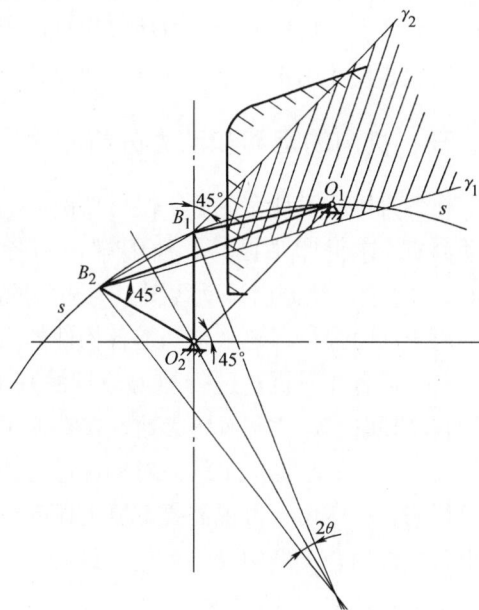

图　7-16

根据已确定尺寸和比例尺，由图 7-16 可确定 $O_1B_1 = 405\text{mm}$、$O_1B_2 = 715\text{mm}$、$O_1O_2 = 566\text{mm}$。取曲柄 O_1A 的长度为 a，连杆 AB 的长度为 b，则根据

$$b+a = O_1B_2 = 715\text{mm} \qquad b-a = O_1B_1 = 405\text{mm}$$

解得曲柄 O_1A 的长度 $a = 155\text{mm}$，连杆 AB 的长度 $b = 560\text{mm}$。

至此，实现印头摆动的曲柄摇杆机构设计完成。

（五）油辊往复摆动机构——双摇杆机构的设计

此机构以实现印头摆动的曲柄摇杆机构的印头摆杆为原动件。现已知印头摆杆 O_2B 的两位置 O_2B_1、O_2B_2 和摆角 ψ，以及油辊摆杆 O_1E 的两对应位置 O_1E_1、O_1E_2 和摆角 β。其中，油辊摆杆的摆动中心取为与曲柄回转中心同轴，如图 7-14 所示。此机构即可根据按两连架杆预定的对应位置设计四杆机构的方法进行设计。

此处作图过程略，设计结果如图 7-17 所示。其中，铰链点 C_1 应位于 B_1B_2' 的垂直平分线 kg 上；为了保证运动的连续性和在各位置都能有较大的传动角，现将其取在 E_2O_1 的延长线与线 kg 的交点 C_1 上。这样，虽然在 O_1C_1 位置的传动角 γ_1 较小，但此时油辊摆杆的受力也较小。

根据已确定尺寸和比例尺，由图 7-17 可确定：连杆长 $B_1C_1 = B_2C_2 = 610\text{mm}$，摆杆长 $O_1C_1 = O_1C_2 = 200\text{mm}$。

（六）油盘间歇转动机构——棘轮机构的设计

由于油盘的间歇转动与油辊的往复摆动要相

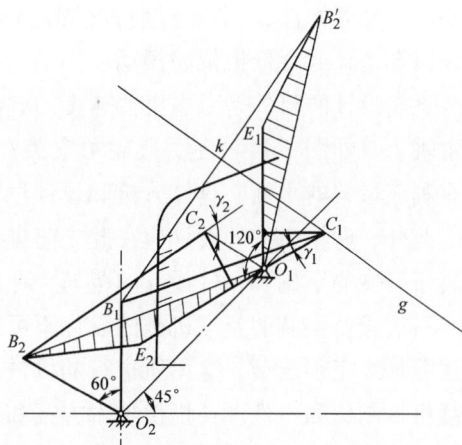

图　7-17

互协调配合，可知棘爪的摆动应与油辊的摆动同步，从而拨动油盘（做成棘轮）转动。棘爪的摆动可由摆动从动件凸轮机构实现，其中，使凸轮与油辊摆杆固接，棘爪做摆动从动件即可。此外，该机构的设计与油辊往复摆动机构的位置和结构因素等相关，因此要等到主要结构形状和尺寸确定后才可以合理地设计。

三、机构的运动和动力分析

在各机构的设计完成后，便可按前面的相关章节介绍过的图解法或解析法进行各机构的运动分析，求得印头摆杆、油辊摆杆和各连杆等在一个运动循环周期内的（角）速度、（角）加速度，绘制出运动线图，为随后的动力分析提供必要的数据。

对于动力分析，还必须知道各构件的质量、转动惯量和质心位置。可以先根据设计条件和经验，或者在对机构进行静力分析的基础上，初步给出各构件的结构尺寸，并确定出质量、转动惯量和质心位置等参数，接着便可按前面的相关章节介绍过的方法进行动态静力分析。此外，还需根据求出的力对构件进行强度验算；再根据强度验算结果对各构件的结构尺寸进行修正；然后，再视需要重复上述动态静力分析、强度验算和尺寸修正的过程，直至确定出各构件的合理结构尺寸为止。最后，求出应加在曲柄轴上的平衡力矩 M_b，并据此选择电动机额定功率 $P(\mathrm{kW})$ 为

$$P = \frac{M_b \omega}{1000\eta} = \frac{M_b \cdot 2\pi n}{60 \times 1000\eta} = \frac{M_b n}{9550\eta}$$

式中　ω——曲柄轴的角速度（rad/s）；

　　　　n——曲柄轴的转速（r/min）；

　　　　η——从曲柄轴到电动机间传动系统的效率。

可以看出，机构的动态静力分析是与机构的结构设计和强度计算穿插、交替进行的。

四、机构的平衡设计、飞轮设计

由于此圆盘印刷机中存在质心不在回转中心的摆动构件（如油辊摆杆）和做平面一般运动的连杆等构件，所以应进行绕固定轴回转的构件的平衡设计和机构在机架上的平衡设计，以期消除或降低机架的振动。

飞轮设计的目的是减少机器速度的波动。为了减轻飞轮的重量，应将其安装在转速较高的主轴上。如图 7-14 所示，飞轮可安装在大带轮轴上的另一端，分处在机架的两旁，这样也有利于机架的平衡。具体分析和设计过程参见第五章的相关内容，此处略。

此外，齿轮机构的设计应在此之前进行，其中齿轮模数又与齿轮的强度设计相关，而这些属于机械的结构和零件设计的范畴，在此不展开介绍。

最后想要强调的是，机械的设计不可能按照一个顺序流程一次完成，而是要经过反复修改才能最终完善定型。这里所进行的机械原理方面的设计，实质上是机构的综合与分析，为后续机械结构和零件设计提供技术方案和数据，而其中某些部分的设计又要与机械结构和零件设计相结合并交替进行。如何进行机械结构和零件设计，则是后续"机械设计"课程要讨论的问题。

第三节　偏置直动滚子从动件盘形凸轮轮廓设计

如图 7-18a 所示为偏置直动滚子推杆盘形凸轮机构。已知凸轮的回转方向和推杆的初始位置，偏距 $e = 10\text{mm}$，基圆半径 $r_0 = 50\text{mm}$，滚子半径 $r_r = 10\text{mm}$，最大升程 $h = 30\text{mm}$。推杆在推程以简谐运动上升，回程以等加速等减速下降，推程角 $\delta_0 = 120°$，远休止角 $\delta_{01} = 60°$，回程角 $\delta_0' = 120°$，近休止角 $\delta_{02} = 60°$。试用图解法设计该凸轮的轮廓曲线。

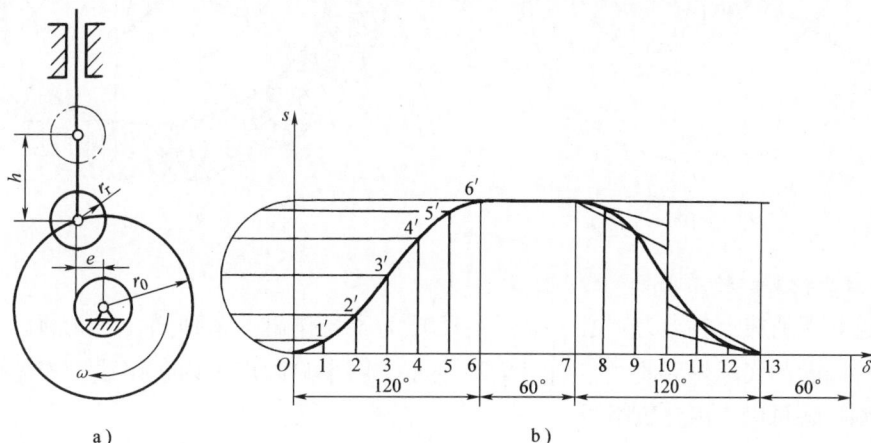

图　7-18

1. 作出推杆的位移曲线

为了便于后面的作图，需要先作出 $s = s(\delta)$ 曲线。取 $\mu_s = 0.001\text{m/mm}$，在推程段，先将推程角 6 等分，再按照简谐运动的特点作图，如图 7-18b 所示，即在 s 轴上以推程 h 为直径作一参考圆，依据此圆求出每个等分点的位移。在回程段，因为推杆的等加速等减速运动方程为一抛物线，所以可用如图 7-18b 所示的作图方法求出这段曲线。当然这部分也可以按照方程式，把每个等分点的角度代入计算式，以获得各点的位移值。

2. 作出凸轮理论轮廓曲线

1）取 $\mu_l = \mu_s$，以 O 为圆心、r_0 和 e 为半径分别作出基圆、偏距圆，并确定起点，如图 7-19 所示。

2）以 OC 为始边，按 $-\omega$ 方向确定出凸轮的推程角 δ_0、远休止角 δ_{01}、回程角 δ_0' 和近休止角 δ_{02}，并将 δ_0 和 δ_0' 分成与位移曲线中相等的等分数，得到 C_1，C_2，$\cdots$，C_{13} 各点。

3）从 C_1，C_2，$\cdots$，C_{13} 各点起作偏距圆的切线，并分别将它们向基圆外延长。由于过圆外一点向圆作切线能作出两条，因此各切线方向一定要与初始的偏距圆切线方向保持一致。

4）在各切线的延长线上，量取 $C_1 B_1 = 1'1$（$1'1$ 是如图 7-18b 所示位移曲线上的线段长）、$C_2 B_2 = 2'2$、$\cdots$、$C_{12} B_{12} = 12'12$。

5）光滑连接 BB_1，$B_1 B_2$，$B_2 B_3$，$\cdots$，$B_6 B_7$，$\cdots$，$B_{12} B_{13}$ 各段曲线，其中 $B_6 B_7$ 用一段（以 O 为圆心、OB_6 为半径的）圆弧来连接，就完整地作出了凸轮理论轮廓曲线，它由曲线 BB_6、$\overset{\frown}{B_6 B_7}$、曲线 $B_7 B_{13}$ 和 $\overset{\frown}{B_{13} B}$ 四段组成，如图 7-19 所示。

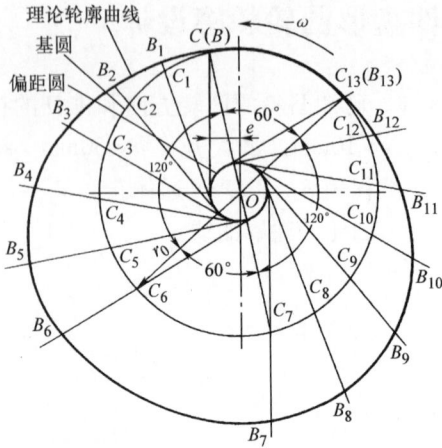

图 7-19

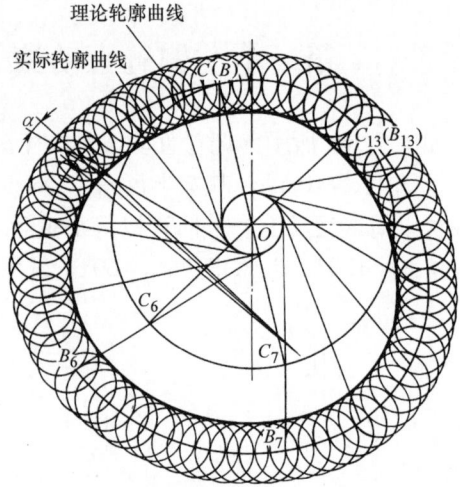

图 7-20

3. 作出凸轮实际轮廓曲线

以理论轮廓曲线上各点为圆心、滚子半径 r_r 为半径作出一系列圆，则此圆族的包络线为滚子推杆凸轮的实际轮廓曲线，如图 7-20 所示。图中只画出了内包络线，若需要几何封闭的凸轮副，还可以作出外包络线。

4. 检查凸轮机构压力角和最小曲率半径

压力角在凸轮的理论轮廓曲线上实施检查，建议在推程曲线的推程率 $\mathrm{d}s/\mathrm{d}\delta = v/\omega$ 的最大处进行。在被检查点，作出理论轮廓曲线上的法线和滚子推杆在该点接触时的移动方向线，两者之间所夹的锐角便是凸轮机构在此位置的压力角。

因为推程率最大处的压力角通常也最大，所以若其小于许用压力角（一般规定 $[\alpha] = 30°$），则设计合格；若被检查的压力角大于许用值，则应放大基圆半径重新设计，直到压力角合格为止。本例压力角的最大值在推程部分 $\delta = 60°$ 处，经测量 $\alpha_{\max} = 14°$，小于许用压力角，故检查结果为合格。

最小曲率半径指实际轮廓上的最小曲率半径 $R_{\min}'$。具体求法是：先用目测法选择理论轮廓曲线上曲率半径最小的地方，在该处的曲线上取三点，用作图法以三点求圆心的方法（此法亦是求某点在曲线上法线的方法）求出曲率半径，可将其作为理论轮廓曲线上该点的近似曲率半径 $R_{\min}$。例如，在图 3-1 中，欲求点 D 的曲率半径，可以在点 D 附近的两侧轮廓曲线上取 M、N 两点，作 DM 和 DN 的垂直平分线，它们的交点 O' 即为所求曲率中心，$O'D$ 即所求曲率半径。根据包络理论，实际轮廓曲率半径 $R' = R \mp r_r$，凸轮外形呈凸状时用"−"号，外形呈凹状时用"+"号。本例中，凸轮外形呈凸状，故 $R_{\min}' = R_{\min} - r_r$。一般当 $R_{\min}'$ 大于 3mm 时，即认为合格。可确定该凸轮在其近休止圆弧上有 $R_{\min} = 50\mathrm{mm}$，即 $R_{\min}' = 50\mathrm{mm} - 10\mathrm{mm} = 40\mathrm{mm}$，在合格范围。

5. 说明

1）若 $e = 0$，则本例中的凸轮机构就变成对心直动滚子推杆盘形凸轮机构，该机构的凸轮轮廓设计应注意两点：第一，起始点 C 在点 O 正上方；第二，各分点 C_1，C_2，…，C_{13} 和点 O 的连线代替本例如图 7-19 所示的偏距圆的切线，其他作法与本例相同，如图 7-21 所示。

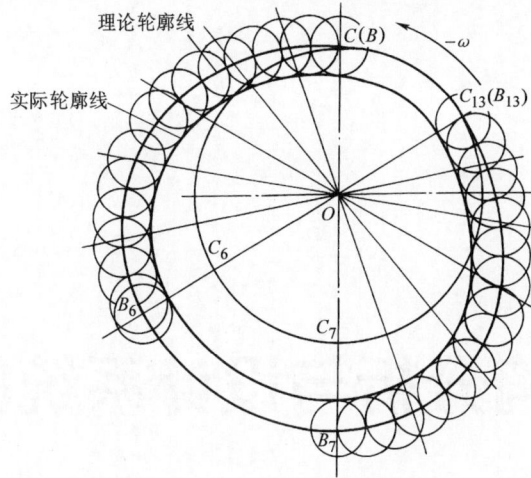

图　7-21

2）若凸轮逆时针转动，则各分点 C_1，C_2，…，C_{13} 按反转法原理应以顺时针方向排列，其他作法同上，不过此时推杆轨道偏置应在右侧较为合理。

第八章

平面机构分析与设计系统(MAD)

第一节　MAD　简　介

平面机构分析与设计系统（简称 MAD）可以完成平面连杆机构、齿轮机构、凸轮机构、带传动及其组合机构的运动分析和动态静力分析；演示机构动画，画点的轨迹，绘制点的位移、速度、加速度、运动副反力等各种性能的曲线；具有快速构造机构、精确构造机构、修改编辑机构、选取不同构件作机架等功能。限于篇幅，本书只介绍平面连杆机构的部分功能。

一、MAD 主界面

打开 MAD 后出现"机构分析与设计系统 MAD"主界面，如图 8-1 所示。主界面由标题栏、菜单栏、常用工具栏、快速构造机构工具栏、机构状态栏和机构区组成。

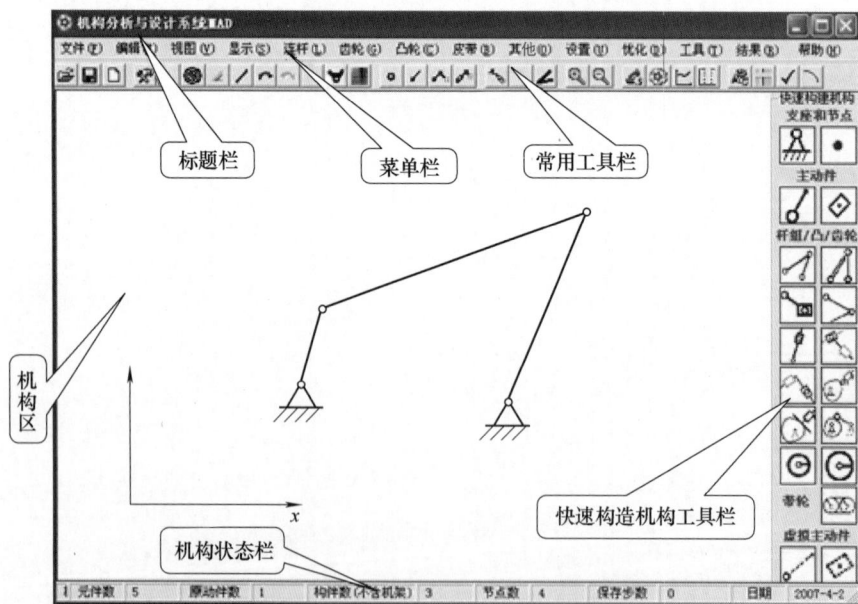

图　8-1

二、MAD 菜单栏

菜单栏由"文件""编辑""视图""显示""连杆""齿轮""凸轮""皮带""其他""设置""优化""工具""结果"和"帮助"等菜单组成。

1)"文件"菜单用于完成对机构的新建、打开、保存、另存为、删除以及退出 MAD 系统；列出典型机构；显示最近打开的文件。

2)"编辑"菜单用于完成对操作的撤销和恢复功能，对机构的尺寸、构件颜色等的编辑功能。

3)"视图"菜单用于完成对机构视图的缩放，打开或关闭菜单栏、常用工具栏，快速构造机构工具、状态栏，设置机构背景。

4)"显示"菜单用于显示机构中的节点、构件、齿轮、凸轮、带轮、皮带的编号，显示全局坐标系和构件坐标系。

5)"连杆"菜单用于完成构造各种连杆机构。含各种杆组及原动件模块，单击后出现相应的对话框。

6)"齿轮"菜单用于完成构造平面齿轮机构。

7)"凸轮"菜单用于完成构造平面凸轮机构，可以编辑、导入、导出推杆的运动规律。

8)"皮带"菜单用于完成构造带传动，设置带的初拉力和弹性滑动系数等。

9)"其他"菜单用于完成构造间歇机构、准空间机构，添加同一构件标识的焊接圆弧，添加多功能圆弧，添加与编辑文本等。

10)"设置"菜单用于设置机架的速度和加速度，设置单位，在文件菜单列出最近打开文件的数目。

11)"优化"菜单用于按轨迹、构件对应位置，选择设计变量，优化设计机构等。

12)"工具"菜单提供了捕捉机构图、演示机构动画、测量机构上两点距离和两线夹角、完成机构分析计算等功能。

13)"结果"菜单通过调用 EXCEL 输出计算结果，可对数据进行打印等。包括：节点位移、速度、加速度，构件角位移、角速度和角加速度，运动副反力、输出机构尺寸等。

14)"帮助"菜单用于显示版本信息、运行帮助文件等。

三、工具栏

工具栏包含对机构操作的常用工具。将光标移到各个按钮时，将会出现相应的功能提示。各按钮的功能见表 8-1。

表 8-1　工具栏常用按钮的功能

图　标	功　能
	打开按钮。打开已有机构并调入已有数据
	保存按钮。保存当前机构和计算数据
	新建机构按钮。当前机构的尺寸、颜色、计算等变化时，将提示是否保存
	编辑按钮。打开编辑机构对话框，对机构进行编辑
	移动按钮。移动节点位置，快速修改机构。当节点有齿轮时，因与齿轮中心距关联，故不能移动

（续）

图　标	功　能
	擦除按钮。快速擦除机构两点连线。若是滑块轨道线，则不能擦除
	连线按钮。连接两节点并画连线，当两节点不在同一构件时将提问是否连接
	撤销按钮。撤销对机构的尺寸修改、添加元件的操作
	恢复按钮。恢复撤销的内容
	选机架按钮。选择机构中不同的构件作机架，对机构进行变换
	添加节点按钮。打开添加节点对话框，在构件上添加节点
	添加转动主动件按钮。打开添加转动主动件对话框，在构件上添加节点
	添加 RRR 杆组按钮。打开添加 RRR 杆组对话框，在机构上添加 RRR 杆组
	添加带缸 RRR 杆组按钮。打开添加带缸 RRR 杆组对话框，在机构上添加带缸 RRR 杆组
	机构视图放大按钮。以视图区中心为圆心向外放大
	机构视图缩小按钮。以视图区中心为圆心向内缩小
	计算按钮。打开计算对话框，设置计算方式并计算
	动画按钮。根据机构是否已有计算数据，打开相应的动画对话框。在尚无计算数据时，打开立即动画对话框；在已有计算数据时，打开数据动画对话框
	绘制机构性能曲线按钮。打开绘制曲线窗口，绘制机构运动、受力曲线

四、快速构造机构工具栏

快速构造机构工具栏由构造机构所需的常用元件组成，用于快速构造机构，将光标移到各个图标时将会出现相应的功能提示；在图标上单击鼠标右键将打开对应功能的使用帮助。

五、构造机构举例

构造铰链四杆机构并演示机构动画，步骤如下：

1）添加支座。单击快速构造机构工具栏中的添加支座图标，把光标移到机构区，跟随光标将出现"添加支座"提示信息，在机构区适当位置单击鼠标左键，即在该处添加第一个支座。

2）添加第二个支座，方法与第一步相同。

3）添加转动主动件。单击快速构造机构工具栏中的添加转动主动件图标；把光标移到机构区，跟随光标将出现"选择主动件转动中心"提示信息，当光标在机构区移动时，靠近光标的支座会变为闪烁的红色，如图 8-2a 所示，此时单击鼠标左键选择主动件转动中心；屏幕提示"单击确定主动件 x 轴并添加节点"，将光标移到适当位置并单击鼠标左键，则在该支座上添加转动主动件，同时在主动件上添加了一个节点，如图 8-2b 所示。

4）添加 RRR 杆。在快速构造机构工具栏上移动光标，找到添加 RRR 杆组图标并单击鼠标左键。把光标移到机构区，屏幕提示"选择第一外铰链"；如图 8-2c 所示，同时右侧支座变成闪烁的红色，单击鼠标左键选择该支座为第一外铰链；屏幕提示"单击确定内铰链位置"，如图 8-2d 所示，将光标移到机构区上方合适位置，单击鼠标左键确定内铰链位置；屏幕提示"选择第二外铰链"，如图 8-2e 所示，将光标移到已添加的转动主动件节点附近，该节点变成闪烁的红色时单击鼠标左键。这样就完成了铰链四杆机构的建模，如图 8-2f 所示。

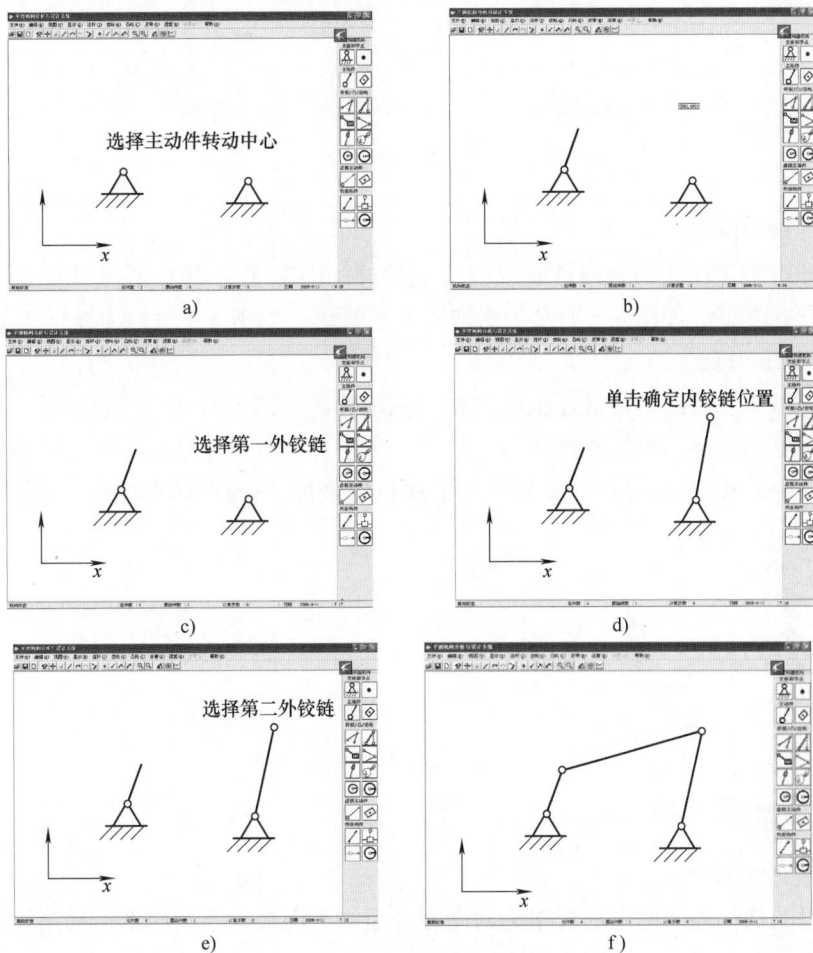

图　8-2

5）演示机构动画。单击常用工具栏的动画按钮，则铰链四杆机构开始运动。

6）保存机构并退出 MAD。单击工具栏的保存按钮，出现标准保存对话框，完成保存操作。此处保存的文件名为"铰链四杆机构"，扩展名是"jgx"。单击右上角关闭按钮或文件下拉菜单退出项，退出 MAD。

第二节　平面连杆机构的组成原理

MAD 是根据机构的组成原理构造连杆机构的。

一、Ⅱ级基本杆组的类型

1. 基本类型
当基本杆组由两个构件、三个低副组成时称为Ⅱ级杆组。用 R 表示转动副、P 表示移动副，则Ⅱ级杆组有五种类型：RRR、RRP、RPR、PRP 和 PPR 型，如图 8-3 所示。

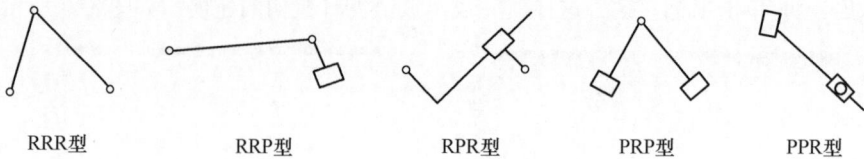

图　8-3

2. Ⅱ级杆组的演化

根据将杆组中含移动副的构件画成滑块或导杆，RRP 型、PRP 型、PPR 型可分为滑块式杆组和导杆式杆组。如图 8-3 所示为滑块式Ⅱ级杆组，如图 8-4 所示为导杆式Ⅱ级杆组。

3. 带缸 RRR 杆组

在实际机械中，有许多带液压缸的机构，原动件是由两个活动构件组成的，而机构组成原理则是假设原动件是与机架相连的一个构件。为了分析带液压缸的结构，将液压缸作为一个变长构件研究比较方便，故 MAD 中基本Ⅱ级杆组增加了带缸 RRR 杆组，如图 8-5 所示。

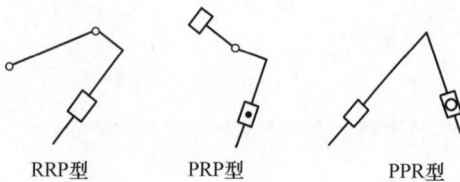

图　8-4

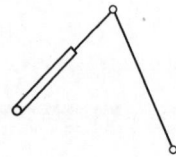

图　8-5

二、高级杆组

1. 高级杆组的转化

基本杆组的构件多于两个的杆组称为高级杆组。若高级杆组的内部运动副组成的多边形边数为 3 则为Ⅲ级杆组，为 4 则为Ⅳ级杆组……。由于构件和运动副的增多，高级杆组的形式很多，如果针对具体形式进行研究，会非常繁琐。MAD 系统采用虚拟原动件和约束构件的概念，借助Ⅱ级杆组分析方法对高级杆组组成的机构进行研究。如图 8-6a 所示为牛头刨执行机构，可以分解为如图 8-6b 所示的原动件+机架+Ⅲ级杆组的形式，因此该机构是一个

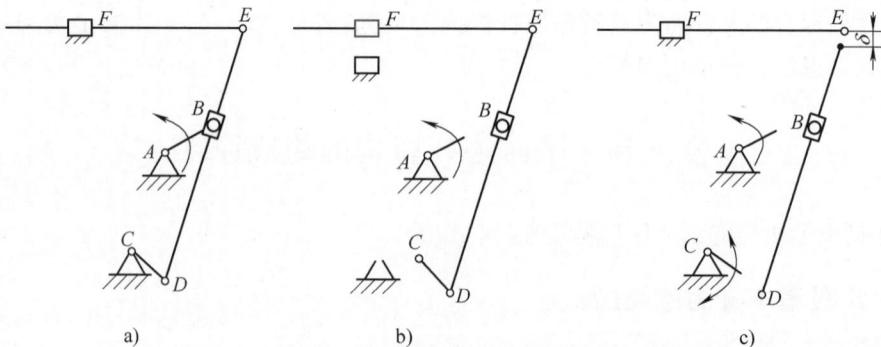

图　8-6

Ⅲ级机构。为了借助Ⅱ级杆组进行分析，将原机构分解为如图8-6c所示的形式，图中 CD 就是虚拟原动件，EF 为约束构件。软件在分析时，反复调整 CD 的角位移、角速度和角加速度，使构件 EF 和构件 DE 在点 E 的相对位移、速度和加速度为零；而通过调整约束构件 EF 上的运动副反力，使虚拟原动件 CD 上的虚拟驱动力矩等于0。

2. 虚拟原动件

MAD 提供的虚拟原动件有虚拟转动原动件（图8-7a）和虚拟移动原动件。虚拟移动原动件又分为滑块式（图8-7b）和导杆式（图8-7c）两种。

3. 约束构件

约束构件有双铰杆约束构件（RR 杆）和铰移杆约束构件（RP 杆）。RP 杆又分为滑块式（图8-7b）和导杆式（图8-7c）两种形式。RR 杆用于约束两点之间的距离不变、相对速度和加速度为 0 的情况；RP 杆用于约束点到某轨道的距离不变、点到轨道的相对速度和加速度为 0 的情况。

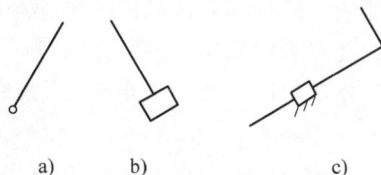

a)　　b)　　c)

图　8-7

三、机构的组成原理

根据机构的拆分过程可知：任何连杆机构，都可以分解为原动件、机架和若干个基本杆组。反之，将基本杆组依次连接到原动件和机架上则组成机构，这就是机构的组成原理。图8-8 所示是转动原动件、机架和 RRR 杆组，将 RRR 杆组的两个外部运动副依次连到原动件节点 B 和机架 D 上就构成了图8-9 所示的机构。

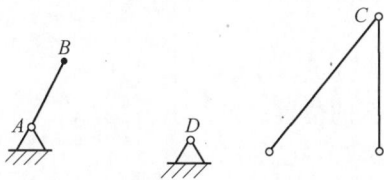

图　8-8

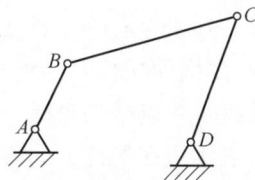

图　8-9

在构造机构的过程中，需依次向机构区添加支座、主动件、杆组等，这些称为元件。MAD 提供的构造连杆机构的元件分为六类：①节点，在机架上添加支座或在活动构件上添加节点；②主动件，包括转动主动件、移动主动件；③杆组，包括 RRR 杆组、带缸 RRR 杆组、RRP 杆组、RPR 杆组、PRP 杆组、PPR 杆组；④虚拟主动件，包括转动主动件、移动主动件；⑤约束类，包括 RR 双铰杆、RP 移铰杆、液压缸主动件；⑥虚约束滑块，虚约束滑块只是为了机构视图符合习惯而增设的，对机构运动和受力不起实际作用。使用这些元件可以构成各种连杆机构。

第三节　MAD 中构造连杆机构的元件

MAD 中，复杂机构是通过基本元件构造的，这里用例子说明构造连杆机构的元件的使用方法。

一、节点、转动主动件、RRR 杆组

构造如图8-9 所示的铰链四杆机构：设主动件曲柄 AB 长100，连杆 BC 长250，摇杆 CD

长230，机架 AD 长300。在不计算力的情况下，长度单位可以是任意的；当计算力时，须在"设置"菜单设置单位。

本章第一节的例子介绍了用快捷方式构造了铰链四杆机构的方法，这一方法快速且方便，但是尺寸精度低，只能近似反映机构的运动情况，并且机构上也没加载荷，不能计算机构受力。要精确表达机构的尺寸和受力，MAD提供了两种办法：①用快捷方式构造好机构后，再对机构编辑修改；②用对话框精确构造机构。

本节使用"添加节点""添加转动主动件"和"添加杆组"对话框精确构造机构。

1. 添加节点 A

精确构造连杆机构需用连杆机构的元件，单击菜单栏"连杆"可以看到有关连杆的下拉菜单。

单击菜单栏"连杆"→"添加节点"（或单击工具栏上 ），打开"添加节点"对话框，如图8-10所示。下面介绍对话框各部分的含义和功能。

1）"添加节点的构件号 $j=$"为下拉选择框，框内列出了目前所有的构件号，可从框中选择要添加节点的构件。当打开对话框后，在机构区将显示已有构件号和节点号，规定机架为0号构件。在添加其他构件前，选择框内只有"0"，默认也是"0"；在添加了其他构件后，"添加节点的构件号"的提示字符变成红色，必须选择。

图　8-10

2）"添加的节点号 $n=$"为下拉选择框，框内列出了目前所有的可用节点号。通常没有必要更改默认值。

3）"节点在构件坐标系中的坐标"为添加节点的位置。MAD有两种坐标系统：一是全局坐标，表示点在整个机构区的位置；二是局部坐标，表示点在构件上的相对位置。每个构件都有自己的局部坐标，局部坐标按右手定则规定，打开"添加节点"或有关对话框时系统会自动显示，也可以通过"显示"下拉菜单单击"局部坐标"显示。在添加其他节点前，默认值是"0"；在添加了其他节点后，"$x=$"提示字符变成红色，必须填入数值。当"节点在构件坐标系中为直角坐标"被勾选时，输入的是直角坐标，否则为极坐标，输入框前的提示字符也会相应变化。

4）"节点的质量 $m=$"为节点处的集中质量，默认值是"0"。

5）"转动惯量 $J=$"为节点处的转动惯量，默认值是"0"。

6）"节点受到的外力"有两种输入方式：①"按坐标输入"，即按坐标分量输入；②"按大小方向输入"，即按大小、力与 x 轴夹角输入。可以按全局坐标输入，也可以按构件的局部坐标输入。

7）"画成实心小圆点"复选框：当"添加节点的构件号 $j=$"选择为"0"时可见，选择为其他构件时不可见。该框用于在机架上画线，而不画支座，本例不勾选。

单击"确定"按钮，则在机构区左下方出现支座。

2. 添加转动主动件

单击菜单栏"连杆"→"添加转动主动件"（或单击常用工具栏上 ），打开"添加转

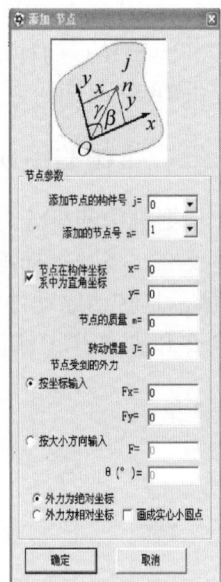

动主动件"对话框，如图 8-11 所示。

　　1）"构件编号"为所要添加的主动件编号，可更改，通常取默认值。

　　2）"节点 n 编号"为机构上已有的节点号，如果只有一个节点，则不需选择，否则，"节点 n 编号"为红色，必须选择。

　　3）"参考构件 j0"为选择所添加的原动件是参考哪个构件运动的，默认是 0 号构件，即机架。

　　4）"初始转角 ϕ(°)="为主动件的 x 轴与参考构件的 x 轴之间的夹角，默认值是"60"，单位是度（°）。

　　单击"确定"按钮，则添加了转动主动件。由于只添加了构件，构件上没有节点，因此机构图上只显示出了转动主动件的局部坐标系，如图 8-12a 所示。

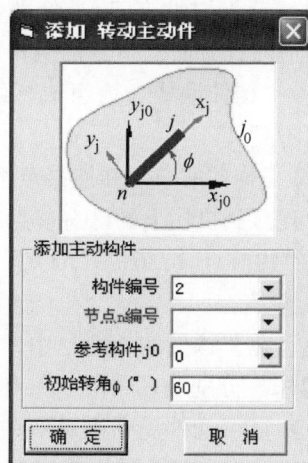

图　8-11

3. 添加节点 B

　　用与添加节点 A 相同的方法打开"添加节点"对话框，在"添加节点的构件号 j="下拉选择框内选择"1"，"x="输入框内填入 AB 长度"100"，单击"确定"按钮，结果如图 8-12b 所示。

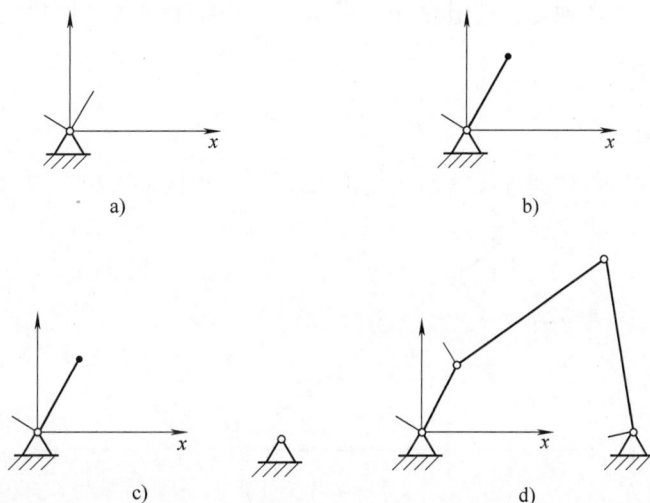

图　8-12

4. 添加节点 D

　　用与添加节点 B 相同的方法打开"添加节点"对话框，在"添加节点的构件号 j="下拉选择框内选择"0"，"x="输入框内填入 AD 长度"300"，单击"确定"按钮，结果如图 8-12c 所示。

5. 添加 RRR 杆组

　　单击菜单栏"连杆"→"添加 RRR 杆组"（或单击常用工具栏上 ），打开"添加 RRR 杆组"对话框，如图 8-13 所示。

　　RRR 杆组的安装方式有两种，如图 8-13 所示，"n1，n2，n3 逆时针方向"和"n1，

n2，n3 顺时针方向"，分别表示三个铰链点转向为顺时针方向和逆时针方向。本例是逆时针方向。

"构件编号"为组成杆组的两构件的编号。通常保持默认值不变。

"构件的节点和连接点编号"中，"n1 =" "n2 ="是选择要连接到机构上的已有节点的编号，分别选"2""3"，即图 8-9 中的节点 A、B；"n3 ="是 RRR 杆组的内部节点，保持默认值。

在"构件的长度"中，将 BC 的长度"250"和 CD 的长度"230"分别填入"R1 ="和"R2 ="的输入框。

在"构件受到扭矩"中，"T1 ="和"T2 ="分别是构件 j_1 和 j_2 上受到的外力矩，规定逆时针方向为正，顺时针方向为负。本例不考虑受力，保持默认值"0"不变。

单击"确定"按钮，结果如图 8-12d 所示。

单击工具栏上🔘即可演示机构动画。

RRR 杆组的构件中，构件的坐标原点在外部转动副处，x 轴方向从外部指向内部转动副，通过打开"显示"下拉菜单单击"局部坐标"查看。

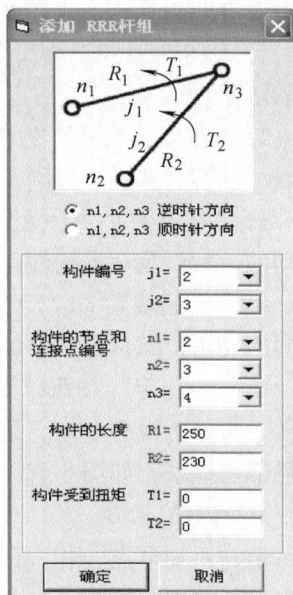

图　8-13

二、RRP 杆组

1. 建立曲柄滑块机构

用快速构造机构工具栏建立图 8-14 所示的曲柄滑块机构 $ABCDE$，步骤如下：

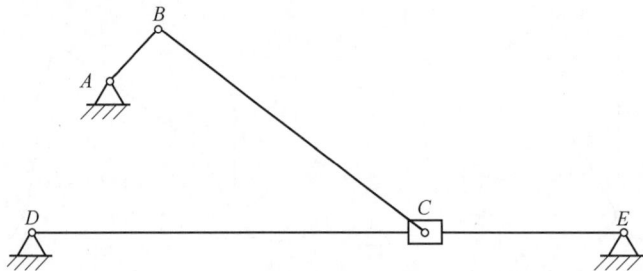

图　8-14

1）添加支座。单击⚖，在机构区分别添加支座 A、D（见第一节的例子）。

2）添加 AB。单击添加转动主动件图标✐，按屏幕提示添加 AB（见第一节的例子）。

3）添加 RRP 杆组 BC。单击添加 RRP 杆组图标⌇，按屏幕提示将光标分别移到点 B 和点 D 附近单击鼠标左键。

4）接着屏幕提示"单击确定内铰链位置"，如图 8-15 所示，即确定了图 8-14 中点 C 的位置。将光标移到合适的位置单击鼠标左键，就构成了图 8-14 所示的曲柄滑块机构。点 E 是软件自动添加的，并且随着机构的运动，会自动调整到合适位置。

2. 建立曲柄定块机构

用快速构造机构工具栏建立图 8-16 所示的曲柄定块机构 ABC，步骤如下：

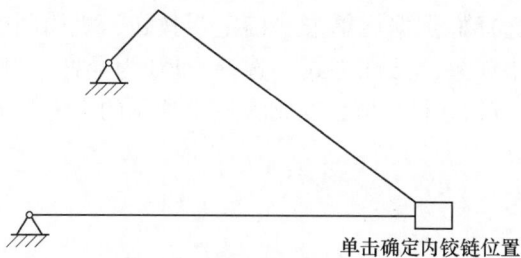

图 8-15

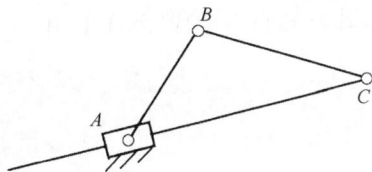

图 8-16

1）添加支座 A。单击 ⚹，在机构区添加支座 A。

2）添加 AB。单击添加转动主动件图标 ✎，按屏幕提示添加 AB，如图 8-17a 所示。

3）添加导杆式 RRP 杆组。单击添加导杆式 RRP 杆组图标 ➤，按屏幕提示的"选择外铰链"，将光标移到点 B 附近单击鼠标左键，接着按提示的"选择导杆基点"，将光标移到支座 A 附近单击鼠标左键；再按提示的"单击确定内铰链节点位置"，如图 8-17b 所示，将光标移到合适位置单击鼠标左键；最后按提示的"选择导杆运动参考构件"，如图 8-17c 所示，将光标移到支座 A 附近，支座变成闪烁的红色时单击鼠标左键，支座变成定块，就构造成了曲柄定块机构，如图 8-17d 所示。

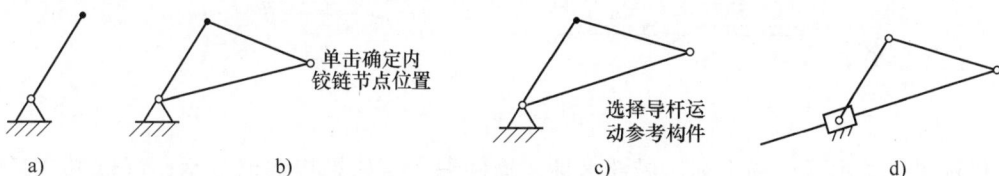

图 8-17

注意："导杆运动参考构件"是指与导杆组成移动副的构件。所谓"基点"，是指参考构件轨道上的一点。

3. RRP 杆组对话框

构造图 8-14 所示的曲柄滑块机构：已知曲柄 $AB=100$、连杆 $BC=200$、点 A 到 DE 的距离（偏距）为 50。步骤如下：

1）用与本节标题一相同的方法，添加支座 A、D，转动主动件及其节点 B，点 A 的坐标是（100，50），点 D 的坐标是（0，0），AB 的长度是 100，如图 8-18a 所示。

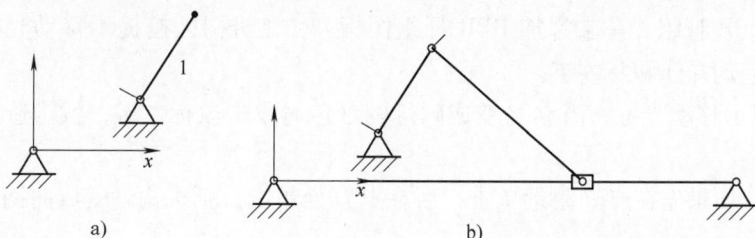

图 8-18

2）添加 RRP 杆组。单击"连杆"下拉菜单的"添加 RRP 杆组"打开对话框，如图 8-19a 所示，此时机构图上自动显示节点和构件编号，根据窗口图和机构数据填选对话框，在

"绘图方式"中选择"BC 为滑块"。填写和选择好数据后单击"确定"按钮，机构图变成
如图 8-18b 所示的曲柄滑块机构。在此步骤中如果"绘图方式"选择"BC 为导杆"，则图
8-19a 中的窗口图变成图 8-19b，单击"确定"按钮，机构就会变成图 8-20 所示的定块机构。

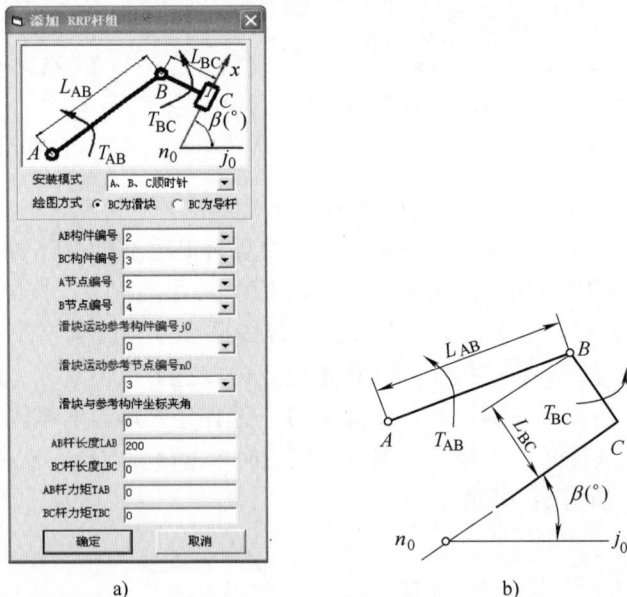

图　8-19

机构图上显示了全局坐标、局部坐标、构件编号，如果想取消显示，可单击"显示"
下拉菜单将有关打"√"项取消即可。

RRP 杆组的构件中，双铰杆的坐标原点在外部转动副处，x 轴方向从外部指向内部转动
副。移铰杆的坐标原点在内部转动副处，方向通过如图 8-19 所示对话框设定或在快速构造
机构时确定。

三、RPR 杆组

1. 建立曲柄导杆机构

用快速构造机构工具栏建立图 8-21 所示的曲柄导杆机构 ABC，步骤如下：

1）添加支座 A、C 和曲柄 AB 的方法请参考本节标题一。

2）添加 RPR 杆组。单击添加 RPR 杆组图标，在机构区按提示移动光标，当支座 C
变成闪烁的红色时单击鼠标左键。

3）再按提示移动光标，当点 B 变成闪烁的红色时单击鼠标左键，就构造成了曲柄导杆
机构。

在步骤 2）如果先在点 B 附近单击，后在点 C 处单击，则机构就变成曲柄摇块机构，如
图 8-22 所示。

2. RPR 杆组对话框

构造如图 8-21 所示的曲柄导杆机构：已知曲柄 $AB = 100$，机架 $AC = 200$。步骤如下：

1）添加支座 A、C，转动主动件及其节点 B。点 A 的坐标是（100，200），点 C 的坐标

是（100，0），*AB* 的长度是 100，参考本节标题一。

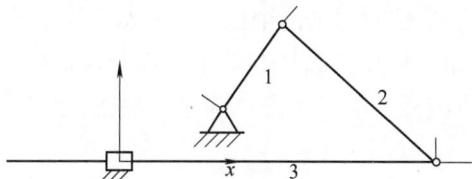
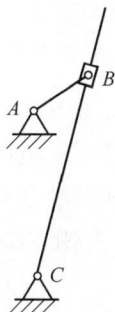

图 8-20　　　　　　　　图 8-21　　　图 8-22

2）打开"添加 RPR 杆组"对话框，如图 8-23a 所示，从元件图窗口可以看出，RPR 杆组的外部铰链 *A*、*C* 可以相对移动副轨道 *KB* 有偏距。单击窗口下的下拉选择框，有 4 种选择，如图 8-23b 所示。根据实际机构选择即可，本例没有偏距，所以无论选择哪种形式都可以。

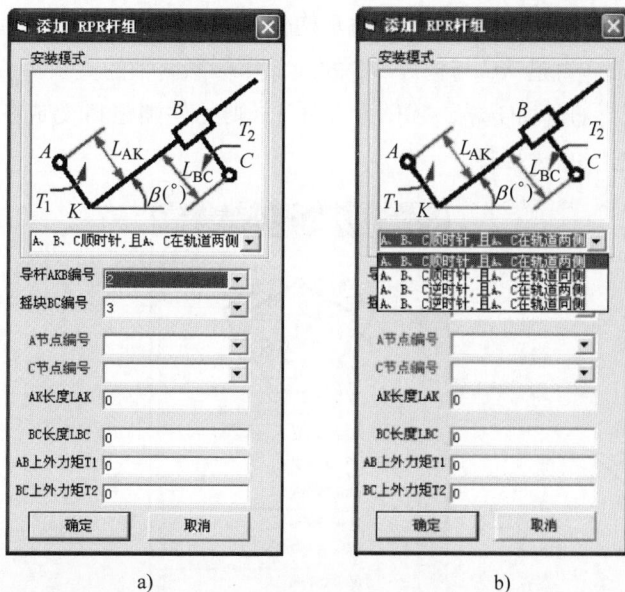

图　8-23

3）"A 节点编号"按步骤 1）添加点 *C* 时产生的实际节点编号选择。

4）"C 节点编号"按步骤 1）添加点 *B* 时产生的实际节点编号选择。

5）其他保持默认值。单击"确定"按钮就构造成了曲柄导杆机构，如图 8-21 所示。

如果将步骤 3）和 4）的连接节点的实际节点编号交换，就构造成了曲柄摇块机构，如图 8-22 所示。

规定"AB 上外力矩 T1"和"BC 上外力矩 T2"，以逆时针方向为正，顺时针方向为负。

如果对话框内红色提示字符后的框内未填入数据，则会显示出错并提示相应信息。

RPR 杆组中，构件坐标原点在外部转动副处，可通过打开"显示"下拉菜单单击"局部坐标"查看。

四、PRP 杆组

构造如图 8-24a 所示的正切机构，步骤如下：

1）用快速构造机构工具栏在机构区的合适位置添加两个位于同一水平线上的支座。

2）单击工具栏上的添加转动主动件按钮，打开"添加转动主动件"对话框。在对话框的"节点 n 编号"框内选择左侧支座的节点编号，然后单击"确定"按钮，结果如图 8-24b 所示。

3）单击"连杆"下拉菜单的"添加 PRP 杆组"，打开其对话框，如图 8-25 所示。

元件图窗口显示 PRP 的结构及参数。在元件图下方有安装模式下拉选择框，有四种形式：① "M、A、B 顺时针，N、C、B 逆时针"；② "M、A、B 顺时针，N、C、B 顺时针"；③ "M、A、B 逆时针，N、C、B 逆时针"；④ "M、A、B 逆时针，N、C、B 顺时针"。其中，点 M 是构件 AB 运动的基点，点 N 是构件 BC 运动的基点；构件 MA 是滑块的基构件（滑块在构件 MA 上滑动），MX_{MA} 是构件 MA 的局部坐标的 x 轴，轨道 MA 与构件 MA 的局部坐标系 x 轴的夹角为 β_1；构件 NC 是滑块的基构件（滑块在构件 NC 上滑动），NX_{NC} 是构件 NC 的局部坐标的 x 轴，轨道 NC 与构件 NC 的局部坐标系 x 轴的夹角为 β_2。构件 BC 可以绘成滑块，也可以绘成导杆；如选择"BC 为导杆"，则元件图窗口变成图 8-25b 所示。图 8-24a 所示的正切机构中 BC 为导杆。

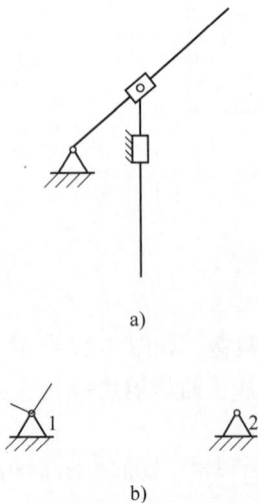

a)

b)

图　8-24

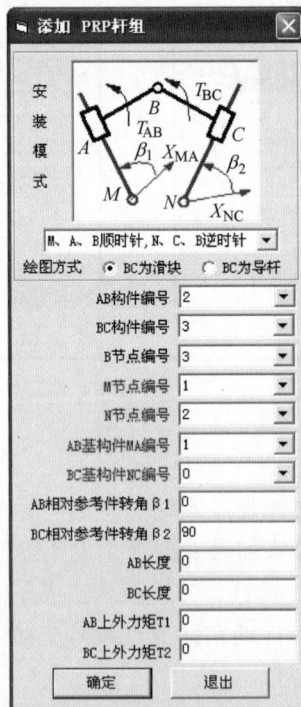

a)

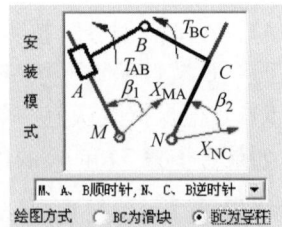

b)

图　8-25

4）"M 节点编号"选择"1"，"N 节点编号"选择"2"，"AB 基构件 MA 编号"选择"1"，"BC 基构件 NC 编号"选择"0"，"BC 相对参考件转角 β2"填入"90"，其余保持默认值不变。

5）单击"确定"按钮，就构造成了如图 8-24a 所示正切机构。右侧的铰链支座自动变成了固定滑块。

PRP 杆组中，两构件的坐标原点都在内部转动副处，x 轴与移动副方向平行，可通过打开"显示"下拉菜单单击"局部坐标"查看。

五、PPR 杆组

构造图 8-26 所示的正弦机构。设 $AB = 100$、$AC = 200$，步骤如下：

1）点 A 的坐标是（0，0），点 C 的坐标是（200，0），AB 的长是 100。

2）单击"连杆"下拉菜单的"添加 PPR 杆组"，打开其对话框，如图 8-27 所示。

PPR 杆组的"双移副构件绘图方式"有四种，即"滑块导杆式"（图 8-27a）、"7 字导杆"（图 8-27b）、"T 字导杆"（图 8-27c）和"十字导杆"（图 8-27d）。图 8-26 所示的正弦机构的双移副构件是"T 字导杆"。

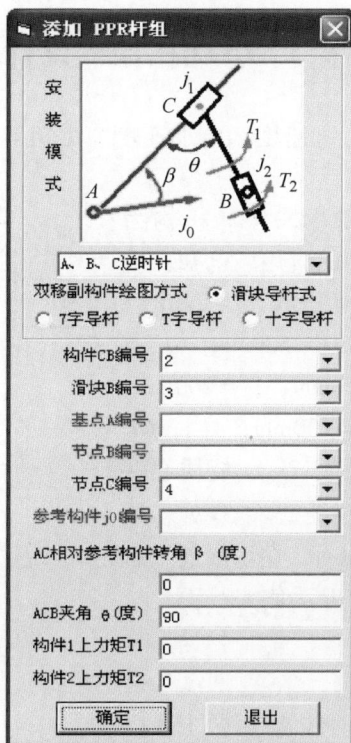

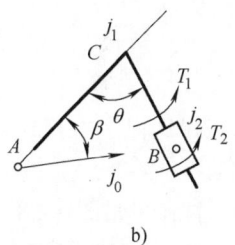

b)

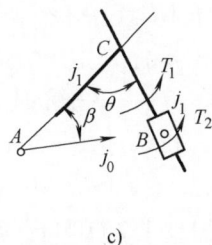

c)

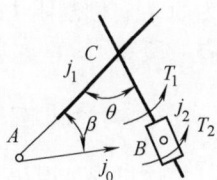

d)

a)

图 8-27

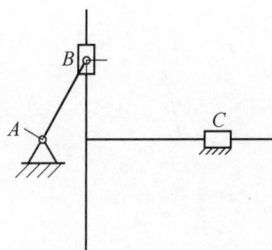

图 8-26

对话框中，"基点 A 编号""节点 B 编号"和"参考构件 j0 编号"是必填项，其中"基点 A"指外部移动副经过的点；"参考构件 j0 编号"是与双移副构件构成外部移动副的构件编号，选择 0 号构件；"节点 B"是外部移动副节点编号。其他保持默认值，然后单击"确定"按钮，就构造成了图 8-26 所示的机构。

六、构造高级机构

当机构的基本杆组最高级别为Ⅲ级或Ⅲ级以上时，该机构称为高级机构。由于Ⅲ级以上杆组的构件数和运动副数多，所以基本类型远比Ⅱ级杆组多，不利于对机构进行编程计算。MAD 采用虚拟原动件和约束构件法将含高级杆组的机构转化为Ⅱ级机构。构造高级机构步骤略。

七、混合法构造机构

在本章第二节中，介绍了机构可以拆分为原动件、机架、基本杆组，或者说机构是由基本杆组依次连接到原动件和机架上组成的，这一原理基于原动件和机架相连这一假设。实际上有许多机构并非如此，其原动件是由两个活动构件组成的，因此不能直接应用平面机构的组成原理来构造由非连架杆作原动件的机构。MAD 用原动件、虚拟原动件、约束构件、杆组等元件来拼装，可以构造由非连架杆作原动件的机构，如此构造出的机构称为混合法构造机构。构造机构步骤略。

第四节　MAD 在课程设计中的应用

MAD 程序中规定转角、角速度、角加速度、力矩等以逆时针方向为正，顺时针方向为负。

本节以如图 8-28 所示的牛头刨床机构为例，介绍 MAD 在课程设计中的应用。已知：主动件 AB 逆时针匀速转动，角速度 $\omega = 2\text{rad/s}$；$AB = 90\text{mm}$，$AC = 350\text{mm}$，$CD = 580\text{mm}$，$DE = 174\text{mm}$，$x_F = 250\text{mm}$，$y_F = 570\text{mm}$，$x_5 = 200\text{mm}$，$y_5 = 50\text{mm}$，$y_P = 80\text{mm}$，$x_P = 700\text{mm}$；导杆 CD 质心 S_2 位于 CD 中点，质量为 22kg，绕质心转动惯量 $1.2\times10^6\text{kg}\cdot\text{m}^2$；刨头质心在 S_5 处，质量为 80kg；刨削阻力 $P = 9000\text{N}$，在切削前、后各有一段 $0.1H$ 的空刀距离，H 为刨头行程。

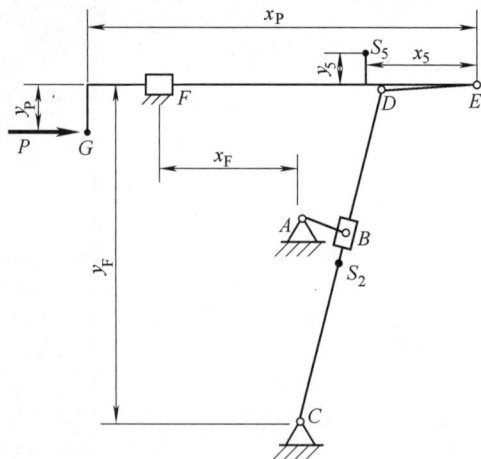

图 8-28

一、构造机构

本例机构是由机架、主动件 AB、两个Ⅱ级杆组（RPR 和 RRP）组成的，如图 8-29a 所示。根据本章第三节介绍过的方法可以构造出图 8-29b 所示的机构，点 C 坐标为（0，0）。

根据给定的质心位置和刀头位置数据，打开如图 8-10 所示对话框，分别在构件 CD 上添加节点 S_2，在构件 EF 上添加节点 S_5 和 G，并在对话框中填入相应的质量和转动惯量，完成后的机构如图 8-29c 所示。图中连线 ES_5、S_5G 和 GE 是系统自动产生的，MAD 中构件上每添加一个节点，该节点就与构件上已有的两个节点画连线，表示该节点所在的构件。为了画

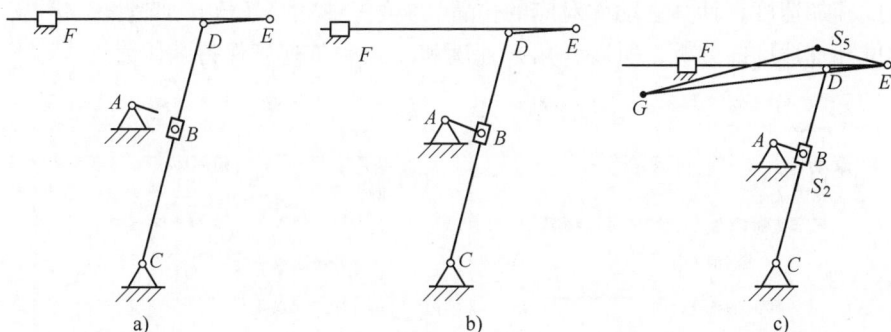

图　8-29

出与图 8-28 相同的图形，分别在过 S_5 和 G 点向 EF 作垂线的垂足处添加节点，并用工具栏上连线按钮将节点与垂足对应连接，用擦除按钮擦除连线 ES_5、S_5G 和 GE。导杆 EF 是自动画出来的，本例画出的导杆长度大于给定的数据 x_P，可通过常用工具栏打开"编辑机构"对话框，如图 8-30 所示，在对话框底部的"机构构成过程"栏内，选中"添加导杆式 RRP 杆组 4、5"，然后在对话框中部向"=0 自动绘制轨道，否则不绘制"输入框输入"1"，单击"确定"按钮，这样就构造成了如图 8-28 所示机构。

二、原动件特殊位置的计算

牛头刨床在运转过程中，只有工作行程的中间一段有切削力，如图 8-31 所示为刨刀 G 在不同位置时对应点 E 的位置。因载荷不等于常数，所以各切削位置对应的原动件 AB 的转角需分别求解获得。

MAD 在"工具"菜单中提供了一个"原动件转换"工具，可用该工具求出刨头 EF 在不同位置时对应原动件的位置。

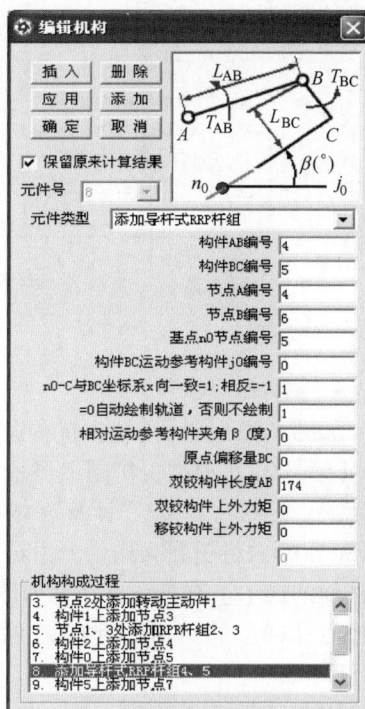

图　8-30

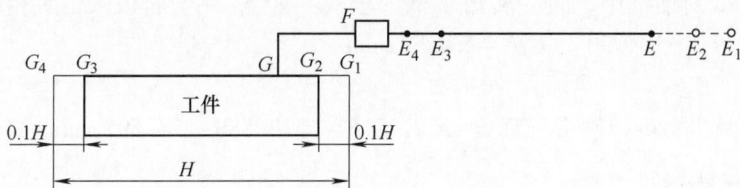

图　8-31

单击"工具"下拉菜单的"原动件转换"，打开如图 8-32a 所示"原动件转换"对话框。为了便于填入数据，可单击"显示"下拉菜单的"节点编号"使构件编号和局部坐标得以显示。该对话框可以按给定的两构件的相对转角、角速度、角加速度或两点之间的相对距离、速度和加速度，计算主动件对应的位置、（角）速度、（角）加速度。因为这里不需要进行速度和加速度的分析，所以（角）速度和（角）加速度保持默认值。

图　8-32

1. 右极限位置

如图 8-32a 所示是刨头在右极限位置时填入的数据。此时构件 AB（编号 1）垂直于构件 CD（编号 2），根据机构图上显示的构件坐标系，AB 相对 CD 顺时针转动，所以"转角"框内填入"-90"，单击"计算"按钮。然后将"参考构件编号"改为机架编号"0"，这时"转角"框内将更新为构件 1 相对机架 0 的转角"-14.90"；选择"根据两点距离"，这时数据框前的提示字符自动更换为如图 8-32b 所示，"第一节点编号"和"第二节点编号"分别选择点 E、F 的编号，此时"两点距离"数据框内自动更新为当前的 EF 距离，近似为 572.883。

因此，曲柄转角 $\theta_1 = -14.90°$，$E_1F = 572.883\text{mm}$。

2. 左极限位置

在如图 8-32a 对话框中，向"转角"框内填入"90"，用与右极限位置相同的方法可得曲柄转角 $\theta_4 = -194.90°$　$E_4F = 274.597\text{mm}$

3. 行程

根据 1、2 两步，可得刨头行程 $H = E_1F - E_4F = (572.883 - 274.597)\text{mm} = 298.286\text{mm}$

4. 刨削起始位置

由图 8-31 可知，$E_2F = E_1F - 0.1H = (572.883 - 0.1 \times 298.286)\text{mm} = 543.054\text{mm}$。在如图 8-32b 所示对话框中，向"两点距离"数据框内填入"543.054"，由于该刨头位置对应的曲柄位置有两个，一个在工作行程，另一个在空程，因此需要将"初值"设置成工作行程时的近似转角，这里设置成"20"，单击"计算"按钮。然后选择"根据构件转角"选项，"构件编号"选择 AB 的编号"1"，"参考构件编号"选择机架编号"0"，从"转角"数据框内即可读出原动件转角，得 $\theta_2 = 25.179°$。

5. 刨削结束位置

由图 8-31 可知，$E_3F = E_1F - 0.9H = (572.883 - 0.9 \times 298.286)$ mm $= 304.426$mm，在如图 8-32b 所示对话框中，向"两点距离"数据框内填入"304.426"，用与刨削起始位置相同的方法可得曲柄转角，得 $\theta_3 = 155.181°$ 或 $\theta_3 = 155.181° - 360° = -204.819°$。

三、计算

单击"设置"下拉菜单的"设置单位"，打开其对话框，将长度单位设置成毫米。

由于刨削阻力不等于常数，计算时需要分段计算，刨削阻力

$$P = \begin{cases} 0 & (-204° \leqslant \theta \leqslant 25°) \quad \text{分 35 等分，计算 36 个节点，间隔 6.5249°} \\ 9000 & (25.179° \leqslant \theta \leqslant 155.181°) \quad \text{分 20 等分，计算 21 个节点，间隔 6.5°} \end{cases}$$

1. 没有刨削阻力时的计算

单击工具栏上计算按钮 🔬，打开"分析计算控制"对话框，如图 8-33 所示，将"循环计算总步数"改为"36"，"主动构件起始步运动参数"的"角度"设置为"-204"、"角速度"设置为"2"，将"运动参数每计算步增量"的"角度"设置为"6.5249"。单击"完成分析计算"按钮，这样就完成了没有刨削阻力时机构的运动分析和力分析计算。

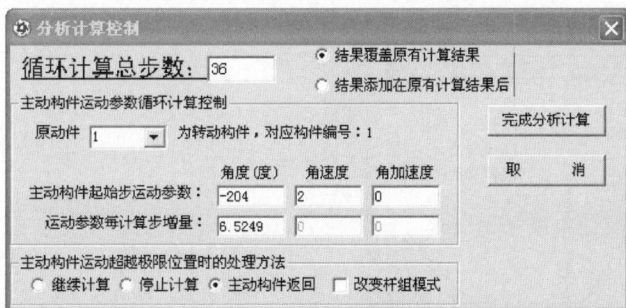

图 8-33　分析计算对话框

2. 有刨削阻力时的计算

通过工具栏打开如图 8-30 所示"编辑机构"对话框，在"机构构成过程"框内选中"构件 5 上添加节点 11"（刨头受力点 G，机构的构成过程不同，构件号和节点号可能不同），然后向中下部"节点 x 向分力 fx"的数据框内填入刨削阻力"9000"，并勾选"保留原来计算结果"，单击"确定"按钮，完成数据的修改。

重新打开如图 8-33 所示"分析计算控制"对话框，将"循环计算总步数"改为"21"，"主动件起始步运动参数"的"角度"设置为"25.179"、"角速度"设置为"2"，将"运动参数每计算步增量"的"角度"设置为"6.5"，并选中"结果添加在原有计算结果后"，最后单击"完成分析计算"按钮，就完成了有刨削阻力时机构的运动分析和力分析计算。

四、计算结果处理

可以通过 EXCEL 表格输出计算结果，也可以将数据绘制成曲线输出。

1. 数据输出

单击菜单栏"结果",出现的下拉菜单如图 8-34 所示,可以选择输出各节点坐标、速度、加速度、构件转动参数(指转角、角速度、角加速度)、运动副反力、作用在主动构件上的平衡力等数据。根据需要可对表格进行编辑整理,删除不必要的数据,可将表格插入 Word 文档或直接打印输出。

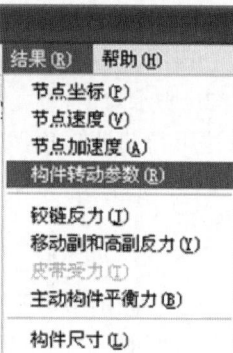

图 8-34

2. 绘制曲线

单击工具栏上 按钮,打开"绘制线图"面板,如图 8-35 所示。该面板分上、中、下三部分:上部为曲线区,中部为坐标系物理量设置区,下部为控制区。曲线的"水平轴的物理量"和"铅垂轴的物理量"可以是运动量,也可以是运动副反力或平衡力等,通过下拉选择框选择。选择好横轴和纵轴后单击"添加曲线"按钮即绘制出相应的曲线。图 8-35 中的曲线是刨头速度和加速度随曲柄转角的变化规律曲线,选择中部的"曲线号"下拉框中的不同曲线时,所选曲线将以适宜的大小显示在曲线区,坐标系也将作相应的变化。单击"保存曲线"按钮,可将曲线输出到指定文件夹并保存为扩展名为"bmp"的位图文件。如图 8-36 所示是输出的曲柄上平衡力矩随曲柄转角的变化曲线,从图上可以看出,由于刨削阻力突变,平衡力矩也有突变。

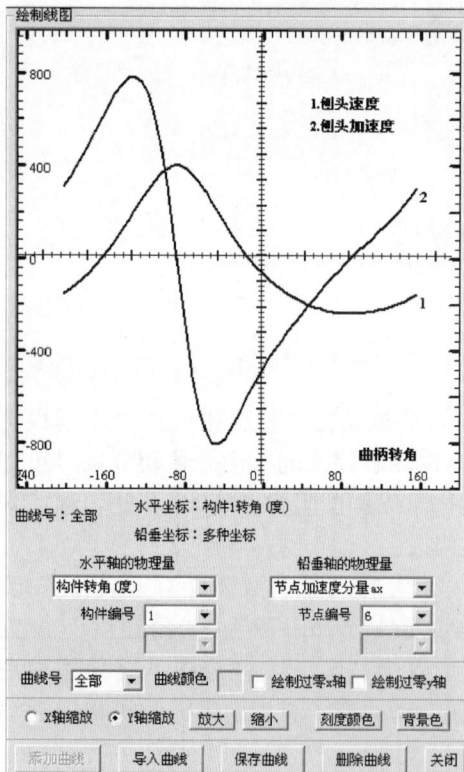

图 8-35

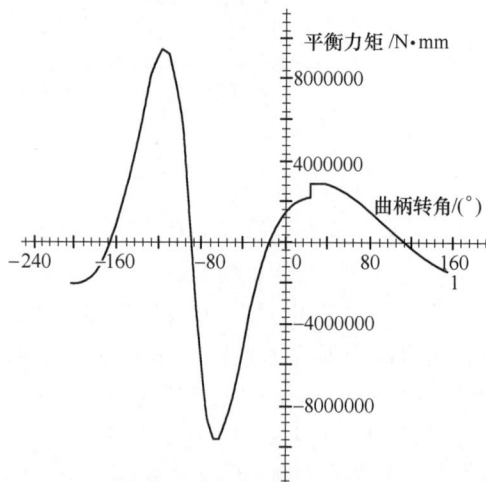

图 8-36

第九章

机械原理课程设计题选

第一节 插 床 机 构

一、机构简介与设计数据

1. 机构简介

插床是一种用于工件内表面切削加工的机床。插床主要由齿轮机构、导杆机构和凸轮机构等组成，如图9-1a所示。电动机经过减速装置（图中只画出了z_1、z_2的两齿轮）使曲柄1转动，再通过导杆机构1-2-3-4-5-6，使装有刀具的滑块沿导路y-y做往复运动，以实现刀具的切削运动。刀具与工作台之间的进给运动，是由固连于轴O_2上的凸轮驱动摆动从动件O_4D和其他有关机构（图中未画出）来完成的。为了缩短空回行程时间，提高生产率，要求刀具有急回运动特性。如图9-1b所示为阻力线图。

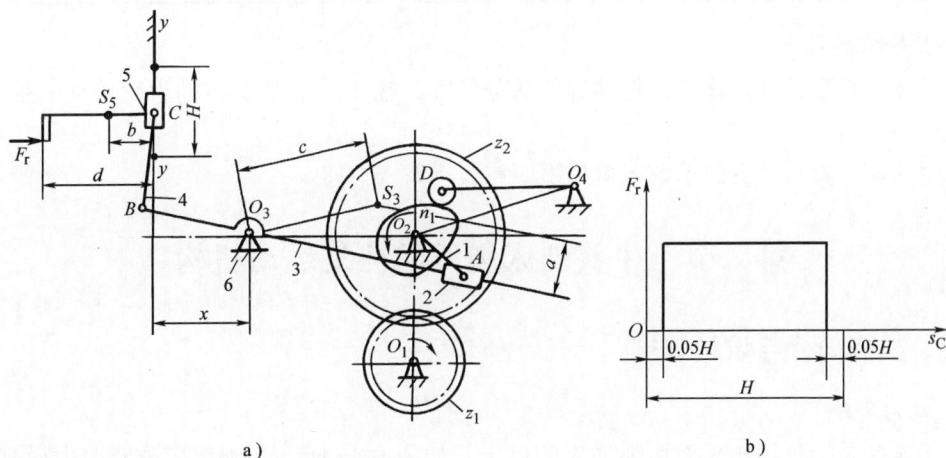

图 9-1

2. 设计数据

设计数据见表9-1。

二、设计内容

1. 导杆机构的设计及运动分析

设计导杆机构，作机构1~2个位置的速度多边形和加速度多边形，作滑块的运动线图，以上内容与动态静力分析的内容一起画在1号图纸上。整理说明书。

2. 导杆机构的动态静力分析

确定机构一个位置的各运动副反力及应加于曲柄上的平衡力矩。作图部分画在运动分析的图样上。整理说明书。

3. 凸轮机构设计

绘制从动杆的运动线图，画出凸轮实际轮廓曲线。以上内容作在2号图纸上。整理说明书。

表 9-1　设计数据

设计内容	导杆机构的设计及运动分析								导杆机构的动态静力分析				
符号	n_1	k	H	l_{BC}/l_{O_3B}	$l_{O_2O_3}$	a	b	c	G_3	G_5	J_{S_3}	d	F_r
单位	r/min		mm				mm			N	kg·m^2	mm	N
数据	60	2	100	1	150	50	50	125	160	320	0.14	120	1000

设计内容	凸轮机构的设计									齿轮机构的设计			
符号	ψ_{max}	$l_{O_2O_4}$	l_{O_4D}	r_0	r_r	δ_0	δ_{01}	δ_0'	δ_{02}	从动杆运动规律	z_1	z_2	m	α
单位	(°)		mm				(°)			等加速等减速			mm	(°)
数据	15	147	125	61	15	60	10	60	230		13	40	8	20

4. 齿轮机构设计

选择变位系数，计算该齿轮传动的各部分尺寸，在2号图纸上绘制齿轮传动的啮合图。整理说明书。

题目所需的资料：变位系数表参见第四章表4-3~表4-8。

第二节　牛头刨床刨刀的往复运动机构

一、机构简介与设计数据

1. 机构简介

牛头刨床是一种用于平面切削加工的机床。如图9-2a所示，刨床工作时，由导杆机构1-2-3-4-5带动刨头5和刨刀6做往复切削运动。工作行程中，刨刀速度要平稳；空回行程中，刨刀要快速退回，即要有急回作用。切削阶段的刨刀应近似做匀速运动，以提高刨刀的使用寿命和工件的表面加工质量。切削阻力如图9-2b所示。

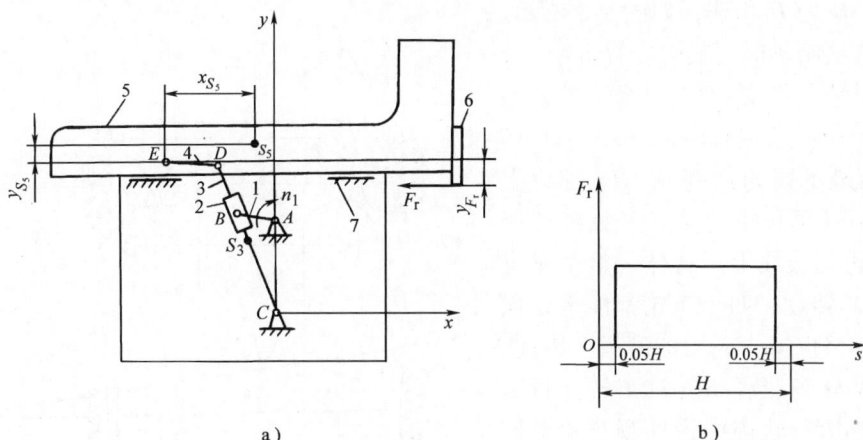

图　9-2

2. 设计数据

设计数据见表9-2。

表 9-2　设计数据

设计内容	导杆机构的运动分析								导杆机构的动态静力分析				
符号	n_1	l_{AC}	l_{AB}	l_{CD}	l_{DE}	l_{CS_3}	x_{S_5}	y_{S_5}	G_3	G_5	F_r	y_{F_r}	J_{S_3}
单位	r/min	mm								N			mm	kg·m²
方案 I	60	380	110	540	$0.25l_{CD}$	$0.5l_{CD}$	240	50	200	700	7000	80	1.1
方案 II	64	350	90	580	$0.3l_{CD}$	$0.5l_{CD}$	200	50	220	800	9000	80	1.2
方案 III	72	430	110	810	$0.36l_{CD}$	$0.5l_{CD}$	180	40	220	620	8000	100	1.2

二、设计内容

1. 对导杆机构进行运动分析

作机构1~2个位置的速度多边形和加速度多边形，作滑块的运动线图，以上内容与动态静力分析的内容一起画在1号图纸上。整理说明书。

2. 对导杆机构进行行动态静力分析

确定机构一个位置的各运动副反力及应加于曲柄上的平衡力矩。作图部分画在运动分析的图样上。整理说明书。

第三节　汽车前轮转向机构

一、机构简介与设计数据

1. 机构简介

汽车的前轮转向是通过等腰梯形机构 *ABCD* 驱使前轮转动来实现的。其中，两前轮分别

与两摇杆 *AB*、*CD* 相连，如图 9-3 所示。
当汽车沿直线行驶时（转弯半径 $R=\infty$），
左右两轮轴线与机架 *AD* 成一条直线；当
汽车转弯时，要求左右两轮（或摇杆 *AB*
和 *CD*）转过不同的角度 α、β。理论上
希望前轮两轴延长线的交点 *P* 始终能落
在后轮轴的延长线上。这样，整个车身
就能绕点 *P* 转动，四个车轮都能与地面
形成纯滚动，以减少轮胎的磨损。因此，
根据不同的转弯半径 *R*（汽车转向行驶
时，各车轮运行轨迹中最外侧车轮滚出
的圆周半径），左右两轮轴线（*AB*、*CD*）
应分别转过不同的角度 α 和 β。

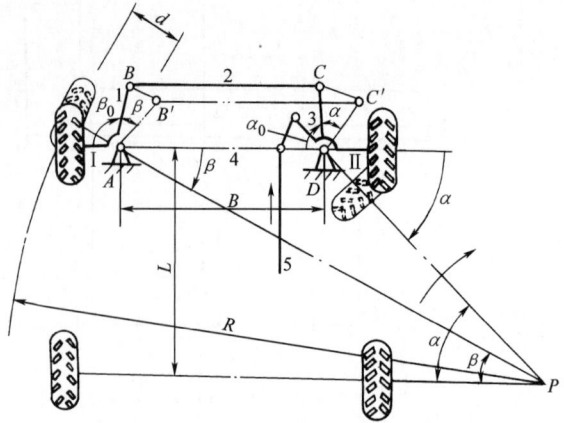

图　9-3

图 9-3 所示为汽车右拐时，应有

$$\tan\alpha = L/(R - d - B) \qquad \tan\beta = L/(R - d)$$

所以 α 和 β 的函数关系为

$$\cot\beta - \cot\alpha = B/L$$

同理，当汽车左拐时，由于对称性，有 $\cot\alpha-\cot\beta = B/L$，故转向机构 *ABCD* 的设计应尽
量满足以上转角要求。

2. 设计数据

设计数据见表 9-3。要求汽车沿直线行驶时，铰链四杆机构左右对称，以保证左右转弯
时具有相同的特性。该转向机构为等腰梯形双摇杆机构，设计此铰链四杆机构。

表 9-3　设计数据　　　　　　　　　　　（单位：mm）

参　数		轴　距 *L*	轮　距 *B*	最小转弯半径 R_{min}	销轴到车轮中心的距离 *d*
型号	途乐 GRX	2900	1605	6100	400
	途乐 GL	2900	1555	6100	400
	尼桑公爵	2800	1500	5500	500

二、设计内容

1）根据转弯半径 R_{min} 和 $R_{max}=\infty$（直线行驶），求出理论上要求的转角 α 和 β 的对应值。
要求最少两组对应值。

2）按给定两连架杆的两对应角位移，且尽可能满足直线行驶时机构左右对称的附加要
求，用图解法设计铰链四杆机构 *ABCD*。

3）机构的初始位置一般根据经验或通过实验来决定，一般可在下列数值范围内选取 α_0
$=96°\sim103°$，$\beta_0=77°\sim84°$。建议 α_0 取 102°，β_0 取 78°。

4）用图解法检验机构在常用转角范围内（$\alpha\leq20°$）的最小传动角 γ_{min}。

第四节 铰链式颚式破碎机

一、机构简介与设计数据

1. 机构简介

颚式破碎机是一种用来破碎矿石的机械，如图 9-4 所示。机器经带传动（图中未画）使曲柄 2 顺时针方向回转，然后通过构件 3、4、5 使动颚板 6 做往复摆动。当动颚板 6 往左摆向固定于机架 1 上的定颚板 7 时，矿石即被轧碎；当动颚板 6 向右摆离定颚板 7 时，被轧碎的矿石即落下。机器在工作过程中载荷变化很大，将影响曲柄和电动机的匀速转动。为了减小主轴速度的波动和电动机的容量，在曲柄轴 O_2 的两端各装一个大小和重量完全相同的飞轮，其中一个兼作带轮用。

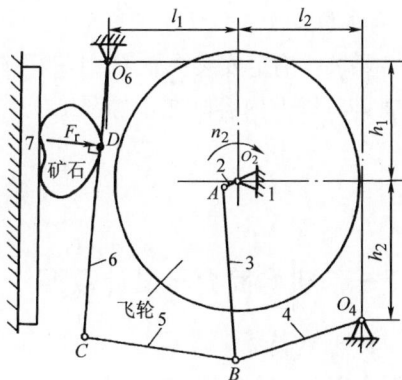

图 9-4

2. 设计数据

设计数据见表 9-4。

表 9-4 设计数据

设计内容	连杆机构的运动分析									
符号	n_2	l_{O_2A}	l_1	l_2	h_1	h_2	l_{AB}	l_{O_4B}	l_{BC}	l_{O_6C}
单位	r/min	mm								
数据	170	100	1000	940	850	1000	1250	1000	1150	1960

设计内容	连杆机构的动态静力分析									飞轮转动惯量的确定
符号	l_{O_6D}	G_3	J_{S_3}	G_4	J_{S_4}	G_5	J_{S_5}	G_6	J_{S_6}	δ
单位	mm	N	kg·m²	N	kg·m²	N	kg·m²	N	kg·m²	
数据	600	5000	25.5	2000	9	2000	9	9000	50	0.15

二、设计内容

1. 连杆机构的运动分析

已知：各机构尺寸及质心位置（构件 2 的质心在 O_2，其余构件的质心均位于构件的中心），曲柄转速为 n_2。

要求：作机构运动简图，作机构 1~2 个位置的速度和加速度多边形。以上内容与动态静力分析的内容一起画在 1 号图纸上。

2. 连杆机构的动态静力分析

已知：各构件重力 G 及对质心轴的转动惯量 J_S；工作阻力 F_r 曲线如图 9-5 所示，F_r 的作用点为 D，方向垂直于 O_6C；运动分析中所得结果。

要求：确定机构一个位置的各运动副反力及应加在曲柄上的平衡力矩 M_b。以上内容和运动分析一同画在 1 号图纸上。

3. 飞轮设计

已知：机器运转的速度不均匀系数 δ，由动态静力分析所得的平衡力矩 M_b；驱动力矩 M_b 为常数。

要求：确定安装在轴 O_2 上的飞轮的转动惯量 J_F。以上内容画在 2 号图纸上。

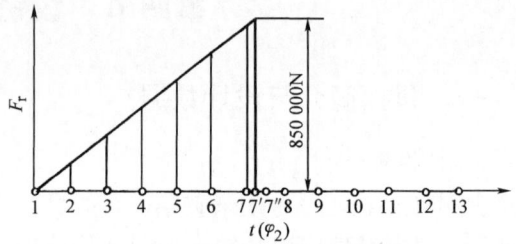

图 9-5

第五节　压　　床

一、机构简介与设计数据

1. 机构简介

如图 9-6 所示为压床机构简图。其中，六杆机构 1-2-3-4-5-6 为其主体机构，电动机经联轴器带动减速器的 z_1-z_2、z_3-z_4、z_5-z_6 三对齿轮将转速降低，然后带动曲柄 1 转动，六杆机构使滑块 5 克服阻力 F_r 而运动。为了减小主轴的速度波动，在曲轴 1 上装有飞轮，在曲柄轴的另一端装有供润滑连杆机构各运动副用的液压泵凸轮。

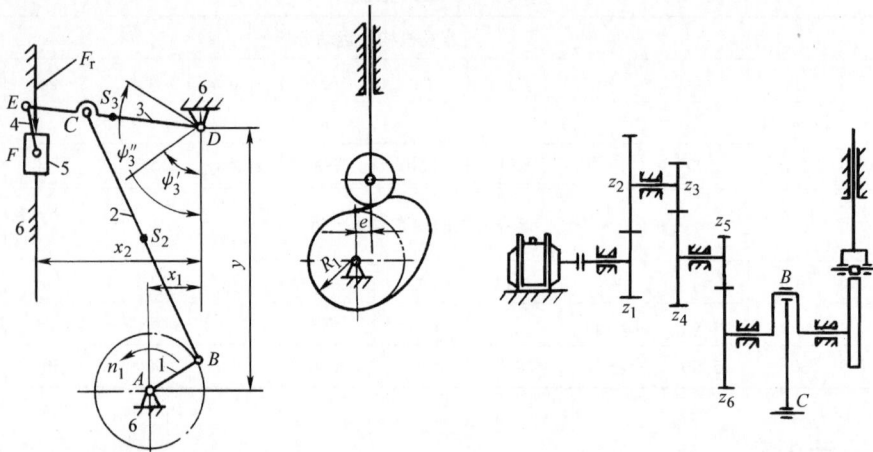

图 9-6

2. 设计数据

设计数据见表 9-5。

二、设计内容

1. 连杆机构的设计及运动分析

已知：中心距 x_1、x_2、y，构件 3 的上下极限角 ψ_3''、ψ_3'，滑块冲程 H，比值 CE/CD、EF/DE，各构件质心 S 的位置，曲柄转速 n_1。

表 9-5　设计数据

设计内容	连杆机构的设计及运动分析											齿轮机构的设计			
符号	x_1	x_2	y	ψ_3'	ψ_3''	H	$\dfrac{CE}{CD}$	$\dfrac{EF}{DE}$	n_1	$\dfrac{BS_2}{BC}$	$\dfrac{DS_3}{DE}$	z_5	z_6	α	m
单位	mm			(°)		mm			r/min					(°)	mm
方案 I	50	140	220	60	120	150	1/2	1/4	100	1/2	1/2	11	38	20	5
方案 II	60	170	260	60	120	180	1/2	1/4	90	1/2	1/2	10	35	20	6
方案 III	70	200	310	60	120	210	1/2	1/4	90	1/2	1/2	11	32	20	6

设计内容	凸轮机构的设计					连杆机构的动态静力分析及飞轮转动惯量的确定						
符号	h	$[\alpha]$	δ_0	δ_{01}	δ_0'	从动杆运动规律	G_2	G_3	G_5	J_{S_2}	J_{S_3}	F_{rmax}	δ
单位	mm		(°)					N		kg·m²		N	
方案 I	17	30	55	25	85	余弦	660	440	300	0.28	0.085	4000	1/30
方案 II	18	30	60	30	80	等加速	1060	720	550	0.64	0.2	7000	1/30
方案 III	19	30	65	35	75	正弦	1600	1040	840	1.35	0.39	11000	1/30

要求：设计连杆机构，作机构运动简图、机构 1~2 个位置的速度多边形和加速度多边形、滑块的运动线图。以上内容与动态静力分析的内容一起画在 1 号图纸上。

2. 连杆机构的动态静力分析

已知：各构件的重力 G 及其对质心轴的转动惯量 J_s （曲柄 1 和连杆 4 的重力和转动惯量略去不计），阻力线图（图 9-7）以及连杆机构设计和运动分析中所得的结果。

要求：确定机构一个位置的各运动副中的反作用力及应加于曲柄上的平衡力矩。作图部分画在运动分析的图样上。

3. 飞轮设计

已知：机器运转的速度不均匀系数 δ，由动态静力分析中所得的平衡力矩 M_b；驱动力矩 M_d 为常数，飞轮安装在曲柄轴 A 上。

要求：确定飞轮转动惯量 J_F。以上内容作在 2 号图纸上。

4. 凸轮机构设计

已知：从动件冲程 H，许用压力角 $[\alpha]$，推程角 δ_0，远休止角 δ_{01}，回程角 δ_0'，从动件的运动规律见表 9-5，凸轮与曲柄共轴。

要求：按 $[\alpha]$ 确定凸轮机构的基本尺寸，求出理论轮廓曲线外凸曲线的最小曲率半径 $\rho_{\min}$，选取滚子半径 r_r，绘制凸轮实际轮廓曲线。以上内容作在 2 号图纸上。

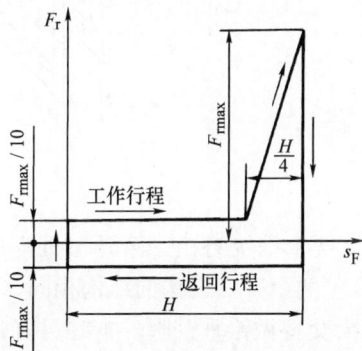

图 9-7

5. 齿轮机构的设计

已知：齿数 z_5、z_6，模数 m，分度圆压力角 α；齿轮为正常齿制，工作情况为开式传动，z_6 齿轮与曲柄共轴。

要求：选择两轮变位系数 x_1 和 x_2，计算该齿轮传动的各部分尺寸，以 2 号图纸绘制齿轮传动啮合图。

第六节　织机开口机构

一、设计题目

织物由经纱和纬纱紧密交织而成。最简单的织物是平纹组织，其经纬纱的交织情况如图 9-8b 所示。它是将经纱按照单双数分成 A、B 两组，分别穿在综绕 A 和 B 的综丝眼 a 和 b 中（图 9-8a）。当两个综绕一个在上、一个在下时，两组经纱上下分开，形成梭口。综绕在行程末端做较长时间停歇，此时，梭子带着纬纱穿过梭口，然后两个综绕上下交替，梭子带着纬纱又从梭口穿回。就这样综绕上下交替、梭子来回穿梭，实现经纬交织，形成织物。

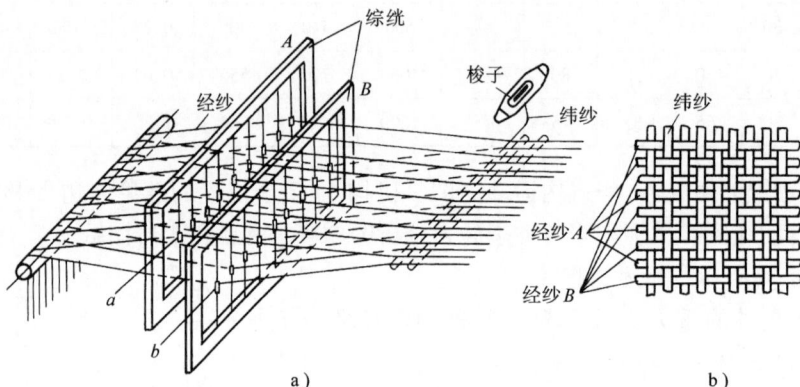

图　9-8

两个综绕各由一个开口机构带动，做铅垂方向的往复运动（行程末端有较长时间的停歇）。两个开口机构的结构相同，仅安装相位不同，它们根据织物的经纬纱交织规律使两个综绕交替做铅垂升降。本题目就是设计这个开口机构。

二、原始数据及设计要求

1）如图 9-9 所示，综绕上 KK' 的距离 $L_{KK'}=1600\text{mm}$，综绕的升降行程 $H=100\text{mm}$；综绕的位移规律 $s_K\varphi_1$ 曲线如图 9-10a 所示，升程和回程对应输入轴 O_1 的转角各为 120°，两次停歇时间对应输入轴 O_1 的转角均为 60°；综绕半行程（即到行程中点处，也称平综位置）对应输入轴 O_1 的转角为 60°或 240°；综绕升降行程对应轴 O_3、O_4 的摆角 φ_3 约为 40°。

2）为避免综绕歪斜而使其楔住，要求机构在综绕两侧的 K 和 K' 处同时推动其升降，以减小侧向推力，并尽可能使 K 和 K' 处的位移 s_K 和 $s_{K'}$ 接近相等，其最大差值

$$\Delta s_{\max}=(s_K-s_{K'})_{\max}<0.1\text{mm}$$

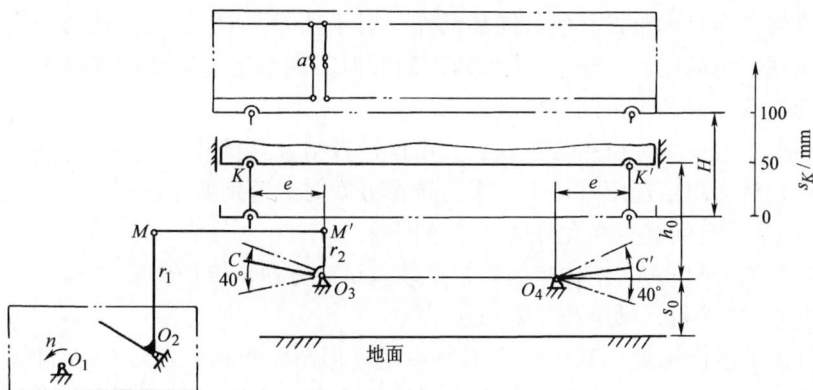

图　9-9

3）轴 O_3 和轴 O_4 间距离 $L_{O_3O_4} = 850\text{mm}$；轴 O_3 和轴 O_4 离地面高度 $s_0 = 120\text{mm}$；综绕上铰链点 K 和 K' 与轴 O_3 和 O_4 的偏距 $e = 150\text{mm}$；综绕行程中点与轴 O_3 的距离 $h_0 = 250\text{mm}$；输入轴 O_1 的轴径 $d = 40\text{mm}$；传动箱输入轴 O_1 和输出轴 O_2 间中心距 $L_{O_1O_2} = 120\text{mm}$；输入轴 O_1 做逆时针方向转动，转速 $n = 160\text{r/min}$；综绕升（降）过程中的最大阻力 $F_c = 150\text{N}$，阻力的变化曲线如图 9-10b 所示。综绕（开口机构的滑块）构件总质量 $m = 3\text{kg}$，其余构件的质量及运动副中的摩擦力不计。要求综绕运动平稳，机构传力性能良好。

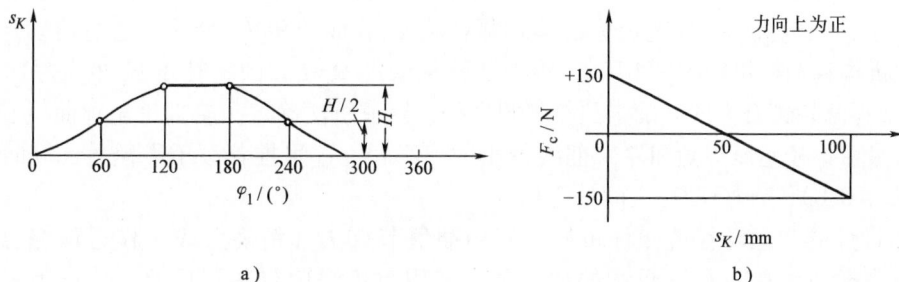

a)

b)

图　9-10

三、设计步骤

（1）方案设计和选择　根据题目要求和给定的原始数据，明确所设计机构应实现的运动形式和需满足的要求，构思机构方案。本题目要求所设计机构系统的输入轴 O_1 做单向连续转动，输出构件（综绕）做往复移动，综绕在行程两端要有较长时间（大于梭子穿越梭口所需时间）的停歇。对于这样的运动要求，同时还受到空间位置的限制，难以用一个基本机构来满足，常常是用几个机构组合起来，"分工合作"来实现上述运动功能。如图 9-9 所示，首先将构件绕 O_3 轴的转动转换为综绕上点 K 的直线移动，这可用曲柄滑块机构、齿轮齿条机构或凸轮机构来实现；其次，对于点 K 在行程两端的停歇，可在轴 O_1、O_2 间设置凸轮机构、槽轮机构或经过变异的导杆机构等，将连续转动变成间歇运动；对于绕轴 O_2、O_3 转动的两构件之间的转角要求，可以用连杆机构或齿轮机构等来实现。

由于推动综绕时要求在点 K、K' 两处着力，并消除综绕受到的侧向力的影响，所以可用两个相同的机构，作对称布置并使其同步动作。对于轴 O_3、O_4 的同步运动，应该采用在有限转角内能实现定传动比 $i=1$ 或 -1 的机构，如近似实现给定传动比的连杆机构，精确实现给定传动比的齿轮、链和带传动机构等。

根据上述要求组成多种机构方案以后，由设计者结合题目的要求具体分析所用机构的可行性、优缺点，然后决定选用哪一个方案。选择方案时，特别要注意：

1）机构的运动空间是否在允许的尺寸范围内。

2）机构的运动链应短，结构应简单，安装调试应方便，维护应容易。

3）机构应运转平稳，噪声小，寿命长。

本题目可用下述机构组成其中一个方案：用盘形凸轮机构控制综绕在行程两端的停歇（凸轮为输入轴）；通过两个对称安装的曲柄滑块机构实现综绕的往复行程；曲柄的摆动由凸轮机构从动件通过铰链连杆机构传递获得；推动综绕的两个曲柄滑块机构之间，则用 $i=-1$ 的铰链四杆机构将两个曲柄连接起来，使它们做近似同步运动。下面以此机构系统为例，介绍机构设计思路。

（2）设计曲柄滑块机构　由给定的行程长度确定曲柄和连杆的长度及曲柄的起、止位置。

（3）设计铰链连杆机构 $O_2MM'O_3$　由选定的凸轮从动件行程角（O_2M 转角）和曲柄 O_3M' 转角，用实现连架杆一对对应角位移（或两对对应角位移）的命题来设计该四连杆机构。

（4）设计凸轮机构　先选定综绕运动规律 $s_K\text{-}\varphi_1$，如图 9-10a 所示。通过已确定尺寸的曲柄滑块机构和四杆机构 $O_2MM'O_3$，求得凸轮从动件 O_2M 和凸轮转角 φ_1 的关系（位移曲线）；再选择凸轮锁合方式，确定凸轮基圆半径，用解析法确定凸轮理论轮廓曲线和实际轮廓曲线。最后，校验压力角和轮廓曲线最小曲率半径。这里推荐滚子半径 $r_{\mathrm{r}}=20\mathrm{mm}$，从动摆杆臂长 $l=0.8a$，a 为 O_1O_2 之间的距离。

（5）设计同步运动铰链四杆机构　若用插值节点法（精确点法）作近似综合，则先按切贝歇夫插值法选取合适数量的插值节点，用解析法确定各杆尺寸，分析因采用近似设计方法带来的 $\Delta s_{\max}$ 是否小于许用值，验算机构工作区内的传动角，最后选择一组适宜的尺寸。

（6）确定各机构之间的串联相位角（安装角）

（7）确定反作用力和力矩　对机构系统进行运动分析和动态静力分析，确定各运动副间反作用力和应施加于凸轮轴上的力矩。若用图解法，可只作一个位置的分析，具体位置由教师指定。

（8）整理和编写说明书

四、应完成的工作量

1）2号图纸两张。内容包括：机构运动简图、用图解法设计凸轮机构或连杆机构的作图（保留作图辅助线）、图解法作运动分析和力分析的结果。若用计算机辅助设计计算，则应有用图解法校核机构一个位置的位置图、传动角、运动分析和力分析的结果。

2）编写设计说明书一份。内容包括：设计题目、原始数据和设计要求、方案讨论和选择、设计计算过程、数据的选取、设计结果及评价。用计算机辅助设计计算时，应列出计算程序框图、标识符说明表、打印程序和计算结果。

第七节 专用机床的刀具进给机构和工作台转位机构

一、设计题目

设计四工位专用机床的刀具进给机构和工作台转位机构。如图 9-11 所示，工作台有Ⅰ、Ⅱ、Ⅲ、Ⅳ四个工作位置，各自对应的工序为：Ⅰ是装卸工件，Ⅱ是钻孔，Ⅲ是扩孔，Ⅳ是铰孔。主轴箱上装有三把刀具，对应于工位Ⅱ的位置装钻头，Ⅲ的位置装扩孔钻，Ⅳ的位置装铰刀。刀具由专用电动机带动绕其自身的轴线转动。主轴箱每左移（送进）一次，在四个工位上就分别完成了相应的装卸工件、钻孔、扩孔、铰孔工作。当主轴箱右移（退回）到刀具脱离工件后，工作台回转 90°，然后主轴箱再次左移。这时，对其中每一个工件来说，都进入下一个工位的加工。如此循环四次，一个工件就完成了装、钻、扩、铰、卸等工序。由于主轴箱左移后，在四个工位上的工序是同时进行的，所以主轴箱每往复一次，就有一个工件完成最后一道工序。

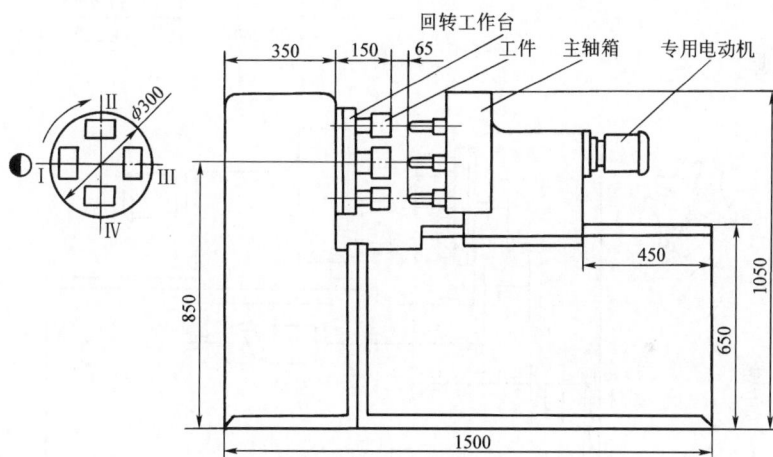

图 9-11

二、原始数据及设计要求

1) 如图 9-12 所示，初始状态下，刀具顶部离开工件表面 65mm；刀具送进时，先快速移动 60mm 接近工件，再匀速送进 60mm（前 5mm 为刀具接近工件时的切入量，工件孔深 45mm，后 10mm 为刀具切出量），然后快速返回。回程和工作行程的平均速比（行程速比系数）$k=2$。

2) 刀具匀速进给速度为 2mm/s，工件装、卸时间不超过 10s。

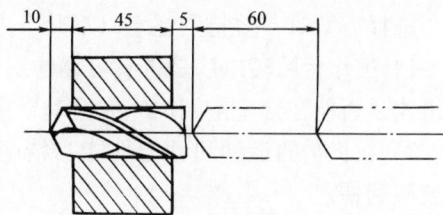

图 9-12

3）生产率约为每小时 74 件。

4）机构系统需装入机体内，机床外形尺寸如图 9-11 所示。

三、方案设计与选择

回转工作台单向间歇运动，每次转动 90°；主轴箱往复移动行程为 120mm，在工作行程中有快进和慢进两段，回程全程快退（急回行程）。

实现工作台单向间歇运动的机构有棘轮、槽轮、凸轮和不完全齿轮机构等，此外还可采用某些组合机构；实现主轴往复急回运动的机构有连杆机构和凸轮机构。两套机构均由一个电动机带动，故工作台回转机构和主轴箱往复运动机构按动作时间顺序分支并列，组合成一个机构系统。图 9-13、图 9-14 和图 9-15 所示为其中的三个方案。工作台回转机构在图 9-13 和图 9-14 所示的方案中为槽轮机构，在图 9-15 所示的方案中为不完全齿轮机构。其余方案可由学生自己构思。

刀具 （主轴箱）	工作行程		空回行程
	刀具在工件外	刀具在工件内	刀具在工件外
工作台	转位	静止	转位

0　　70　　　　　　　　　　　240　　340 360
凸轮转角/(°)
a)

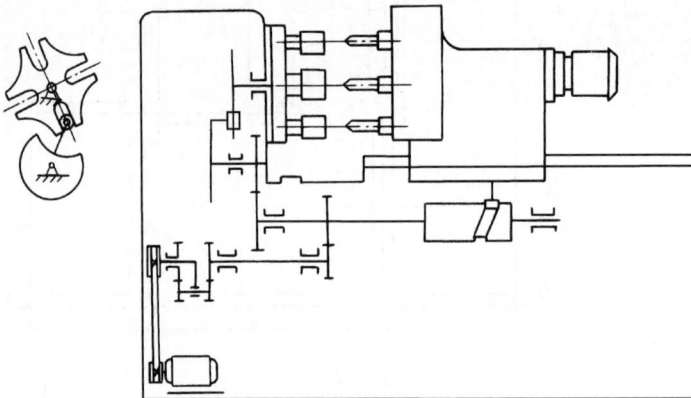

b)

图　9-13

a）运动循环图　b）方案之一

选择方案时，要特别注意以下几个方面：

1）工作台回转以后是否有可靠的定位功能；主轴箱往复运动行程在 120mm 以上时，所选机构是否能在给定空间内完成运动要求。

2）在机构的运动和动力性能、精度满足要求的前提下，传动链应尽可能短，且制造、安装应简便。

3）若加工对象的尺寸变更，是否有可能方便地进行调整和改装。

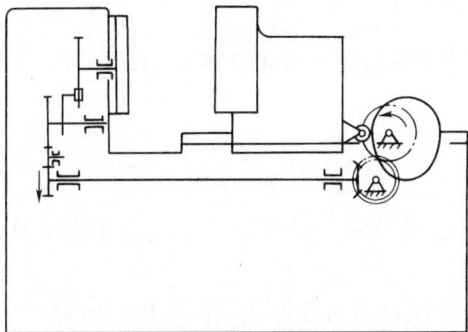

图　9-14

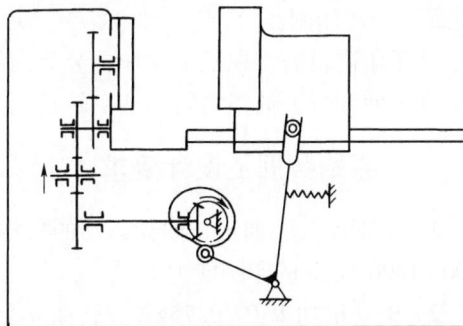

图　9-15

四、设计步骤

（1）方案设计　根据设计题目提出的要求构思和选择方案，如上节所述。

（2）确定行程时间　根据生产率要求及刀具匀速进给的要求和 k 值，确定工作行程和回程的时间。

（3）选择电动机及总传动比　确定执行机构（工作台回转机构和主轴箱往复运动机构）主动件的转速，选择电动机转速及功率，确定电动机到执行机构的总传动比及各级传动比，并选择相应各级机构的类型。

（4）拟定机构运动循环图　按选定的方案，拟定机构的运动循环图。

（5）机构设计　设计工作台回转机构及其定位装置，设计主轴箱往复运动机构。

（6）机构运动分析　用图解法或解析法对执行机构进行运动分析。

（7）整理和编写设计说明书

五、应完成的工作量

1）2 号或 3 号图纸四张。内容包括：最终确定的机构运动方案及运动循环图，如图 9-13a 所示；工作台回转机构和主轴箱往复运动机构设计图（保留作图辅助线）；用图解法或解析法对工作台回转机构或主轴箱往复运动机构进行运动分析后，绘出的从动件的位移、速度、加速度曲线图。若用图解法，则可由方案相同的几个同学合作完成整个运动线图；若用计算机辅助分析，则应附计算机程序及打印结果。

2）设计说明书一份。内容包括：设计题目、原始数据和设计要求、方案设计及选择、机构设计的有关参数选择、设计和计算结果及其评价等。

第八节　平压印刷机

一、工作原理及工艺动作过程

平压印刷机是一种简易印刷机，适合于印刷各种 8 开以下的印刷品。其工作原理为：将油墨刷在固定的平面铅字版上，然后将装夹了白纸的平板印头与其紧密接触而完成一次印刷。平压印刷机的工作过程犹如盖图章，其中的"图章"是不动的，而是用纸张去贴近

"图章"完成印刷。

平压印刷机需实现三个动作：装有白纸的印头的往复摆动、油辊在固定的铅字版上的上下滚动、使油辊上油墨均匀的油盘转动。

二、原始数据及设计要求

1）实现印头、油辊、油盘运动的机构由一个电动机带动，通过传动系统使印刷机具有 $1600 \sim 1800$ 次/h 的印刷能力。

2）电动机功率 $P = 0.75\text{kW}$、转速 $n_\text{D} = 910\text{r/min}$，电动机可放在机架的左侧或底部。

3）印头摆角为 $70°$，印头的返回行程和工作行程的平均速度之比 $k = 1.118$。

4）油辊摆杆自铅垂位置运动至铅字版下端的摆角为 $110°$。

5）油盘直径为 400mm，油辊的起始位置就在油盘边缘。

6）要求机构的传动性能良好，结构紧凑，易于制造。

三、设计方案提示

1）印头机构可采用曲柄摇杆机构、摆动从动件凸轮机构等，要求具有急回特性，并在印刷的极位有短暂停歇。

2）油辊机构可采用固定凸轮变长摆动从动件机构（由铅字版及油盘面确定凸轮形状）。

3）油盘运动机构可采用间歇运动机构。

4）对这三个机构要考虑如何进行联动。

四、设计任务

1）根据工艺动作要求拟定运动循环图。

2）进行印头、油辊、油盘机构及相互间的连接传动机构的选型。

3）进行机械运动方案的评定和选择。

4）按选定的电动机及执行机构运动参数拟定机械传动方案。

5）画出机械运动方案简图。

6）对传动机构和执行机构进行运动尺寸设计计算。

第九节　蜂窝煤成形机

一、工作原理及工艺动作过程

冲压式蜂窝煤成形机是我国城镇蜂窝煤（通常又称为煤饼，在圆柱形饼状煤中冲出若干通孔）生产厂的主要生产设备。它将粉煤加入转盘上的模筒内，然后蜂窝煤经冲头冲压成形。

为了实现蜂窝煤冲压成形，冲压式蜂窝煤成形机必须完成如下五个动作：

1）粉煤加料。

2）冲头将蜂窝煤压制成形。

3）清除冲头和出煤盘的积屑的扫屑运动。

4）将模筒内冲压后的蜂窝煤脱模。

5）将冲压成形的蜂窝煤输送装箱。

二、原始数据及设计要求

1）蜂窝煤成形机的生产能力：30 次/min。

2）驱动电动机：型号为 Y180L-8，功率 $P = 11\text{kW}$，转速 $n_D = 710\text{r/min}$。

3）冲压成形时的生产阻力达到 10^5N。

4）为了改善蜂窝煤冲压成形的质量，希望在冲压后有一短暂的保压时间。

5）由于冲头要产生较大压力，希望冲压机构具有增力功能，以增大有效力作用，减小原动机的功率。

三、设计方案提示

冲压式蜂窝煤成形机应考虑三个机构的选型和设计：冲压和脱模机构、扫屑机构和模筒转盘间歇运动机构。

冲压和脱模机构可采用对心曲柄滑块机构、偏置曲柄滑块机构、六杆冲压机构；扫屑机构可采用附加滑块摇杆机构、直线移动凸轮移动从动件机构；模筒转盘间歇运动机构可采用槽轮机构、不完全齿轮机构、凸轮式间歇运动机构。

为了减小机器的速度波动和驱动电动机的所需功率，可以附加飞轮。

四、设计任务

1）按工艺动作要求拟定运动循环图。

2）进行冲压和脱模机构、扫屑机构、模筒转盘间歇运动机构的选型。

3）进行机械运动方案的评定和选择。

4）进行飞轮设计。

5）按选定的电动机和执行机构运动参数拟定机械传动方案。

6）画出机械运动方案简图。

7）对传动机构和执行机构进行运动尺寸的设计计算。

第十节　汽车风窗刮水器机构

一、机构简介与设计数据

1. 机构简介

汽车风窗刮水器是汽车刮水刷片的驱动装置。如图 9-16a 所示，风窗刮水器工作时，由电动机带动齿轮 1-2（图中齿轮 1 省略未画），将转动传至曲柄摇杆机构 2′-3-4。电动机单向连续转动，刷片杆 4 做左右往复摆动，要求左右摆动的平均速度相同。其中，刮水刷的工作阻力矩如图9-16b所示。

2. 设计数据

设计数据见表 9-6。

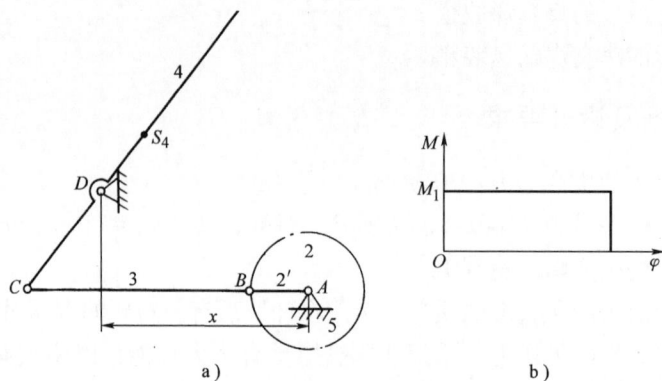

图　9-16

表 9-6　设计数据

设计内容	曲柄摇杆机构的设计及运动分析					曲柄摇杆机构的动态静力分析		
符号	n_2	k	φ	l_{AB}	x	l_{DS_4}	G_4	J_{S_4}	M_1
单位	r/min		(°)	mm			N	kg·m²	N·mm
数据	30	1	120	60	180	100	15	0.01	500

二、设计内容

1. 对曲柄摇杆机构进行运动分析

作机构 1~2 个位置的速度多边形和加速度多边形。以上内容与动态静力分析的内容一起画在 1 号图纸上。整理计算说明书。

2. 对曲柄摇杆机构进行动态静力分析

确定机构一个位置的各运动副反力及应加于曲柄上的平衡力矩。作图部分画在运动分析的图样上。整理计算说明书。

第十章

<<<<<<<<

基于ADAMS的平面机构运动分析和力分析应用

本章首先对 ADAMS 的功能特点及其基本操作作简要介绍，然后以本书第九章第五节的压床设计中的数据为依据，用 ADAMS 软件绘制机构，并对该机构的运动学和动力学进行分析。以此，提供一个使用 ADAMS 软件对《机械原理》中的多杆机构进行分析的例子，为机构仿真的推广提供一个思路。

第一节　ADAMS 简介

ADAMS，即机械系统动力学自动分析（Automatic Dynamic Analysis of Mechanical Systems），是美国 MDI 公司，即机械动力公司（Mechanical Dynamics Inc.）开发的著名的虚拟样机分析软件。

该软件有两种操作系统的版本，即 UNIX 版和 Windows 版；包括三个最基本的解题程序模块，分别是 Adams View（基本环境）、Adams Solver（求解器）和 Adams PostProcessor（后处理）；另外还有一些附加程序模块。

本章将主要介绍 Adams View 和 Adams PostProcessor 模块，其他模块暂不做讲解。

Adams View 模块提供了一个直接面向用户的基本操作对话环境和虚拟样机分析的前处理功能，其中包括：虚拟样机的各种建模工具、样机模型数据的输入与编辑功能、与后处理等程序的自动连接功能、虚拟样机分析参数的设置功能、各种数据的输入和输出功能、同其他应用程序的接口等。

Adams PostProcessor 模块提供动画模拟、曲线的绘制和分析等功能，主要用于样机模型仿真计算之后的数据分析等。

第二节　ADAMS 基本操作

一、基本界面

启动 Adams View，创建一个新的模型数据库，之后会出现图 10-1 所示的主界面。从上至下依次为：命令菜单栏（及单行工具条）、工具箱、设计树、工作区和状态栏，其中设计树和工作区左右并列。

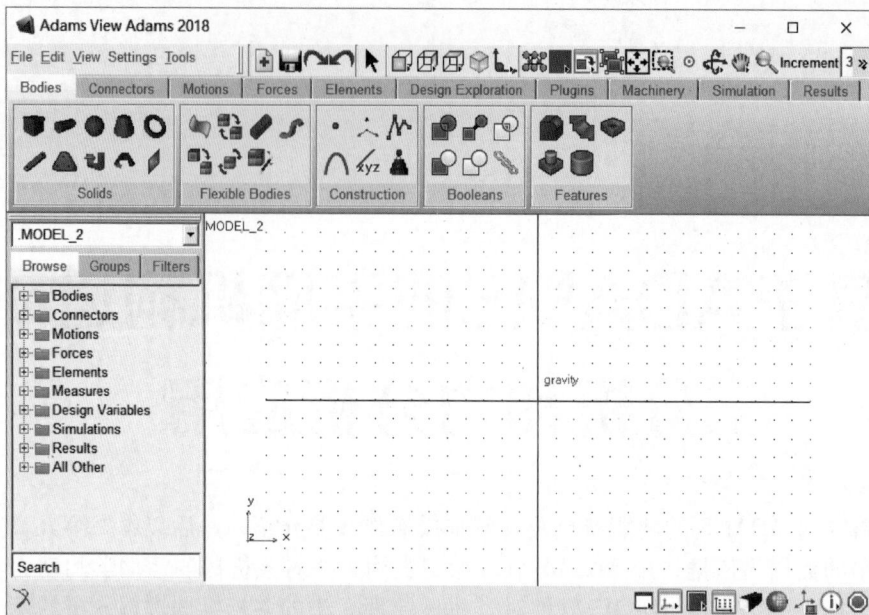

图 10-1

二、模型数据库体系

在 ADAMS 中，所有对象的全名均以根符号"."开头，并包括该对象所属的全部上层名称，上下层名称之间用"."隔开。例如：MODEL_1 机构中 PART_1 构件上的点 PT1，其全名为".MODEL_1.PART_1.PT1"。

首次启动 Adams View 时，程序将根据欢迎对话框中的选项，产生一个新的数据库或者打开一个以前的数据库。Adams View 在操作过程中只能打开一个数据库，但是在一个数据库中可以储存多个样机模型的所有信息，包括：样机几何模型、各种约束、仿真结果、分析图、自定义的菜单和对话框等。

如果希望在启动 Adams View 后打开新数据库或已保存的数据库，则操作方法为：在 File 菜单中，选择 New Database 命令，或选择 Open Database 命令。

三、基本操作

1. 命令菜单

可以在命令菜单中选择工具箱中没有列出的功能。命令菜单包括 File（文件操作），Edit（编辑）、View（视图变换）、Setting（设置），Tools（工具），每个分组又包括多个子项。

2. 标准工具箱

工具箱分为 10 个区，主要有 Bodies（实体）、Connectors（联接）、Motions（运动）、Forces（载荷），Elements（元素）、Design Exploration（设计浏览）、Simulation（仿真）、Results（结果分析）等。

3. 弹出菜单

弹出菜单是另一种非常方便的选择和输入命令的方式。弹出菜单中包含与对象有关的常用命令和参数。弹出菜单一般有多个层次，根据对象的不同，弹出菜单的内容也不同。

Adams View 在许多场合都设计有弹出菜单，常见的有：

1）建模过程中屏幕上的各种对象，例如，构件、标记、约束、运动、力等均设有弹出菜单，菜单中包括编辑、修改、命名、删除等各种相关命令。

2）输入对话框中的文本输入栏，例如，可以利用弹出菜单进行对象或文件名的选择、浏览、复制、修改，以及输入值的复制、修改和参数化处理等操作。

3）后处理图标中的各种对象，例如曲线、标题、坐标、符号标记等。

4. 对话框

修改零件属性对话框，对话框中可以包含文本框、工具图标、选择栏、滚动条、单选按钮、复选按钮和命令按钮等数据输入和选择的方式。对文本输入框，可以直接用键盘输入有关内容，也可以使用弹出菜单进行有关的命令操作。

根据输入对象和内容的不同，文本输入框的弹出菜单也不同。一般文本输入框的弹出菜单包含有与输入参数有关的主要命令，例如：复制、剪切和粘贴命令，浏览命令，管理和参数化命令，显示信息命令等。

5. 鼠标

鼠标是最常用的程序操作工具，Adams View 的鼠标应用有两种方式，即鼠标左键和鼠标右键。

鼠标左键主要用于选择样机模型中的各种对象、菜单栏中的命令、快捷工具图标命令和对话框中的有关命令。

鼠标右键主要用于激发各种弹出菜单和工具集。使用鼠标右键的场合主要有如下几种：

1）显示建模过程中屏幕上的各种对象的弹出菜单。

2）在各种输入对话框的参数文本输入栏，显示输入参数的弹出菜单。

3）在后处理过程中，显示曲线图中各种对象的弹出菜单。

4）在工具箱、快捷工具栏等有工具图标集的场合，显示所选择的工具图标集的所有图标命令。

6. 保存备份文件

在保存提示对话框中，有如下三种选择：

1）选择 Yes，产生一个原有数据库文件的备份文件，并保存数据库。Adams View 的备件文件名是将原有数据库文件名后面的 n 换成 q。例如，如果原有数据库文件名为"model. bin"，则备份文件名为"model. biq"。

2）选择 No，则保存数据库，但是不产生备份文件。

3）选择 Cancel，则不保存数据库。

7. 后退一步操作

如果不小心删除了一个有用的构件，可以使用放弃操作命令，取消已经做出的误删除操作，可找回误删除的构件。Adams View 提供了可以放弃绝大多数已经执行的命令的操作。Adams View 可以记住多达 100 步的操作，第一次使用放弃操作命令，即取消最后一步操作，依次前推。

后退一步操作是：在 Edit 菜单中选择 undo 命令，或者单击快捷工具栏的 undo 图标。如果要再次放弃操作，在 Edit 菜单中选择 Redo 命令，或者在快捷工具栏中选择 Redo 图标。

8. 取消操作

取消操作经常会被用到，例如，从一个对话框中退出，从正在进行的绘图操作中退出，或者终止一个正在进行的仿真分析，就可以取消在 Adams View 中进行的任何操作。取消操作的方法有：在对话框中单击 Cancel 按钮，按键盘上的 Esc 键，或者使用 Adams View 窗口状态栏中的停止工具。

9. 退出 Adams View

在 File 菜单，选择 Exit 命令。

第三节　绘制压床机构

本节将采用本书第九章第五节压床设计中的数据，绘制压床机构图，为后续的分析做必要的准备工作。

一、准备工作

建立一个新的数据文件。

1. 启动

启动 Adams View，建立一个新的数据文件。

2. 创建新模型

在 Create New Model 对话框中，参数 Model Name 填写为"MODEL_1"，参数 Gravity 选择"Earth Normal（-Global Y）"，即标准重力加速度。参数 Units 选择"MMKS-mm，kg，N，s，deg"，即毫米、千克、牛、秒、度构成的一套单位。有关单位系统的定义，可选择 Settings 菜单下的 Units 命令，打开单位设置对话框进行查看和修改。

3. 设置工作环境

在 Setting 菜单中选择 Working Grid，将工作栅格的 Size（尺寸）设置为 X = 200，Y = 300，Spacing（格距）设置为 X = 10，Y = 10。此时工作区网格的大小会发生变化，可用菜单栏右侧的单行工具条上的平移工具 和缩放工具 ，对网格的大小和位置进行调整。

在 Setting 菜单中选择 Icons 命令，将 Model Icons（模型图标）的 Size for all Model Icons（所有缺省尺寸）改为"20"。Name Visibility（名称可见性）选"On"。最后单击 OK 按钮确定。

在 Setting 菜单中选择 Force Graphics 命令，将 Force Scale（力比例）改为"0.1"，单击 OK 按钮确定。

4. 注意

在后续的建模和分析过程中，应定期存储数据文件，并保留备份。

二、开始建模

1. 创建设计点

首先根据预先设计好的机构简图，测算出各个运动副的坐标数据，坐标参考值见表 10-1。其中点 O 为坐标原点，水平方向为 x 轴方向，竖直方向为 y 轴方向。在工具箱 Bodies（实体）的 Construction（构造）区单击 Geometry-Point（几何点）图标 ，在参数区选择 Add to Ground 和 Don't Attach，在工作区点选，确定点的位置。必要时可以用鼠标右键单击工作区的点，在弹出菜单中选择 Modify 命令来对点的坐标值进行修改，最后在设计树 Bodies 下的 ground 中对新建的几何点单击鼠标右键，在弹出菜单中使用 Rename 命令修改名称。各个坐标点的数据参考表 10-1，该表数值是参考设计题目中的方案 I 的数据进行测算得到。各铰链位置的结果如图 10-2 所示。这些几何点将作为后续操作的参照点。

表 10-1 机构坐标点的参数表 （单位：mm）

坐标点	对象名称	Loc_X	Loc_Y	Loc_Z
A	P_A	90	0	0
B	P_B	83	47	0
C	P_C	55	262	0
D	P_D	140	220	0
E	P_E	11	288	0
F	P_F	0	254	0
O	P_O	0	0	0

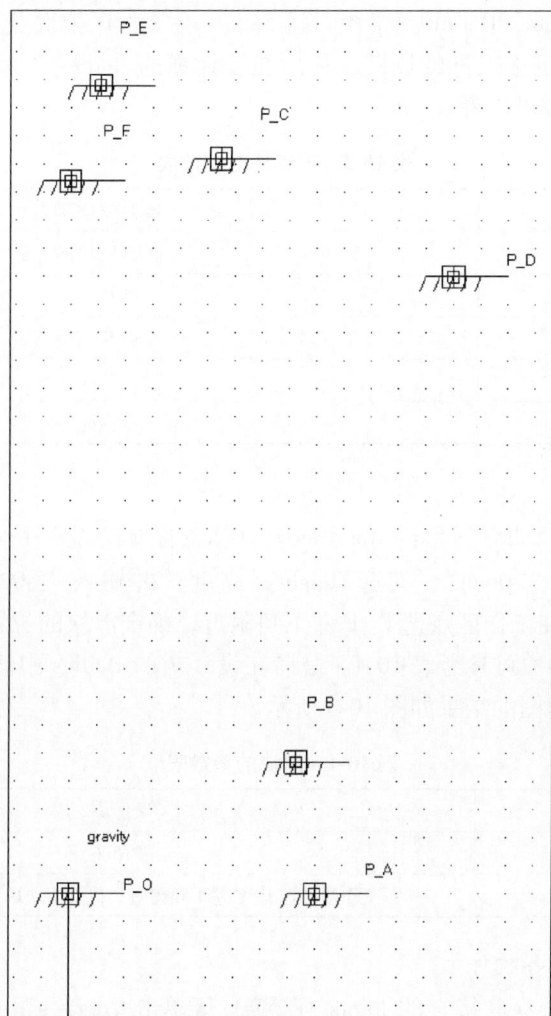

图 10-2

2. 创建曲柄 AB、连杆 BC 和 EF

在工具箱 Bodies 的 Solids 区单击 RigidBody：Link（刚体连杆）图标，在参数区勾选 Width（宽度）并输入"10mm"，勾选 Depth（深度）并输入"3mm"，Length（长度）不勾选，在工作区依次点选两点，确定曲柄或连杆的铰链点。将该创建过程重复三次，最后在设计树的 Bodies 中修改新创建的对象名称，参数可参考表 10-2。

表 10-2　曲柄和连杆的参数表

参　数	曲柄 AB	连杆 BC	连杆 EF
名　称	PART_AB	PART_BC	PART_EF
第一次点选	点 P_A	点 P_B	点 P_E
第二次点选	点 P_B	点 P_C	点 P_F

3. 建立连架杆 DCE

在工具箱 Bodies 的 Solids 区单击 RigidBody：Plate（刚体平板）图标，在参数区 Thickness（厚度）选 3mm，Radius（半径）选 5mm，在工作区依次点选 P_D、P_C 和 P_E，单击鼠标右键结束，确定连架杆的铰链。最后在设计树的 Bodies 中修改新创建的对象名称为"PART_DCE"，参数可参考表 10-3。

表 10-3　连架杆的参数表

参　数	连架杆 DCE
名　称	PART_DCE
第一次点选	点 P_D
第二次点选	点 P_C
第三次点选	点 P_E
第四次单击右键	空白处

4. 建立滑块 F

在工具箱 Bodies 的 Solids 区单击 RigidBody：Box（刚体方盒）图标，在参数区勾选 Length（长度）并输入"20mm"，勾选 Height（高度）并输入"30mm"，勾选 Depth（深度）并输入"3mm"，在工作区点选 P_F 左下角附近，确定滑块的位置，注意：确保滑块的中心处于点 P_F 上。参数可参考表 10-4。最后在设计树的 Bodies 中修改新创建的对象名称为"PART_F"，机构简图的结果如图 10-3 所示。

表 10-4　滑块的参数表

参　数	滑　块　F
名　称	PART_F
点　选	工作区点选 P_F 左下角附近，确保滑块的中心处于点 P_F 上

5. 用转动铰链连接各构件

在工具箱 Connectors（联接）的 Joints（铰接）区单击 Create a Revolute Joint（创建转动副）图标，参数 1 选"2 Bodies-1 Location"，参数 2 选"Normal To Grid"，在工作区点选

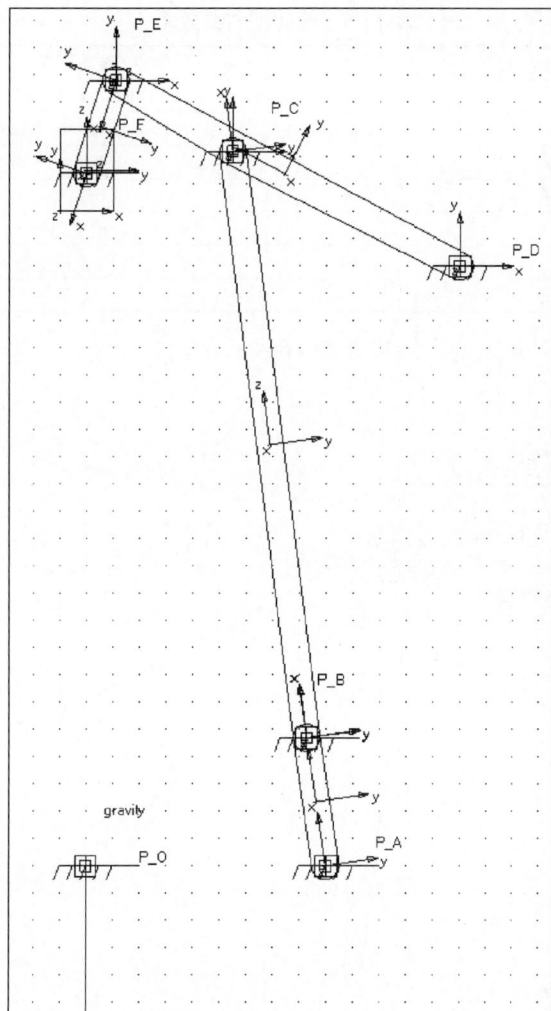

图　10-3

相应位置，确定六个转动铰链的位置。操作步骤参考表 10-5，最后在设计树 Bodies 中修改新创建的对象名称。

表 10-5　铰链的参数表

参数	A	B	C	D	E	F
第一次点选	曲柄 AB	曲柄 AB	连杆 BC	连架杆 DCE	连架杆 DCE	连杆 EF
第二次点选	空白处	连杆 BC	连架杆 DCE	空白处	连杆 EF	滑块 F
第三次点选	点 P_A	点 P_B	点 P_C	点 P_D	点 P_E	点 P_F
名称	R_A	R_B	R_C	R_D	R_E	R_F

6. 用移动副连接滑块与机架

在工具箱 Connectors 的 Joints 区单击 Create a Translational Joint（创建移动副）图标，参数区的设置参考表 10-6，在工作区相应位置点选，确定移动副的位置。最后将新创建的对象名称改为"T_F"。

表10-6　移动副的参数表

参　数	移动副 F
参　数 1	2 Bodies-1 Location
参　数 2	Pick Geometry Feature
1st Pick Body 选择	PART_F
2nd Pick Body 选择	空白处
第三次选择	点 P_F
第四次选择	点 P_F 正上方
名　称	T_F

压床机构建模过程到此完毕，结果如图10-4所示。

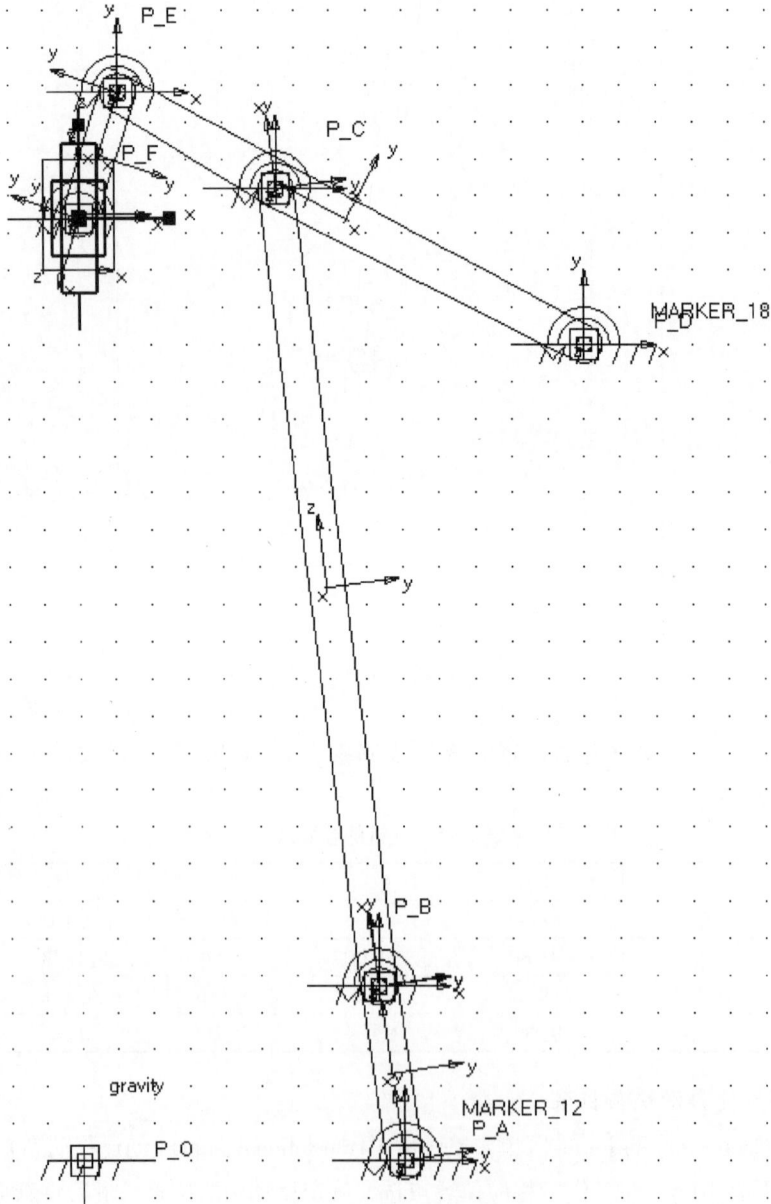

图　10-4

7. 模拟模型的运动

单击 View 窗口右下角倒数第四个图标 ，确保构件以实体颜色显示，便于观察。在工具箱 Simulation 的 Simulate（仿真）区单击 Run an Interactive Simulation（运行交互仿真）图标 ，屏幕出现图 10-5 所示的 Simulation Control（仿真控制）对话框。在对话框中单击 Perform Drag Simulation 按钮 ，然后在工作区用鼠标点中曲柄 AB 的中点并拖动，可观察机构的运动情况。最后单击 Reset toinput configuration 按钮 ，恢复模拟运动前的状态。

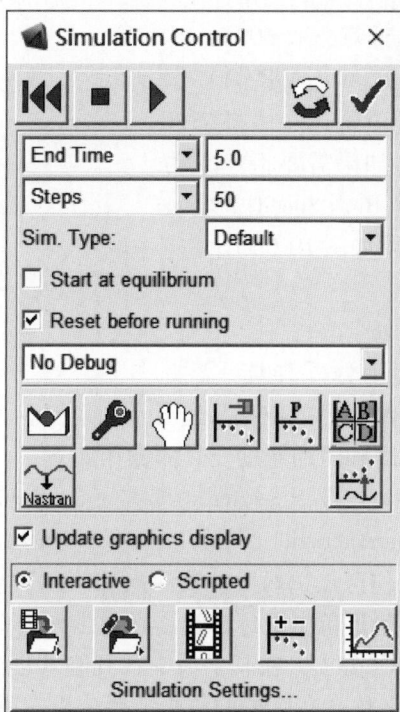

图　10-5

8. 存储项目数据库文件

选择 File 菜单下的 Save Database 命令，进行项目数据库存储。

第四节　压床机构的运动分析

使用 ADAMS 的运动分析功能，进行压床机构的运动分析，得到滑块位置、速度、加速度数据，以及其他运动数据。

一、打开创建的仿真模型

启动 Adams View，打开已经创建的仿真模型。必要时调整观察范围和角度。

二、给原动件添加运动参数

曲柄 AB 为机构的原动件，在运动仿真之初，需要对其赋予旋转运动参数。若原动

件的转速 $n_1 = 100r/min$，旋转角速度 $\omega_1 = n_1 \times 360°/60 = 600°/s$，则在下面的具体操作中将 Rot. Speed 的数据填为 "600"。此时，曲柄转过 1 圈需要 60s/100 = 0.6s。具体操作如下。

在工具箱 Motions（运动）的 Joint Motions（铰接运动）区单击 Rotational Joint Motion（Applicable to Revolute or Cylindrical Joint）图标，在参数区对 Characteristic：Rot. Speed（旋转角速度）填入所需的数据（根据上面的计算，取 600），其单位是（°/s）。在工作区点选 P_A（或 R_A）作为原动件曲柄 AB 的固定铰链位置，曲柄将绕该点转动，方向默认为逆时针。如果需要指定原动件的旋转方向为顺时针，则将 Rot. Speed 中填入相应负数值（即：-600），结果如图 10-6 所示。

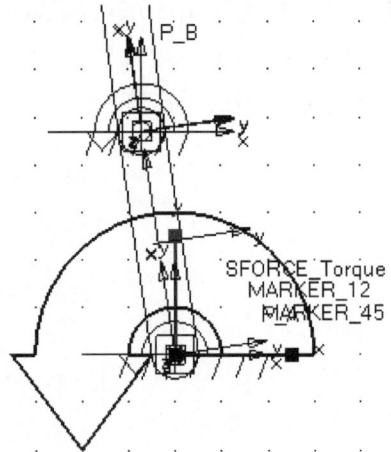

图　10-6

三、添加测量值

为观察机构中滑块 F 的运动分析数据，需要添加三个测量值，它们分别是滑块 F 的位移、速度及加速度。另外再添加两个测量值，分别是曲柄 AB 绕点 A 旋转的角速度和角加速度。具体操作如下。

在工具箱 Design Exploration 的 Measures（测量）区单击 Create a new Point-to-Point measure 图标，参数区的 Characteristic（特征）和 Component（组成部分）的参数选择参考表 10-7。接下来用鼠标在工作区点选两次，第一次和第二次点选的具体位置参考表 10-7。注意：点选时，在目标点位置附近单击鼠标右键，在弹出列表中选择所需的点即可。在工作区左侧的设计树中找到 Measures 分支，在其子项中找到刚才创建的三个测量值，按照表 10-7 提供的名称重新命名，这些名称会在后续的仿真结果分析中用到。

表 10-7　滑块测量值参数表

参数（测量值）	滑块 F 的位移	滑块 F 的速度	滑块 F 的加速度
Characteristic（特征）	Displacement（位移）	Velocity（速度）	Acceleration（加速度）
Component（组成部分）	Global Y（Y 坐标）	Global Y（Y 坐标）	Global Y（Y 坐标）
Pick a location to measure from（第一次点选）	Ground. P_O	Ground. P_O	Ground. P_O
Pick a location to measure to（第二次点选）	PART_F. cm	PART_F. cm	PART_F. cm
名　称	T_F_s	T_F_v	T_F_a

进一步，添加曲柄 AB 绕点 A 转动的角速度和角加速度。具体操作如下：

在工作区，对点 P_A 单击鼠标右键，在弹出菜单中选 Joint：R_A 下的 Measure，出现的对话框如图 10-7 所示，具体参数设置参考表 10-8。如此操作两遍，共添加两个测量值。这些添加的测量值会出现在设计树的 Measure 下，对它们按表 10-8 修改名称。

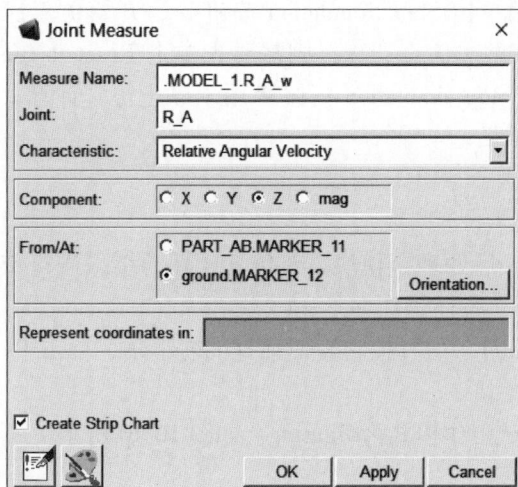

图　10-7

表 10-8　铰接点的测量参数表

参　　数（测量值）	曲柄 AB 的角速度	曲柄 AB 的角加速度
Joint（铰链）	R_A	R_A
（Characteristic）特征	Relative Angular Velocity	Relative Angular Acceleration
Component（组成）	Z	Z
From/At（起点）	Gorund. MARKER_xx	Gorund. MARKER_xx
名称	R_A_w	R_A_a

此时，设计树大致如图 10-8 所示。

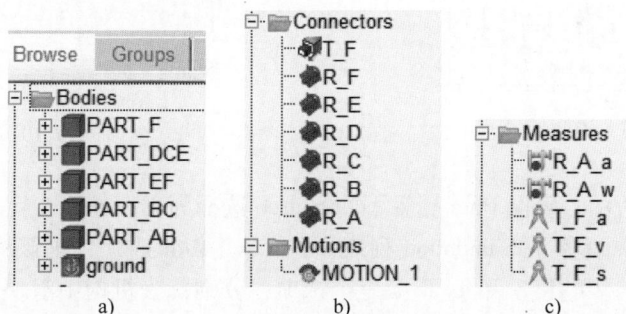

图　10-8

a）Bodies（实体）　b）Connectors（联接）　c）Measures（测量）

四、运动仿真

在工具箱 Simulation 的 Simulate 区单击 Run an Interactive Simulation 图标🔅，出现如图 10-9 所示的 Simulation Control（仿真控制）对话框。设定参数 End Time（结束时间）为 0.6（s），对应原动件曲柄 AB 转过 1 圈；1 圈对应 360°，若曲柄 AB 每转过 2°作一次计算，则设

定参数 Steps 为 180。然后单击 Start Simulation 按钮 ▷，开始仿真计算，此时在工作区的机构会同步运转起来。如果再次仿真计算，则需要先单击 Reset to input configuration 按钮 ◄◄，使机构复位到初始状态。Stop simulation 按钮 ■ 用于停止仿真计算，Replay last simulation 按钮 ⟳ 用于重现上次仿真结果。

五、仿真结果分析

Adams PostProcessor（后处理）模块可对仿真计算的结果进行位移、速度、加速度等曲线的绘制，方便对比分析。具体操作如下：

1）在 Simulation Control（仿真控制）对话框的右下角，单击 Plotting 按钮 ↙△，转到 Adams PostProcessor 后处理模块。

2）后处理模块的默认工作模式为 Plotting，如图 10-10 所示。

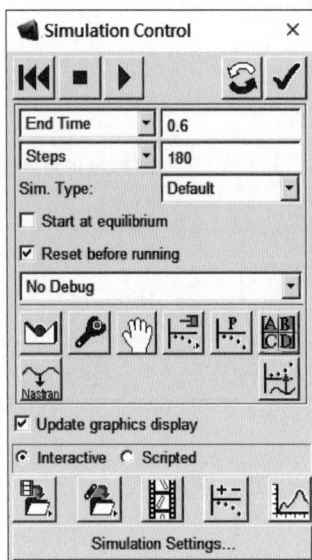

图 10-9

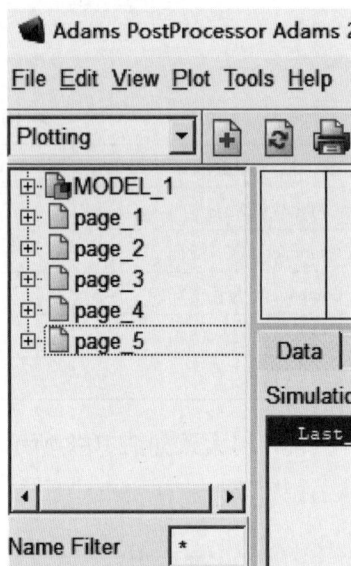

图 10-10

3）如图 10-11 所示，确保 Data 标签下的 Source 选择为 Measures，且 Independent Axis 选择为 Time。单击 Data 标签下 Simulation 列表中的 Last_ Run 选项，则该列表右侧的 Measure 列表中会包含 T_F_s、T_F_v 和 T_F_a 三个选项，分别代表机构中滑块 F 的位移、速度和

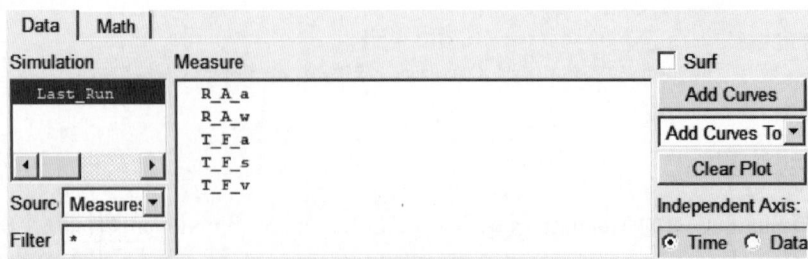

图 10-11

加速度。此时分别单击其中的每一项，再单击右侧的 Add Curves 按钮，则在上方的绘图区会出现三条对应的曲线。三条曲线的横坐标为共用的 Time（时间），三条纵坐标则分别为 Length、Velocity 和 Acceleration，三者均以机构图中 y 轴正方向为正，如图 10-12 所示。

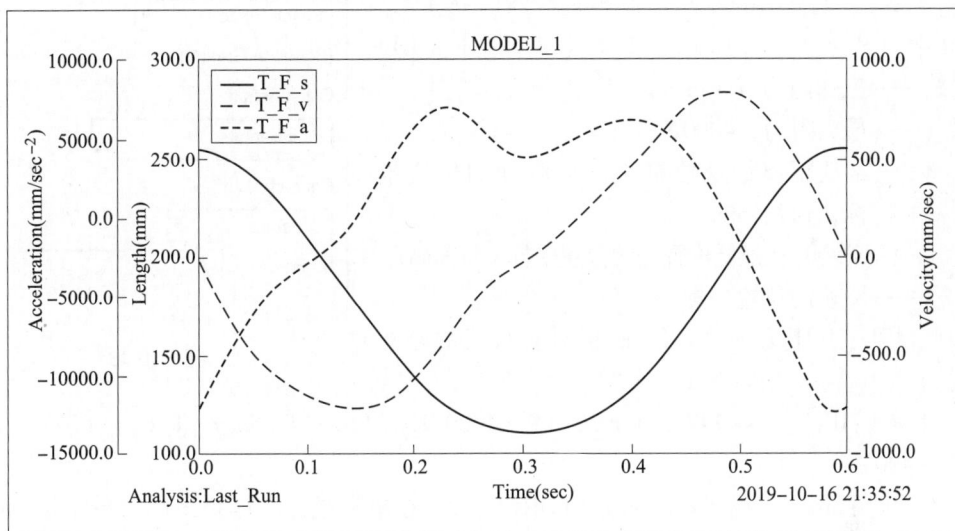

图　10-12

通过观察滑块运动线图中的 MEA_F_s（位移线图），可得到滑块的 y 向位置：最高 F_s_H = 255，1/4 高度 F_s_M = 147.5，最低 F_s_L = 110。这些数据会在机构的力分析部分用到。

到此，机构运动分析告一段落。如果想观察其他点的运动情况，可参考上述过程，做相应的调整。最后，存储模型数据库。

第五节　压床机构的力分析

使用 ADAMS 的动力学分析功能，给压床机构添加工作阻力和控制模型，以曲柄匀速转动为目标进行运动控制，可求解得到需要加在曲柄原动件上的平衡力矩的数据。滑块的工作阻力线图参考第九章第五节的图 9-7。

一、准备工作

1. 打开已经创建的仿真模型

2. 添加工作阻力 SFORCE_Fr

在工具箱 Forces 的 Applied Forces（施加载荷）区单击 Create a Force（Single-Component）Applied Force（创建力）图标 →•，出现如图 10-13 所示的参数窗口，参考图 10-13 进行参数选取。在工作区点选 PART_F 和 PART_F.cm，鼠标上移，取力的正方向为+y 轴。工作阻力添加完毕，后续还需要作适当修改。

3. 修改工作阻力

借助前面运动分析中得到的滑块位置坐标 F_s_H、F_s_M、F_s_L，对照第九章第五节的工作阻力线图 9-7 中工作阻力的斜线部分，用直线方程进行推导可得

$$F_r - F_{rmax} = (F_{rmax} - F_{rmax}/10)/(F\_s\_L - F\_s\_M) \times (s - F\_s\_L)$$

得 $F_r = F_{rmax} + (F_{rmax} - F_{rmax}/10)/(F\_s\_L - F\_s\_M) \times (s - F\_s\_L)$

式中　F_r——工作阻力（N）；

F_{rmax}——最大阻力，4000N；

F_s_M——滑块距离最低位置 1/4 高度处的位置坐标，147.5mm；

F_s_L——滑块 F 在最低位置处的位置坐标，110mm；

s——滑块的位置坐标。

由此得到工作阻力 SFORCE_Fr 的计算公式的函数表达式为

IF(T_F_v:IF(T_F_s-147.5:(4000+(9 * 4000/10/(110-147.5) * (T_F_s-110))),400,400),0,-400)

在设计树 Forces 下找到新建的力 SFORCE_1，在单击鼠标右键弹出的菜单中选 Modify。将上述表达式填入如图 10-14 所示对话框中 Function 的位置，替换最初的 0。

最后修改工作阻力的名称。在设计树中 Forces 下找到刚才创建的测量值 SFORCE_1，把它的名称修改为"SFORCE_Fr"。

4. 修改构件质量和转动惯量

在工作区，对构件 PART_BC 单击鼠标右键，在弹出菜单中选择 Part：PART_BC 下的 Modify 命令，屏幕弹出图 10-15 所示的对话框，调整 Define Mass By 选项为"User Input"，接着参考表 10-9 设置 Mass、lxx、lyy、lzz 数值。然后对摇杆 DCE 和滑块 F 进行类似的修改。

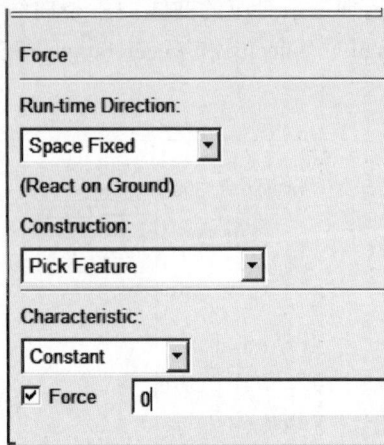

图　10-13

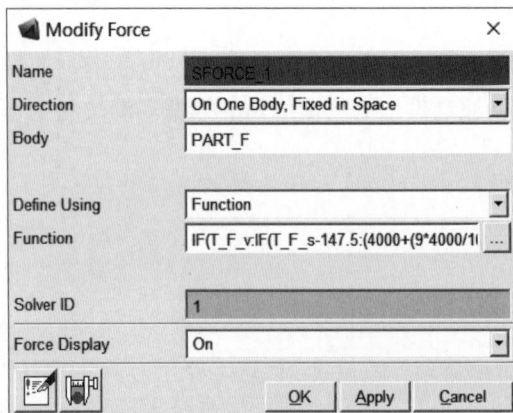

图　10-14

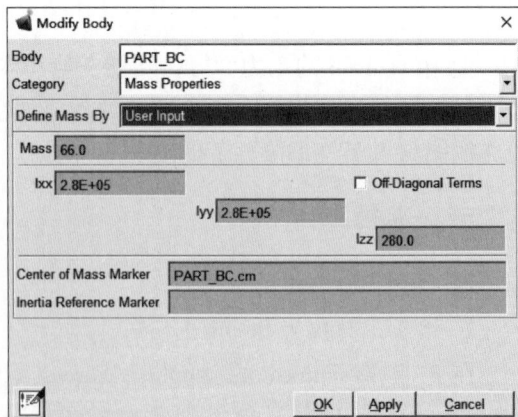

图　10-15

表 10-9　构件的质量和转动惯量（来自设计题目）

构　件	连杆 BC	摇杆 DCE	滑块 F	备　注
名　称	PART_BC	PART_DCE	PART_F	
Mass（质量）	66	44	30	单位为 kg
lxx（转动惯量）	280000	85000	不作修改	
lyy（转动惯量）	280000	85000	不作修改	单位为 kg·mm²
lzz（转动惯量）	280	85	不作修改	

5. 添加设计变量

在工作阻力作用下，为达到曲柄预期的转速值，需要在曲柄 AB 上叠加适当的平衡力矩。为求解该平衡力矩的大小和方向，需要先创建一个 PID 控制器并输入相关值，为后续给机构创建平衡力矩作准备。为此，添加一个目标转速参数和三个 PID 控制器参数，具体操作如下：

首先创建目标转速参数 DV_Target_Velocity。在工具箱 Design Exploration 的 Design Variable（设计变量）区单击 Create a Design Variable（创建设计变量）图标，屏幕出现图 10-16 所示对话框。参考图 10-16 填入对应的参数。其中的 Standard Value 值表示目标转速为 600，对应于设计参数中的 $n_1 = 100$ r/min。

类似地，创建三个 PID 控制参数，Name（名称）分别为 DV_P、DV_I 和 DV_D，DV_P 的 Standard Value 取 8000，DV_I 和 DV_D 的 Standard Value 取 2000，其余参数参考图 10-17 中的数据。创建 PID 参数时，应注意 Value Range by 的选项需要按图修改。

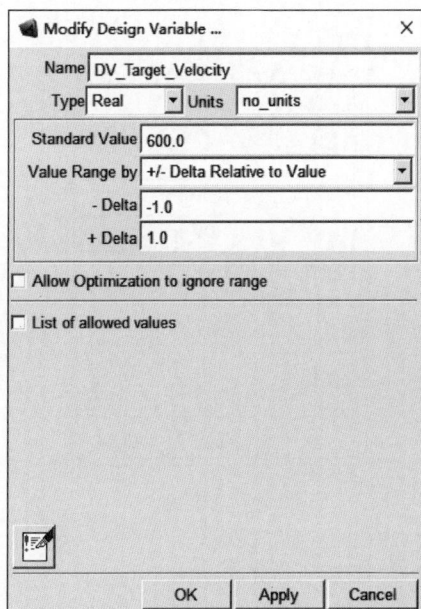

图　10-16

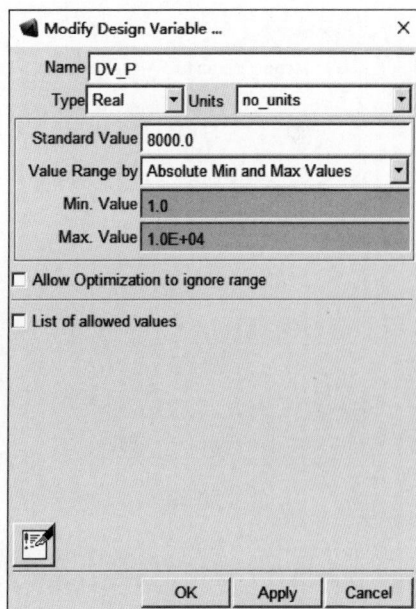

图　10-17

6. 添加控制块

PID 控制器的参数和目标值确定后，即可添加输入控制模块和 PID 控制器。先添加速度和加速度的两个输入控制模块，具体操作如下：

在工具箱 Elements 的 Control ToolKit（控制工具集）区单击 Control ToolKit 图标🖳，屏幕出现 Create Control Block（创建控制块）对话框，如图 10-18 所示。在对话框中单击 Create an input-signal block 按钮𝑓→，填入对应的参数，创建控制块。重复以上步骤，分别创建 2 个控制块。控制块 input_v 的 Name（参数名称）为：MODEL_1. input_v，Function（参数函数）为：DV_Target_Velocity-R_A_w；控制块 input_a 的参数名称 Name 为：MODEL_1. input_a，参数函数 Function 为：0-R_A_a。

紧接着添加 PID 控制器。具体操作如下：

再次打开 Create Control Block 对话框，在对话框中单击按钮**PID**Create an PID-controller block，出现图 10-19 所示的窗口。填入对应的参数，创建控制块。具体参数如图 10-19 所示。注意：这里的参数名称（. MODEL_1. input_v、. MODEL_1. input_a），一定要在创建时正确填入，如果是后期修改，则会影响后期的使用。

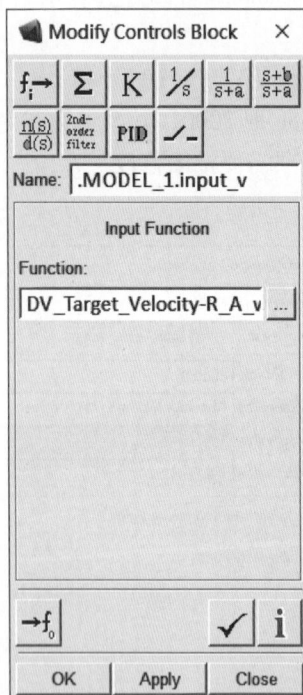

图　10-18

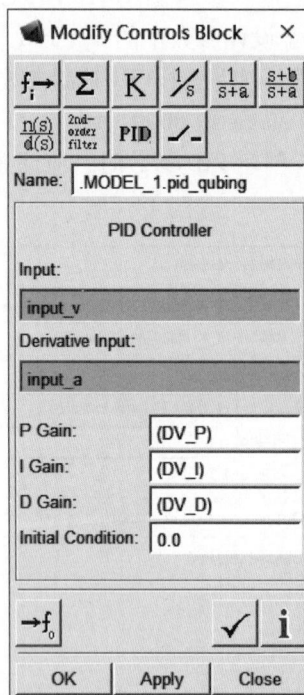

图　10-19

这些控制块会自动出现在设计树分支 All Other 下的 UDE Instances 中。

7. 创建平衡力矩

在工具箱 Forces 的 Applied Forces 区单击 Create a Torque（Single-Component）Applied Force（创建力矩）图标⟳，屏幕出现 Torque 参数表，如图 10-20 所示。参考图 10-20 设置

各参数。紧接着，在工作区依次单击 PART_ AB 和 Ground. P_ A 完成创建。然后在设计树中 Forces 下找到新创建的测量值 SFORCE_2，将其修改为"SFORCE_ Torque"。

最后修改平衡力矩。在设计树中的 Forces 下找到新创建的测量值 SFORCE_ Torque，在单击鼠标右键弹出的菜单中选择 Modify 命令，屏幕出现 Modify Torque 对话框，如图 10-21 所示，将 Function（参数函数）修改为". MODEL_ 1. pid_ qubing. pid_ qubing"（注意：该变量的名称一定要在创建时给定，不可在创建后通过修改得到），完成修改。

8. 禁用无关参数

禁用设计树中 Motions 下的 MOTION_ 1 项。对 MOTION_ 1 项单击鼠标右键，在弹出菜单选择（De）activate 命令，屏幕出现

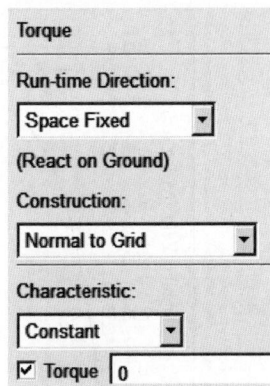

图　10-20

如图 10-22 所示 Activate/Deactivate 对话框，去掉两个选项前的勾选，单击 OK 按钮完成禁用。如果要恢复启用该项，则恢复选项前的勾选即可。

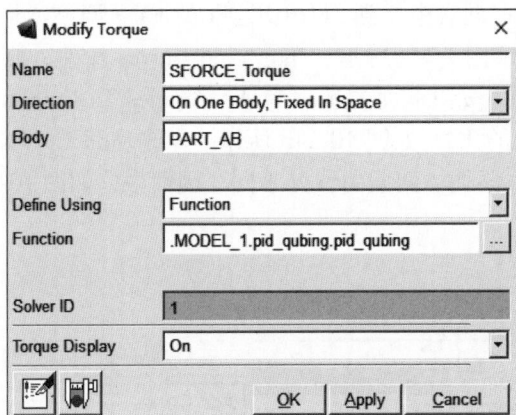

图　10-21

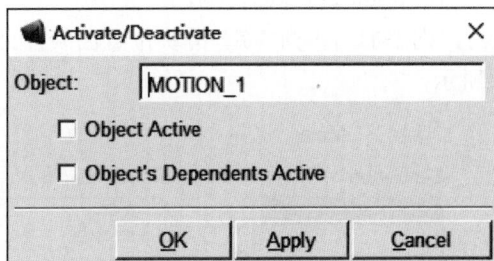

图　10-22

二、模型仿真

1. 仿真计算

打开 Simulation Control 对话框，设定参数 End Time 为 5.0（s），Steps 为 900。单击 Start Simulation 按钮 ▷，开始仿真计算。

2. 角速度分析

在 Simulation Control 对话框的右下角，单击 Plotting 按钮 ，打开 Adams PostProcessor 模块。

确保 Source 的选项为 Measures，Add Curves 按钮下面的选项为 One Curve Per Plot，添加曲柄转速 R_ A_ w 曲线，软件会自动新开一个绘图区，如图 10-23 所示。

3. 工作阻力和平衡力矩分析

调整 Independent Axis 为 Data，在 Independent Axis Browser 窗口选择 T_ F_ s 作为数据横

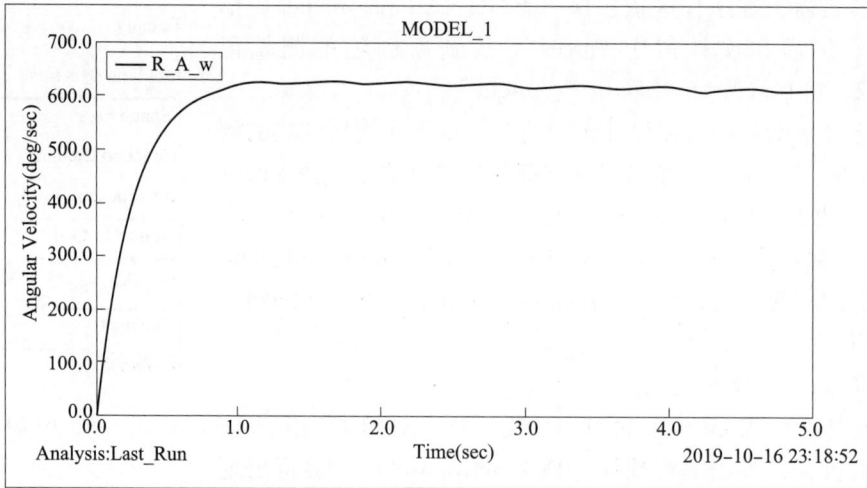

图　10-23

轴。调整 Source 为 Result Sets 选项，在 Result Sets 列表中找到 SFORCE_Fr 的 FY，调整 Add Curves 按钮下面的选项为 One Curve Per Plot，如图 10-24a 所示，单击 Add Curves 按钮，则添加出工作阻力-滑块位置曲线。调整 Add Curves 按钮下面的选项为 Add Curves To Current Plot，在 Result Sets 列表中找到 SFORCE_Torque 的 TZ，如图 10-24b 所示，单击 Add Curves 按钮，则添加出平衡力矩-滑块位置曲线。此时，添加的两条曲线处于同一画面中，如图 10-25 所示。

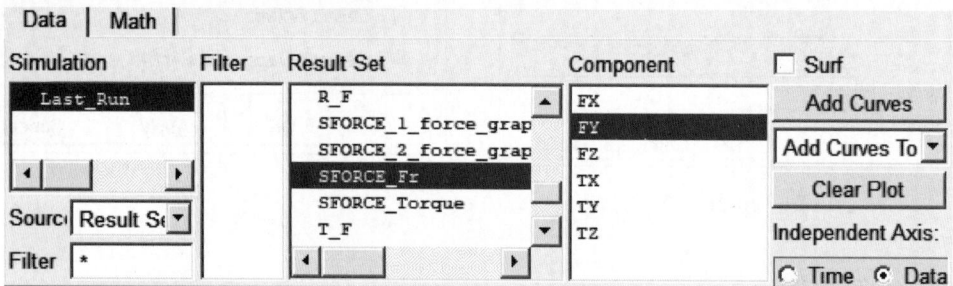

a)

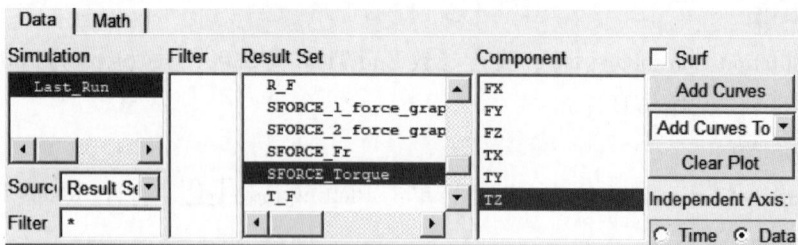

b)

图　10-24

至此，得到曲柄上的平衡力矩变化曲线。

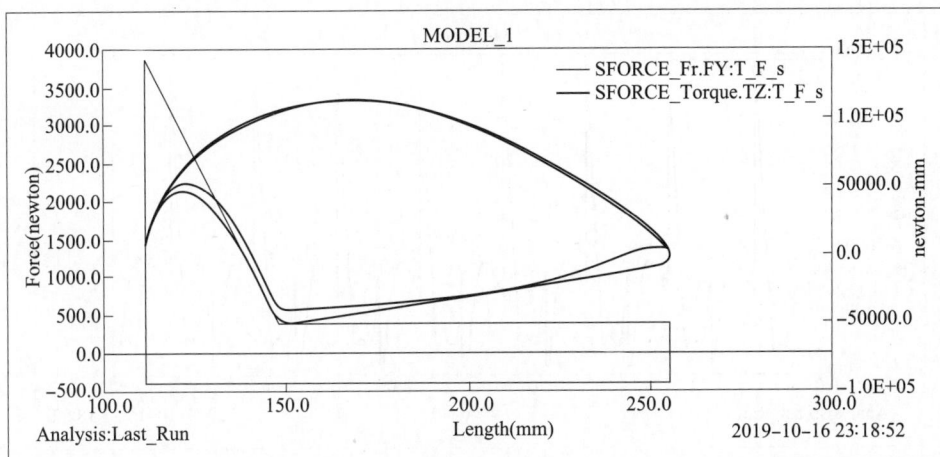

图　10-25

4. 运动副的总反力分析

进一步，可以得到各运动副中的反作用力，如点 D 处。在工作区对运动副单击鼠标右键，在弹出菜单中选 Joint：R_D 的 Measure 项，出现 Joint Measure 对话框，如图 10-26 所示。

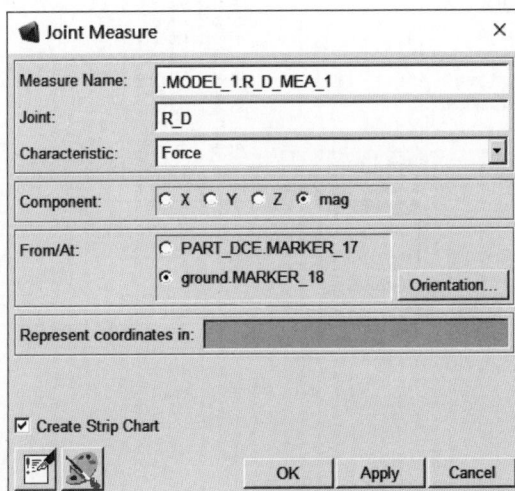

图　10-26

在 Adams PostProcessor 中绘制该测量值的曲线，如图 10-27 所示。

如图 10-28 所示，在后处理模块左侧窗口的绘图树中，单击 page_4 左侧的 "+" 号，选中展开的子项 Plot_5。在窗口的左下角，勾选 Table 复选框，则绘图区显示的内容由曲线切换成数据表格，表格数据即为绘制该曲线的数据。去掉勾选，则恢复曲线显示。

另外，在绘图树中，选择不同 page 的不同子项，则屏幕显示不同的曲线。也可以通过单击工具条右侧的 ◀ ，▶ 按钮，进行曲线显示的切换。

至此，压床机构的运动分析和动力学分析基本结束。

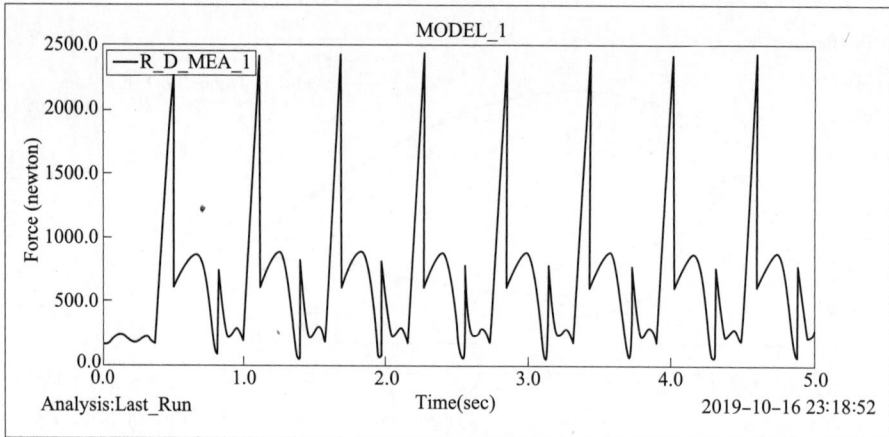

图　10-27

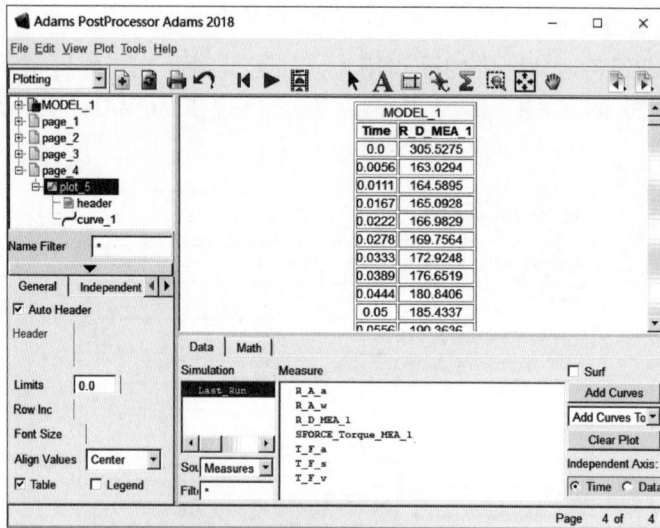

图　10-28

参 考 文 献

[1] 孙桓，陈作模. 机械原理 [M]. 8 版. 北京：高等教育出版社，2013.

[2] 曲继方. 机械原理课程设计 [M]. 北京：机械工业出版社，1989.

[3] 姜琪. 机械运动方案设计及机构设计 [M]. 北京：高等教育出版社，1991.

[4] 黄锡恺，郑文纬. 机械原理 [M]. 北京：高等教育出版社，1989.

[5] 邹慧君. 机械原理课程设计手册 [M]. 北京：高等教育出版社，1998.

[6] 申永胜. 机械原理 [M]. 北京：清华大学出版社，1999.

[7] 王春燕，陆凤仪. 机械原理 [M]. 北京：机械工业出版社，2001.

[8] 罗洪田. 机械原理课程设计 [M]. 北京：高等教育出版社，1986.

[9] 孟彩芳. 机械原理电算与设计 [M]. 天津：天津大学出版社，2000.

[10] 张春林，曲继方，等. 机械创新设计 [M]. 北京：机械工业出版社，1999.

[11] БЯЧ А 济诺维也夫，等. 机组动力学基础 [M]. 干东英，译. 北京：科学出版社，1976.

[12] 朱景梓. 渐开线齿轮变位系数的选择 [M]. 北京：人民教育出版社，1982.

[13] 周明溥，等. 机械原理课程设计 [M]. 上海：上海科学技术文献出版社，1987.

[14] 黄靖远，等. 机械设计学 [M]. 北京：机械工业出版社，1999.

[15] 李增刚. ADAMS 入门详解与实例 [M]. 北京：国防工业出版社，2014.